中央宣传部　新闻出版总署　农业部
推荐“三农”优秀图书

# 土鸡饲养技术指南

（第2版）

朱国生　石传林　主编



中国农业大学出版社
·北京·

**图书在版编目(CIP)数据**

土鸡饲养技术指南/朱国生,石传林主编.—2版.—北京:中国农业大学出版社,2010.6

ISBN 978-7-81117-969-9

Ⅰ.①土… Ⅱ.①朱…②石… Ⅲ.①鸡-饲养管理-指南 Ⅳ.①S831.4-62

中国版本图书馆 CIP 数据核字(2010)第031901号

**书　　名**　土鸡饲养技术指南(第2版)
**作　　者**　朱国生　石传林　主编

**策划编辑**　赵　中　　**责任编辑**　洪重光
**封面设计**　郑　川　　**责任校对**　陈　莹　王晓凤
**出版发行**　中国农业大学出版社
**社　　址**　北京市海淀区圆明园西路2号　**邮政编码**　100193
**电　　话**　发行部 010-62818525,8625　读者服务部 010-62732336
　　　　　编辑部 010-62732617,2618　出　版　部 010-62733440
**网　　址**　http://www.cau.edu.cn/caup　**E-mail** caup@public.bta.net.cn
**经　　销**　新华书店
**印　　刷**　北京鑫丰华彩印有限公司
**版　　次**　2010年6月第2版　2012年2月第10次印刷
**规　　格**　850×1 168　32开本　11.375印张　280千字
**定　　价**　19.00元

**主　编**　朱国生　石传林

**编　者**　石传林　孙科业　廖厚祥　王　斌
　　　　　荆荣坤　王洪宝　周　艳

# 第2版前言

近年来，随着国内经济的发展和人们生活水平的提高，人们的营养意识和食品安全意识不断增强，优质、安全的肉鸡产品备受关注，需求量加大。消费者不仅要求肉鸡产品营养丰富，而且要有良好的感官性状和口味，更重要的是要求产品安全无污染。而目前以国外引进的白羽为主体的快大型肉鸡产品色泽差，药物残留过多，且风味严重不足，远远不能满足消费者的需求，其生产逐渐萎缩。

相对于国外快大型白羽肉鸡，我国地方土鸡一向深受国内外市场的欢迎。对地方种鸡的选育利用，一直是我国家禽育种及家禽生产工作的重要内容。在20世纪80年代之前，土鸡生产主要以农村千家万户自繁自养的方式进行，规模化、商品化程度较低。至20世纪80年代中后期，随着改革开放，人们生活水平的不断提高，对土鸡的需求量不断增加。我国土鸡生产，初始时是面向广东、广西，特别是港澳市场的需求展开的，经过近几年的发展已逐步向北方及国外市场延伸，优质土鸡年饲养量达30多亿只。

土鸡是具有中国特色的肉鸡，俗称为柴鸡、草鸡、笨鸡或本地鸡。这些地方品种或种群适应性和抗病力强，耐粗饲，便于放牧，有一定的野性，繁殖性能较好。其肉质优良，风味独特，皮薄肉嫩，骨骼细致等独特的肉用性能，是其他商品肉鸡无法比拟的。土鸡外貌独特，体型轻巧、清秀、匀称，羽毛紧贴身躯，昂首翘尾，胫细，毛腿，体态优美。凤头，冠形多样，有单冠、豆冠、玫瑰冠、胡桃冠、草莓冠、桑葚冠等；羽色绚丽多彩，有黄羽、麻羽、黑羽、灰羽、芦花羽等；皮肤有白色、黄色、乌色等；胫色有黑色、青色、白色、红色、黄色、蓝色和绿色等。然而在农户长期散放饲养条件下，土鸡生产缺乏科学的系统选育，产蛋量较低，早期生长速度慢，耗料多，育肥效果不理想，均匀度不好。为了克服其缺点，发挥土鸡品质优良的特点，我国家禽育种工作者采用现代家禽育种的杂交配套技术，利用我国地方品种、隐性白羽肉鸡、红羽肉鸡进行杂交配套生产，使土鸡既具有一定的生长速度，又具有地方品种鸡的外貌特征。肉质品味好，适口性好。与现代肉鸡规模化、专业化生产不同的是，它有效解决了肉仔鸡过度生长、生长周期短、鸡肉品质下降、适口性变差、药残增加等问题。由于人们生活水平的提高和科学知识的普及，消费者越来越注重食品安全问题，追求来自大自然受药物污染轻或无药残的无公害、绿色、有机食品。因此，体型清秀，生长周期较长，肉质风味独特，鸡冠鲜红，羽毛丰满，健康无病的土鸡受到消费者青睐。近几年来，许多农户将我国传统的放牧饲养方式和现代育雏方式相结合，在放牧时自由采食自然界青草、昆虫的基础上，补饲全价配合饲料。土洋结合，使养殖土鸡取得了丰厚的经济效益。

针对当前各地土鸡生产对科学养殖专业知识和先进技术迫切的需求形势，我们根据近年来从事优质土鸡生产实践和科研所积累的资料，借鉴国内外最新养鸡技术和成果，在广泛调查研究的基础上，重新组织专业人员修订《土鸡饲养技术指南》一书。

本书的主要内容包括优质土鸡生产概况，品种介绍，繁殖技术，土鸡的营养需要和饲料，土鸡育雏期、育成期、产蛋期饲养管理，土鸡疾病防治以及鸡场建设与环境控制等。该书注重技术的实用性，适于土鸡养殖场(户)及养禽技术人员参考。

优质土鸡养殖是一门新兴的产业，规模化、产业化生产也是近年来才出现的，其发展更是日新月异。限于我们的时间和写作水平，书中不足和错误之处敬请读者批评指正。

编　者

2010 年 5 月

# 目　录

# 第一章　土鸡饲养业发展概况

## 一、土鸡饲养的悠久历史

我国是世界文明古国，在 5 000 年的悠久历史中，创造了像“四大发明”一样的许多人间奇迹。早在原始公社末期，我们的祖先就逐渐由渔猎期进入畜牧期，人们将捕获的野鸡留下来，驯化饲喂，经过漫长发展变化，开始了土鸡饲养业。在长期的生产管理过程中，劳动人民育成了许多优良品种，如狼山鸡、九斤黄鸡等，为世界养鸡业的发展做出了很大贡献。新中国成立后，土鸡饲养作为传统的家庭副业得到长足发展。特别是改革开放以来，养鸡业更是突飞猛进，现代化养鸡业迅速崛起，形成了良种、饲料、防疫、科学管理、产品加工一体化的专业生产体系，成为国民经济的重要组成部分。

## 二、土鸡的生产特点

与快大型肉鸡相比，土鸡有以下生产特点：

**(一)品种来源为我国的地方优良种鸡**

快大型商品肉用鸡是通过专门化品系配套杂交产生的，土鸡则来源于我国优良的地方品种鸡，其血统较为纯正，除符合一般“三黄鸡”特征外，还具有体型较为紧凑、脚高且细、羽色鲜艳、尾羽高翘等独特的体貌特征。

**(二)生长发育较为缓慢,生产周期长**

大多数肉用土鸡需饲养 3～4 个月,体重达 1.2～1.5 kg 方可上市。在正常的饲养管理条件下,每年饲养 3 批左右。

**(三)采取放养的饲养方式**

与现代肉鸡工厂化密闭饲养相区别,土鸡除雏鸡(0～4 周龄,也称小鸡)阶段舍内保温育雏外,生长期(5～8 周龄,也称中鸡)和育肥期(9 周龄以上,也称大鸡)采取舍外放养为主的饲养方式。土鸡依靠野外长时间的采光和运动,体质强健,防病用药成本明显减少,有利于肉质的改善和食品安全。

**(四)土鸡食性较广,且有其独特的饲喂制度和方法**

快大型肉用鸡一般采取全程饲喂全价配合饲料,自由采食,以促进其快速生长发育。优质土鸡除育雏期给予较多的配合饲料外,放养阶段(2～4 月龄)则主要以虫、草、谷等为主,配合饲料为辅的饲喂方法。在配合饲料的投放方面,也大多采取清晨少喂、中午不喂、晚间多喂的饲喂制度,以充分发挥土鸡的觅食能力,节省饲料。

**(五)土鸡性情活泼,具有追啄性、好斗性的特点,易发生啄癖症**

快大型肉用鸡性情温顺,不善跳跃,适宜大规模高密度饲养。土鸡则性情活泼,追啄好斗,跳跃能力强。特别是在光线强烈、饲养密度大的集约化条件下更为明显,发生啄癖症的机会较多,给生产带来损失,这是优质土鸡生产中极为常见的一个问题。

**(六)土鸡具有其独特的发病机制和特点**

如鸡马立克氏病,通常以 2～4 月龄发病率最高,快大型肉用鸡此时已达上市屠宰日龄,死亡率不高。而优质土鸡由于生产周期较长,马立克氏病的发生较为多见,出壳后需进行马立克氏病的免疫;土鸡由于长期的户外活动,且采食较多的虫、草,因而其呼吸道疾病发生较少,而患寄生虫病较多。此外,由于优质土鸡多采用厚垫料育雏方式,球虫病多发,防治费用较高。

### （七）土鸡肉质优良，风味浓郁，产品安全无污染

相对于生长快速的快大型肉用鸡而言，土鸡以肌肉嫩滑，肌纤维细小，肌肉脂肪分布均匀，水分含量低，鸡味浓郁，风味独特，产品安全无污染而独具特色，深受市场的欢迎，价格是普通肉鸡的2～3倍。

## 三、土鸡的生产现状

改革开放三十年来，作为一项投资小、周期短、见效快的"速效型畜牧业"，肉鸡业是我国畜牧业中发展最为迅速、群体生产规模最大、市场经济介入最早、社会贡献最大的一个行业，目前已超过美国成为世界第一大肉鸡生产国。近年来，随着国内经济发展和人民生活水平的提高，人们的营养意识和自我保护意识不断增强，优质、安全的肉鸡产品备受关注，需求量加大。消费者不仅要求肉鸡产品营养丰富，而且要有良好的感官性状和口味，更重要的是要求产品安全无污染。而目前以国内引进的白羽为主体的快大型肉鸡产品色泽差而风味严重不足，远远不能满足消费者的需求，其生产逐渐萎缩。更让人担忧的是，由于在肉鸡全程饲养过程中大量使用抗生素、高剂量矿物质及其他药物，鸡肉产品的安全性问题空前突出。1998年，我国山东、河北等省用于出口西欧的冻鸡因药残超标，许多生产企业被欧盟取消了注册代号。我国近几年养殖的三黄鸡，虽然有一定的市场，但因其仍采用品系配套杂交和全程饲料喂养方式，鸡肉品质仍满足不了消费者的要求。

与现代快大型肉鸡食品风味不佳且安全性问题日益突出的情况造成鲜明对比的是，目前国内主要依靠农民零星养殖的地方良种鸡——土鸡在市场上极为畅销，供不应求，售价是一般肉鸡的2～3倍。土鸡饲养正成为广大农村尤其是贫困山区农民养殖致富的热门项目，成为当前农村新的极具活力的经济增长点。究其

原因，不仅在于其饲养成本低，而且肉质鲜美，无污染，是名副其实的“绿色”放心的鸡肉产品，有广阔的市场前景和诱人的经济效益，展现了我国肉鸡生产的重要趋势和方向。

20 世纪 90 年代中期以来，优质土鸡养殖开始稳步发展，生产规模不断扩大，技术水平进一步提高，目前我国南方数省(区)是优质土鸡的主产区。2000 年，我国较大的肉鸡饲养大省广东省饲养肉鸡 10 亿多只，其中 4 亿多只是优质土鸡，年出口港、澳地区 7 000 多万只。广西、浙江等地的优质土鸡生产仅次于广东。

近年来我国优质土鸡生产中存在的问题主要有：土鸡品质杂乱，饲养零星分散，管理粗放，市场开拓意识淡薄，技术严重缺乏，离产业化要求甚远。全国范围内大型优质土鸡生产龙头企业和知名品牌尚少，从而制约着这一新型特色养殖业的持续健康发展，影响着菜篮子工程建设和当前农村经济发展及农民收入的提高。

## 四、优质土鸡的市场需求

我国肉鸡业 20 世纪 90 年代初得到迅猛发展，90 年代后期，特别是 1997 年以来，以出口为主的肉用仔鸡的生产出现低潮。在国内，随着人们生活水平的提高和畜禽产品的丰富，人们不仅要求肉产品营养丰富，而且要有较好的感官性状和口味，更重要的是要求产品安全无污染。当前国内以快大型白羽肉用仔鸡为主体的肉鸡生产已急剧萎缩。饲养量一度较大的三黄鸡，也因其采用全程饲料饲喂，而且大量使用抗生素，在肉质和安全性方面满足不了消费者的要求。相反，一些土鸡则由于其肉质好、无污染，在市场上非常走俏。目前我国土鸡主要靠农民零星饲养，还基本处于自给自足状态，大、中城市中优质土鸡供不应求，价格持续上涨。据 2001 年统计，仅上海市区各大宾馆、饭店及菜市场每月优质土鸡的需求量就达 180 万只，占肉鸡市场份额的 20%，年销售可达

2 160 万只左右，而且仍呈上升趋势。我国加入 WTO 后，充分利用这一体现我国特色的绿色鸡肉产品来开拓国内外市场，其前景将十分诱人。

我国有发展优质土鸡生产的基础和有利条件，有十分可观的国际、国内市场，随着我国经济的迅速发展和人们生活水平的不断提高，我国的优质土鸡及其配套系生产将成为现代肉鸡业的主体，发展前景广阔。

## 五、土鸡饲养的重要意义

发展土鸡饲养业是提高人民生活水平的需要。随着经济的发展和社会的进步，人民的物质文化生活水平有了明显提高。鸡蛋、鸡肉作为大众化营养食品，已经走上城乡居民的餐桌。土鸡作为我国本土的鸡品种更是受到国内外消费者的青睐，以其营养丰富、风味独特成为鸡产品中的上品，如产于江西的泰和乌骨鸡，就是文明中外的妇科良药“乌鸡白凤丸”的主要原料，以当地土鸡制作成的“德州扒鸡”、“符离集烧鸡”等更是蜚声海内外，发展土鸡生产，是提高城乡居民生活水平，改善膳食结构的重要措施。

发展土鸡饲养业是增加农民收入的重要途径。近几年来，农民增收问题成为各级政府及社会各界十分关注的问题。不断提高农民收入，发挥我国农民劳动力资源丰富的优势，通过饲养土鸡可实现劳动力的转移和收入的增加。据调查，目前优质土鸡市场价格 16 元/kg，而“洋肉鸡”7 元/kg，土鸡蛋高达 12 元/kg，是普通鸡蛋的 2～3 倍，大力发展土鸡饲养，可以使更多的农村闲散劳动力增加收入。

发展土鸡饲养业有利于我国畜禽产品出口，参与国际市场竞争。一个时期以来，为了提高我国鸡的生产性能，我们将更多的注意力放在了国外鸡的引进上，而忽视了国产土鸡的培育开发。随着我国加入 WTO,我国的优质土鸡不仅受到国内消费者欢迎,更受到国外消费者青睐。越是民族的,就越是世界的。内蒙古草原兴发集团的成功运作就是例证,他们将生活在蓝天碧水青草地上的优质土鸡,加工成优质产品出口海外,创造了良好的经济效益和社会效益。

## 六、土鸡饲养业面临的新机遇

加入世界贸易组织,标志着中国已全面融入世界经济贸易体制,也标志着中国的对外开放进入了一个新的阶段,中国将在更大范围内和更深程度上参与经济全球化进程。土鸡饲养业作为中国传统养殖业将面临新的发展机遇。入世为土鸡饲养业的发展提供了宽松的环境,实现贸易自由化,可以为土鸡产品顺利进入国际市场提供有利条件,有利于引进外资,引进优良品种及生产技术,促进土鸡饲养业的现代化。随着经济不断发展,人们生活水平不断提高,消费者对无污染、无公害、安全优质土鸡产品的需求越来越大。因此,体型清秀、生长周期适中、肉质好、风味独特、健康优质的土鸡饲养业市场前景十分广阔。

我国已成为超过美国的禽肉生产的第一大国。2000 年我国禽肉总产量约 1 200 万 t,但出口仅 40 万 t,占总产量的 3.3%,如加上近 10 万 t 的禽肉加工制品,也只有 4.2%。相比之下,我国每年进口高达 100 万 t,成为世界第二进口国。同年,美国的禽肉产量为 1 500 万 t,净出口 250 万 t,占总产量的 16%。分析我国禽肉不能大量出口的原因:①防疫工作薄弱,有些疾病难以预防和根除,时起时伏;②禽肉中有害物质及添加剂有时超标,以及饲养过程中按规定停药时间不够等,污染了肉品;③在屠宰、加工环节,国家还未出台新的与国际接轨的肉品卫生检验规程及相关技术标准;④出口禽肉无序竞争严重。如在当前禽肉出口中,中国食品土畜产进出口商会曾多次协调对日本出口冻鸡的价格，但有些企业不遵守参与制定的行业自律价，竞相压价，搞"窝里斗"，外商则是渔翁得利。当压价压至成本线以下时，必然采取的手段是降低质量。与此同时，国外一些肉鸡养殖发达国家，非常看重中国市场，依靠其价格、产品安全等方面的优势，势必对我国的肉鸡消费市场带来冲击。如在2000年中、美双方就中国加入WTO问题进行谈判中，美国坚持要我国到2004年把鸡肉进口关税压低到10%，是肉类关税中的最低档，并接受美国的质量检验证书，这就清楚地说明了美国的战略意图。

自20世纪90年代以来，我国已成为肉鸡进口国。到2000年，中国肉鸡净进口量已达到60万t。加入WTO后，中国在相当长的时间内仍然保持肉鸡净进口的状态，但在进出口的结构方面有一些变化。肉鸡进口方面，根据签署的《中美农业合作协议》，中国家禽肉的进口关税将从20%降至10%，中国直接进口量增加，间接进口量下降。1999年以前由于20%的关税，许多肉鸡产品通过香港地区进入内地市场，每年的进口量都在10万t，进口主要来源于澳大利亚、比利时和阿根廷。关税的降低和政府打击走私力度的增强，间接进口将会出现萎缩趋势。同时，随着中国进口禽肉市场的放开，美国的鸡腿以低廉的价格进入中国市场。美国肉鸡生产成本仅为中国的72%，而且加工工艺先进。并且因西方人喜食鸡胸脯肉，所以美国的鸡腿市场很小，鸡腿大量囤积，价格非常低，甚至达不到正常肉鸡的1/3。美国可能以此来冲击中国市场，击垮国内民族养鸡业，占领鸡肉市场。对此，中国养鸡业不可以掉以轻心。在肉鸡出口方面，日本仍是中国冷冻肉鸡出口量大、最成熟的市场，1998年出口量达到21.83万t。同时，由于泰国采取低价竞争的策略，已成为中国在日本市场上强有力的竞争对手。目前，泰国出口到日本的肉鸡约占其出口量的50%。内地对香港地区的活鸡出口量有所下降，其中优质土鸡的比重明显加大。中国对中东和南非的出口仍以初级产品，以整只白条鸡为主。欧盟原为中国鸡胸脯肉较大的市场，但自 1996 年 8 月以来，由于中国的肉鸡产品无法达到欧盟标准而受到禁止。然而，根据国际家禽协会公布的数据资料显示，欧盟国家对家禽的需求在不断增加。同时，因环境保护问题，其自身畜禽业发展面临许多困难，这就意味着必然要求发展中国家填补市场空白（欧盟禁止美国的肉鸡进口）。中国如果在禽病检疫上加大力度，使其产品达到欧盟标准，今后在欧盟市场上的前景是光明的。韩国有可能成为中国肉鸡出口的又一个目标市场。据报道，随着经济的复苏，韩国禽肉进口量增加。中国有近邻的地理优势和文化渊源导致的消费习惯类似性，因而韩国禽肉市场的发展为中国扩大禽肉特别是优质土鸡出口提供了有利的机会。

综合以上分析，大力开发利用我国丰富的土鸡品种资源，根据我国各地的自然生态条件，进行优质土鸡的生产，走产业化发展道路，降低成本，提高质量，创造出具有我国民族特色的品牌，我们就能在国内外肉鸡的激烈市场竞争中站稳脚跟，使肉鸡业朝着优质、安全、高效的方向健康发展。

## 七、优质土鸡产业化生产与经营

优质土鸡产业化生产完全打破小农经济的生产方式，从而实现土鸡生产规模化、集约化、专业化、现代化，品种标准化，饲料、饲养科学化，加工机械化、自动化，产品销售市场化。优质土鸡产品质量好，劳动效率高，经济效益佳，是当今最具产业化发展前景的养殖项目之一。

优质土鸡生产搞得成功的地方都需进行适度规模的产业化生产，即建立良种繁育体系、饲料加工体系、家禽保健体系、设备加工维修体系、产品加工体系和生态环境保护体系，在一个地区形成优质土鸡产业链系统工程，把一家一户的商品土鸡纳入系统工程的一部分，使专业户养鸡有了商品雏鸡、饲料、防疫、设备、销路，也等于有了一条畅通无阻的致富门路。否则，孤立地进行优质土鸡生产，不仅效益低，而且往往不易取得成功。

**(一)积极探索优质土鸡生产的组织形式，促进经营模式的转变**

目前我国优质土鸡生产的组织形式主要有3种。

1. 产业化生产　即集团式生产，集种鸡饲养、商品鸡饲养、饲料加工、销售等生产环节为一体，各生产环节受集团的统一控制和平衡。由于饲养规模庞大，饲养管理和经营管理水平高，并具有雄厚的经济实力，所以对市场波动的承受能力很强。

2. 半工业化生产　表现形式是一个企业为龙头，这个企业可是种禽场或是屠宰厂或孵化厂，带动周围的具有一定饲养规模的农户进行生产。各生产环节各自独立，在生产过程中结合在一起，其紧密程度较低，受市场的影响较大。这种生产组织形式在国内最为普遍。

3. 分散饲养　贫困地区以这种生产形势为主，生产条件低下，技术落后，效益不高，由于其商品率较低，对市场的波动不敏感，仍处于小农经济生产状态。

当前，我国优质土鸡的生产多采用上述第二种组织形式，也称公司加农户的组织形式。这种形式虽然有技术、信息及规模上的优势，但在实际运作过程中企业可能面临负担过重，资金周转困难，有些土鸡回收不上来，逐渐把企业拖垮。因此，建立一套更科学、更合理的经营模式是养鸡业未来发展的前提条件。公司加农户的发展模式，其主要缺点是资金周转和回收困难，如果在这方面进行改革就不失为一套土鸡业发展的好路子。对此，可选择采取以下措施。

(1)引导养鸡户自己出钱买雏鸡、饲料和药品，公司负责良种雏鸡的供应、肉鸡的收购、加工和销售以及技术服务，这样既可减轻企业的负担，又可增强养殖户的责任心。

(2)企业负担所有的雏鸡、饲料和药品费，但养殖户必须交纳每只鸡5元左右的押金后方可得到企业的这种优惠待遇。

(3)企业吸收养殖户为小股东，对这类农户可以免费提供雏鸡、饲料和药品。通过以上改革，企业可以扩大资金来源，减轻负担，同时又可有效地避免拖账和坏死账，使企业能迅速地得到发展。

**(二)确立科学的饲养模式**

我国广大农村零星分散的土鸡散养模式固然有其肉质好、销售价格高、不需要专门的饲养管理人员和专门的资金等优点，但土鸡死亡率高，生长发育缓慢，饲养周期过长(一般需1年时间)，生产周转慢，产品无规格，不能发展成为商品化规模饲养，不足以成为农村致富的支柱产业。而优质土鸡产业化生产，则既要考虑到土鸡本身的特征和肉质要求，又要以市场为导向，着重考虑优质土鸡的商品化、标准化、规模化等生产要求。为此，必须制定优质土鸡科学的饲养模式。实践证明，采取土鸡育雏期先进行圈养，投喂全价饲料，到生长和育肥阶段，进行放养，让其自由采食，由饲料为主食向昆虫和杂草为主食过渡，且在配合饲料的投放方面，采取清晨少喂、中午不喂、晚间多喂的饲喂制度，以充分发挥土鸡的觅食能力，节省饲料，这样既可提高成活率，降低生产成本，又可显著改善土鸡肉质，实现规模化商品生产的要求。

**(三)加强企业之间的联系与合作**

对国内外禽肉生产和贸易上出现的新动向和新变化，共同研究，提出对策，为此可建立全国优质土鸡业协会。

**(四)开拓新的国际市场**

要求我国产品在价格、质量和卫生标准上有很强的竞争力。重点开发南亚、北非、中东和欧洲的禽肉出口市场。

**(五)依靠科技,改善优质土鸡产品品质**

随着人们生活水平的提高和畜、禽产品的丰富,消费者对肉的品质和安全性提出了更高的要求,改善畜、禽肉品质已成为动物营养研究的又一热点。畜、禽肉品质一般包括感官特征、营养质量和卫生质量,具体地说主要包括肉产品颜色、风味、鲜味、嫩度、保健性和安全性。通过大量的科学实验和大面积的推广应用证明,应用预混料和全价饲料配方技术,完全可以在充分发挥畜、禽高产性能的前提下,进一步改善肉产品的色、香、味,使畜、禽朝着优质高效的方向更健康的发展。

**(六)加强科研与科技成果的推广应用**

针对目前土鸡生产现状,可以在生产中进行以下应用性研究。

1.土鸡品种的筛选　从多个土鸡品种中选择生长快、肉质好、外观美、抗病力强、寻食能力强、成年鸡体重适宜的地方品种。

2.最佳放养时间的研究　放养时土鸡必须体格强健,能自行外出采食,有一定的抵制敌害的能力,放养后要求成活率高。

3.最佳上市时间的研究　上市时土鸡能达到合适的体重(1.3～1.5 kg),而且要求肉质鲜美,经济效益好。

4.土鸡前期饲养的研究　要求土鸡成活率高、生长快、饲料转化率好,并能充分利用当地的饲料资源。

5.土鸡后期补饲饲养的研究　提高鸡肉中鲜味物质(肌苷酸、肌酸酐)含量及减少异味物质含量,并显著改善土鸡的外观商品性,研究出补饲料的最佳营养组成。

6.整合技术研究　根据以上研究结果,整合出优质土鸡产业化生产综合配套技术。

# 第二章　优质土鸡品种

我国幅员辽阔，地形多样，几千年来经劳动人民长期选择和培育，形成了许多各具特色的土鸡品种。据全国品种资源调查确定，我国鸡的地方品种有 64 个。世界上不少著名的鸡种都有我国鸡的血统。因此，我国优质土鸡品种对世界著名的鸡种的育成有很大的影响。近年来，优质土鸡在我国肉鸡业的发展中逐渐占据主导地位，尤其是具有某些特异性状的优质土鸡品种如青脚麻鸡、麻羽鸡、丝毛鸡等，在大大小小的城市销售红火。现将我国各地主要的优质土鸡品种作简要介绍。

## 一、我国优质土鸡品种的分布

鸡品种的形式与分布，与自然生态和社会经济条件有着密切的关系。由于我国幅员辽阔，各地自然条件、社会经济和文化的发展程度不同，人们对鸡的选择和利用目的也不同，从而形成了外貌特征、遗传特性、生产性能各异的众多优质土鸡品种，分布于全国各地（表 2-1）。

**表 2-1　我国优质土鸡品种的分布**

| 地区 | 品　种 |
|---|---|
| 青藏高原区 | 藏鸡 |
| 蒙新高原区 | 边鸡、中国斗鸡（吐鲁番鸡） |
| 黄土高原区 | 静原鸡、边鸡、洛阳鸡、正阳三黄鸡 |
| 西南山区 | 彭县黄鸡、峨眉黑鸡、武定鸡、中国斗鸡（版纳斗鸡） |

续表 2-1

| 地区 | 品 种 |
|---|---|
| 东北区 | 林甸鸡、大骨鸡 |
| 黄淮海区 | 北京油鸡、寿光鸡、济宁鸡 |
| 东南区 | 浦东鸡、仙居鸡、萧山鸡、白耳黄鸡、丝毛乌骨鸡(江西的泰和鸡、福建的白绒鸡、广东的竹丝鸡)、江山白羽乌骨鸡、崇仁麻鸡、河田鸡、惠阳胡须鸡、杏花鸡、清远麻鸡、霞烟鸡、桃园鸡、固始鸡、溧阳鸡、鹿苑鸡、狼山鸡、中国斗鸡(中原斗鸡、漳州斗鸡) |

## 二、优质土鸡的品种类型

我国的优质土鸡品种类型大致可分为 3 种,详述如下。

### (一)生产性能、体型外貌比较一致的鸡种

这类鸡种多在习惯养一色鸡的地方或交通不便的地区自繁自养,才使鸡种保持一定的特征特性,前者如江苏河马塘一带有养黑色大鸡的风俗习惯,形成黑狼山鸡产区,后者如福建龙岩地区的河田鸡。

这些鸡种多数已建立了种禽场进行选育或保种工作,如北京油鸡、大骨鸡(庄河鸡)、狼山鸡、鹿苑鸡、溧阳鸡、寿光鸡、泰和丝毛乌骨鸡、惠阳胡须鸡、固始鸡等。

### (二)生产性能、体型外貌差异较大的鸡种

这类鸡种可说是我国优质土鸡品种的大多数。如浙江的仙居鸡,就体态结构或神经类型来看,它都属蛋用鸡类型,但其毛色差异极大,近年来又向肉蛋兼用方向选育。江苏省家禽科学研究所曾在产地选购 200 多只羽黄色、麻黄色羽毛的公、母鸡进行表型同质选配,但其后裔却有 5%的白羽或百花颈圈的鸡只,经过三代采用严格的近亲黄羽鸡种选配,才淘汰了白羽基因。事实上,当地确

有黄羽、白羽、花羽鸡，甚至有黄羽乌骨鸡存在。

我国许多优质土鸡品种多以体大闻名，而实际上产区体大者居少数。大、中、小混杂，如不能区分，鸡种纯化工作也难以进行。对这类鸡种，尚需做大量的纯化选育工作。

**(三)原始类型的鸡种**

这类地方鸡种极少，主要有云南的茶花鸡、藏鸡。这些鸡走动迅速，善飞跃，尾长，胸肌丰满。藏鸡夜间喜栖于屋梁上，产蛋量极少，耐高原地区生活条件。按经济用途分，我国地方鸡种大多属兼用型。有的主要用于肉用，为肉用型，偏于蛋用的，为蛋用型，个别属观赏或药用品种。本书所言的优质土鸡，主要指作为肉用的优良地方品种鸡。

根据土鸡生产性能，我国土鸡可分为以下几类(表 2-2)：

**表 2-2 我国土鸡品种类型**

| 品种类型 | 土鸡名称 |
|---|---|
| 蛋用型品种 | 仙居鸡、白耳黄鸡、济宁百日鸡、汶上芦花鸡 |
| 兼用型品种 | 狼山鸡、大骨鸡、北京油鸡、浦东鸡、琅琊鸡、烟台糁糠鸡、寿光鸡、萧山鸡、鹿苑鸡、固始鸡、边鸡、彭县黄鸡、林甸鸡、峨眉黑鸡、静原鸡 |
| 肉用型品种 | 溧阳鸡、武定鸡、桃源鸡、惠阳胡须鸡、清远麻鸡、杏花鸡、霞烟鸡、河田鸡 |
| 观赏型品种 | 中国斗鸡、鲁西斗鸡 |
| 药用型品种 | 丝羽乌骨鸡 |
| 其他品种 | 茶花鸡、藏鸡 |

## 三、优质土鸡品种选择要点

随着养鸡业的不断发展及科学技术在养鸡业上的运用，人们完全可以创造条件,适应鸡产肉、产蛋的生理要求而不受外界环境的影响。从这个意义上讲,鸡的品种选择对提高养鸡生产性能和经济效益显得极为重要。选择优质土鸡品种时,应注意以下 4 个方面。

**(一)选择质量好、信誉度高的种鸡场购雏鸡**

土鸡饲养效益的好坏与所养鸡的品种有密切关系。如果鸡的品种不纯正,整齐度就差(即鸡只大小不均匀),很难取得高产。所以,从信誉度高、质量好、无传染病的正规场家选择适合当地自然条件的、品种纯正、优质、健康、生长快、产肉或产蛋率高的鸡苗,是养好优质土鸡的基础。

**(二)选择适销对路的品种饲养**

首先要根据当地的需求情况,如对土鸡羽毛色泽、肤色、体重大小、肉质等的喜爱倾向及在市场上的价格差别,选择销路广、产品价格高的品种进行饲养。一旦选养了某一优良品种,只要市场需求不变,就不要频繁更换,这是养鸡能否具有销路和效益的重要前提。

**(三)了解种鸡场销售的鸡苗在当地饲养情况的反映**

由于各鸡场种鸡饲养管理和孵化技术及疫病防治措施不同,可导致不同种鸡孵出鸡苗的生产性能存在显著的条件性差异。如有些种鸡场生产的雏鸡明显存在成活率低、发病率高、免疫效果差等现象。所以,养鸡者要坚决克服不讲质量抢购廉价雏鸡苗的倾向。在引雏前一定要了解种鸡场以往的声誉,特别是雏鸡成活率和雌雄鉴别准确率、生产水平以及经种蛋可垂直感染的几种疾病控制情况,不能图价格低而从疫区购雏。

**(四)在选择品种时,目的要明确,不可盲目引种**

在一个鸡场不宜同时饲养多个优质土鸡品种,一般只能饲养一个或两个品种,最好只养同一种鸡场引进的同一个品种。

# 四、优质土鸡品种介绍

## (一)仙居鸡

### 1. 产地和分布

仙居鸡又称梅林鸡,是浙江省优良的小型蛋用地方鸡种。主要产区在浙江省仙居县及邻近临海、天台、黄岩等县。分布于省内东南部。据浙江省农业科学院畜禽品种资源调查资料,仙居县年养鸡数量在 50 万只以上,年销售雏鸡 100 万只,除供本省外,还销售至广东、广西、江苏、上海等 10 多个省、自治区、直辖市。

### 2. 品种形成

仙居县在浙江东南的括苍山区,四面环山,以丘陵山地为主,是山间河谷盆地,南、北、西三面地势较高。过去交通不便,永安溪自西向东流贯境内,经临海入台州湾,成为出入该县的主要途径。境内气候温和,雨量充沛。年平均气温为 17.3℃,无霜期为 238.3 天,平均降水量为 1 420 mm,年日照时数为 2 017.7 小时。仙居鸡的历史悠久,据明万历年间(公元 1 600 年左右)的《仙居县志》记载:“鸡分黄、花、乌、白等色……”这段描述与其现状极其相符。

由此可见,仙居鸡在 300 多年前早已有之。由于仙居鸡历来饲养粗放,主要靠放养,在野外觅食,致使在雏鸡培育阶段就得不到足够的营养,生长受到影响。但长期在丘陵地区放牧,追捕昆虫野食,运动量大,锻炼了机体,也促使仙居鸡的体质健壮结实,并具有适应性强的特点。同时,当地农民以养鸡为主要副业之一,习惯选留体型小、产蛋多、补料较少的鸡作种。

养鸡业的发展,为开设孵坊提供了种蛋来源和雏鸡销售市场。据调查,仙居县开设孵坊已有 200 多年历史,曾多达 43 家。由于长期采用人工孵化,养鸡户就势必淘汰就巢的母鸡,这也使仙居鸡逐渐削弱了就巢性。仙居鸡就是在这种生态条件和人为选择下，经过劳动人民的世代选育，使小型高产的特性逐步形成和固定下来。

江苏省家禽科学研究所曾以华东系来航公鸡与仙居母鸡进行一代杂交试验，取得 500 日龄平均产蛋量为 223 个、蛋重提高到 48～50 g 的良好成绩。

3. 体型外貌

(1)外貌特征　全身羽毛紧密贴体，外形结构紧凑，体态匀称，头昂胸挺，尾羽高翘，背平直，骨骼纤细，反应敏捷，易受惊吓，善飞跃，具有蛋用鸡的体型和神经类型的特点。

雏鸡绒羽黄色，但有深浅不同，间有浅褐色。喙、胫、趾呈黄色或青色。成年鸡头部适中，颜面清秀。单冠，冠齿 5～7 个。耳叶椭圆形。肉垂薄，中等大小，均鲜红色。眼睑薄，虹彩多呈橘黄色，也有金黄、褐、灰黑等色。羽片贴体躯，皮肤白色或浅黄色，胫趾有黄、青二色，但以黄色为选育对象，仅少数胫部有小羽。公鸡冠直立，高 3～4 cm。羽毛主要呈黄红色，梳羽、蓑羽色较浅有光泽，主翼羽红夹黑色，镰羽和尾羽均黑色。母鸡冠矮，高约 2 cm。羽色较杂，但以黄色为主，颈羽颜色较深，主翼羽羽片半黄半黑，尾羽黑色。现经多年选育，黄羽毛色已较一致，产区尚有少数白羽、黑羽鸡保留在饲养场中，作为保种观察之用。

(2)体重和体尺　据浙江省农业科学院品种资源调查组测定，成年仙居鸡的体重和体尺如表 2-3 所示。

**表 2-3　成年鸡的体重和体尺**

| 性别 | 体重(g) | 体斜长(cm) | 胸宽(cm) | 胫长(cm) |
|---|---|---|---|---|
| 公 | 1 440±23.18 | 18.47±0.12 | 6.71±0.09 | 9.45±0.07 |
| 母 | 1 250±17.25 | 16.45±0.07 | 5.94±0.05 | 8.39±0.04 |

(3)生产性能

①产肉性能:

生长速度　仙居鸡生长速度中等,但个体小,又属早熟品种,故180日龄时,公鸡体重为1 256 g,母鸡体重为953 g,接近成年鸡的体重。据1976年测定,仙居鸡生长期各阶段体重如表2-4所示。

**表2-4　生长期各阶段体重**　g

| 性别 | 初生重 | 30日龄 | 60日龄 | 90日龄 | 120日龄 |
|---|---|---|---|---|---|
| 公 | 32.7 | 142.3 | 402.5 | 667.9 | 985.0 |
| 母 | 31.6 | 113.2 | 279.2 | 495.2 | 684.3 |

屠宰率　仙居鸡虽属蛋用型的地方鸡种,产肉性能非其所长,但其屠宰率、肉质、肉味仍是较好的。据1976年浙江省农业科学院品种资源调查组进行屠宰测定,其结果如表2-5所示。

**表2-5　不同月龄鸡的屠宰测定**　%

| 性别 | 半净膛屠宰率 | 全净膛屠宰率 |
|---|---|---|
| 3月龄公 | 81.50 | 69.95 |
| 6月龄公 | 82.70 | 71.00 |
| 6月龄母 | 82.96 | 72.22 |

一般农家饲养的母鸡开产日龄约180天,但在饲养场及农家饲养条件较好的情况下,约150日龄开产,甚至有更早者。因此,仙居鸡是较早熟的地方鸡种,但过早开产往往蛋重较轻。

②产蛋性能:

产蛋量　在一般饲养管理条件下,年产蛋量为160～180枚,高者可达200枚以上。

蛋的品质　仙居鸡平均蛋重为42 g左右。壳色以浅褐色为主。蛋形指数为1.36。

蛋的组成 蛋白占55.11%，蛋黄占33.7%，蛋壳占11.19%。

蛋的营养成分 含水分为72.93%，粗蛋白质为14.24%，粗脂肪为11.78%，灰分为1.05%，每百克全蛋的总热量为196.86 J。

③繁殖性能：

繁殖力 因体小而灵活，配种能力较强，可按公母1：(16～20)配种。据对入孵17 180枚种蛋的测定，受精率为94.3%，受精蛋孵化率为83.5%。

就巢性 就巢性较弱。一般就巢母鸡占鸡群10%～20%，多发生在4～5月份。江苏省家禽科学研究所选育的鸡群，就巢率已降至5%以下。

成活率 育雏率较高，1月龄育雏成活率为96.5%。

(4)评价和展望 仙居鸡就其体型与神经类型而论，均属蛋用鸡种，是我国较有希望培育为本国蛋用的地方鸡种，已由科研单位及在产区设专场进行选育。另可利用其他优良蛋鸡纯系与之杂交测试，以尽早提高其经济效益。

此外，仙居鸡个体虽小，但骨骼纤细，有较高的屠宰率，通过肉味品尝也较鲜美可口，特别是产蛋后期淘汰的母鸡，仍具有一定的肉用价值。

### (二)白耳黄鸡

#### 1.产地和分布

白耳黄鸡又称白银耳鸡、上饶地区白耳鸡、江山白耳鸡，以其全身披黄色羽毛、耳叶白色而故名。它是我国稀有的白耳鸡种。该鸡主要产区在江西省上饶地区广丰、上饶、玉山三县和浙江省江山县。据统计，江西广丰县现有白耳黄鸡50万只、上饶县16万只、玉山县8万只，浙江江山县有7万余只，合计有80余万只。

#### 2.品种形成

白耳黄鸡产区为丘陵地带，多数是黏性壤土，少数是沙质壤土。该地区气候温和，雨水充沛，年日照时数多，无霜期长。以江西广丰县为例:年平均气温为17.8℃,年降水量为1 360 mm。该县地少人多,且以生产杂粮为主,畜牧业生产占的比重较大,饲养猪、鸡又是当地农家的主要副业。这些都是促使形成白耳黄鸡的因素。

据浙江江山县从上余乡乌房山发掘出的东晋单头天鸡壶与和睦乡乌里山发掘出的南朝单头、双头天鸡壶等出土文物考证,该地区(产区4个县从前都属金华府管辖)早在1 500多年前养鸡已较普遍。

3. 体型外貌

(1)外貌特征　白耳黄鸡体型矮小,体重较轻,羽毛紧密,但后躯宽大,属蛋用型鸡种体型。产区群众以“三黄一白”为选择外貌的标准,即黄羽、黄喙、黄脚呈“三黄”,白耳呈“一白”。耳叶要求大、呈银白色、似白桃花瓣。成年公鸡体呈船形。单冠直立,冠齿一般为4～6个。肉垂软、薄而长,冠和肉垂均呈鲜红色,虹彩金黄色。喙略弯、呈黄色或灰黄色,有时上喙端部呈褐色。头部羽毛短、呈橘红色,梳羽深红色,大镰羽不发达,黑色呈绿色光泽,小镰羽橘红色,其他羽毛呈浅黄色。母鸡体呈三角形,结构紧凑。单冠直立,冠齿为6～7个,少数母鸡性成熟后冠倒伏。肉垂较短,与冠同呈红色。耳叶白色。眼大有神,虹彩橘红色。喙黄色,有时喙端褐色。全身羽毛呈黄色。公、母鸡的皮肤和胫部呈黄色,无胫羽。初生雏绒羽以黄色为主。

(2)体重和体尺　据江西省上饶地区三县调查资料,白耳黄鸡的体重和体尺如表2-6所示。

**表2-6　成年鸡的体重和体尺**

| 性别 | 体重(g) | 体斜长(cm) | 胸宽(cm) | 胫长(cm) |
|---|---|---|---|---|
| 公 | 1 450 | 17.25 | 5.09 | 6.50 |
| 母 | 1 190 | 15.47 | 4.88 | 6.07 |

4.生产性能

(1)产肉性能 雏鸡羽毛生长较快,通常42日龄全身羽毛可长齐,换羽也较快,适应性强。据江西省农业科学院畜牧兽医研究所实验鸡场对白耳黄鸡生长期各阶段体重测定,其结果如表2-7所示。

表2-7 生长期各阶段体重 g

| 性别 | 初生重 | 30日龄 | 60日龄 | 90日龄 | 150日龄 |
|---|---|---|---|---|---|
| 公 | 37.0 | 144.95 | 435.78 | 735.34 | 1 264.53 |
| 母 | 37.0 | 144.95 | 411.59 | 599.04 | 1 019.89 |

成年鸡的屠宰率较高,屠体较丰满。据江西省畜禽品种资源调查组测定,其屠宰率如表2-8所示。

表2-8 成年鸡的屠宰测定 %

| 性别 | 半净膛屠宰率 | 全净膛屠宰率 |
|---|---|---|
| 公 | 83.33 | 76.67 |
| 母 | 85.25 | 69.67 |

(2)产蛋性能 据上饶地区调查统计,母鸡开产日龄平均为151.75天,年产蛋平均为180枚。蛋重平均为54.23 g。蛋壳深褐色。蛋壳厚达0.34～0.38 mm。蛋形指数为1.35～1.38。哈氏单位为88.31±7.82。

(3)繁殖性能 在公、母配种比例为1∶(2～15)的情况下,种禽场的种蛋受精率为92.12%,受精蛋孵化率为94.29%,入孵蛋孵化率为80.34%。

公鸡110～130日龄开啼,母鸡就巢性弱,在鸡群中仅15.4%的母鸡表现有就巢性,且就巢时间短,长的20天,短的7～8天。

雏鸡成活率,30日龄为96.4%,60日龄为95.24%,90日龄为 94.04%。

5.评价和展望

白耳黄鸡蛋大,蛋壳质量良好,平均年产蛋 180 枚以上,是我国优良的蛋鸡育种素材。本品种分布较广,经当地建场选育,产蛋量和体重均有所提高。今后应重点选择蛋大、蛋多的留种,培育优良品系。

**(三)济宁百日鸡**

济宁百日鸡体小、玲珑、以蛋用为主,早熟个体能在 100 日龄左右开产,由此而得名。

1.产地与分布

该品种原产于济宁市郊区,分布于邻近的嘉祥、金乡、兖州等县市。该鸡形成历史较早,是当地群众传统饲养的鸡种。20 世纪 80 年代以前,济宁百日鸡在产区分布非常普遍,饲养数量较多,近 10 年来外来鸡种推广后,济宁百日鸡的饲养量逐年减少,主要存在于农户庭院少量散放饲养。

2.品种形成

产区位于山东省西南部,华北平原东部边缘,地势平坦,为暖温带大陆性气候,年平均气温 13.5℃,境内河流较多,河湖相连。年均降水量 730.7 mm,无霜期 213 天,农作物有小麦、水稻、玉米、大豆等,由于当地气候温和,雨量充沛,灌溉条件良好,非常适合农作物生长,丰富的农副产品为当地养鸡业提供了充足的饲料资源。济宁早期是鲁西地区一个古老的手工业城市,商业历史悠久,早在唐、宋时期已有万商云集,元朝初期会通河(即济宁市区的老京杭运河)开拓,南北交通的便利,使商业贸易更加繁荣,明、清达到鼎盛,成为鲁西南重要的物质集散地,每天商业区对禽肉、禽蛋的消费量较大。新中国成立后农贸市场网点进一步扩大,包括畜禽产品在内的销售量超过了任何历史时期。由于城区长期对禽产品消费的需求,促进了郊区养鸡业的发展。关于济宁百日鸡的形成和发展过程，现已无从查稽。据当地老农介绍，这里农村历来就有户户养鸡的习惯，养鸡是一项重要收入来源，除到集市出售外，还可直接用蛋对换成日常生活用品，群众喜欢选择下蛋早的小型鸡，为了节省饲料采用散放饲养。长期的民间选择，对形成济宁百日鸡体型较小、觅食力强，开产早的优良特性起到了重要作用。当地盛行炕坊孵化，又为该鸡的繁殖和推广提供了便利。

3. 体型外貌

(1)体型　济宁百日鸡体型小而紧凑，头大小适中，体躯略长，头尾上举，背部呈 U 字形。公鸡体重略大，胫腿较长；母鸡羽毛紧贴，外形清秀，背腰平直，似蛋用鸡体型。

(2)外貌特征　母鸡毛色有麻、黄、花等羽色，以麻鸡为多。麻鸡头颈羽麻花色，其羽面边缘为金黄色，中间为灰或黑色条斑，肩部和翼羽多为深浅不同的麻色，主、复翼羽末端及尾羽多见淡黑或黑色。据对 294 只成年鸡进行统计，在麻鸡中，黄麻较多，约占 56%，黑麻次之。公鸡的羽毛颜色较为单纯，红羽公鸡占 80%以上，次之为黄羽公鸡，杂色公鸡甚少。红公鸡羽毛鲜艳，尾羽黑色且闪有绿色光泽。头型多为平头，凤头（头顶中间有一簇纵起的羽毛覆盖）仅占 10%左右。喙黑灰色占 50%以上，其尖端为浅白色，次之为白色和黑色，栗色喙占 20%左右。虹彩主要有橘黄和浅黄两种。单冠，公鸡冠高直立，高为 3～4 cm，冠、脸、肉垂呈鲜红色。脚主要有铁青和灰色两种。长有胫趾羽的鸡不到 1%。皮肤颜色多为白色。据对 40 只济宁百日鸡外貌特征统计，该鸡体小清秀，羽毛花纹较细致，以麻羽(73.2%)、单冠(85%)、青腿(69.8%)、黑喙(60.4%)、黑灰爪(62.5%)为多，其他与上述特征基本相同。

(3)体重和体尺　据对 307 只成年济宁百日鸡测定，平均体重、体尺指标，见表 2-9。其中部分早熟的济宁百日母鸡，体重较轻，腿略高些。

表 2-9　成年济宁百日鸡的体重、体尺

| 性别 | 体重(kg) | 体斜长(cm) | 腰宽(cm) | 胫长(cm) |
|---|---|---|---|---|
| 公 | 1.32±0.08 | 17.13±0.67 | 6.68±0.28 | 9.13±0.13 |
| 母 | 1.16±0.12 | 15.27±0.33 | 6.32±0.42 | 7.28±0.47 |

4.生产性能

(1)产蛋性能　在较粗放饲养条件下,该鸡年产蛋量为 130～150 枚,部分高产鸡年产蛋 200 枚以上。百日鸡蛋重较小,一般年产蛋 200 枚左右。蛋壳颜色为粉红色,色泽深浅略有差异。初产蛋重为 28.5 g,平均蛋重 42 g。蛋形较整齐,蛋形指数测定为 1.31。蛋的各部分组成见表 2-10。据测定,在蛋的可食部分中,该鸡蛋黄的比例大,占蛋重的 36.9%。

表 2-10　蛋的组成

| 测定个数(枚) | 平均蛋重(g) | 熟蛋 | | 熟蛋白 | | 熟蛋黄 | | 熟蛋壳 | |
|---|---|---|---|---|---|---|---|---|---|
| | | 质量(g) | 煮熟率(%) | 质量(g) | 占熟蛋(%) | 质量(g) | 占熟蛋(%) | 质量(g) | 占熟蛋(%) |
| 20 | 37.2 | 36.3 | 97.6 | 18.9 | 52.1 | 13.4 | 36.9 | 4.0 | 11.0 |

(2)繁殖性能

①性成熟期:一般在 150～200 天开产。其中,据对调查到的济宁百日鸡统计,开产最早的为 80 天,100～120 天开产的较普遍。该鸡在农户饲养的产蛋利用期为 2～3 年。

②公、母比例:自然配种鸡群公母比例为 1∶15,种蛋受精率 90%以上,受精蛋孵化率 90%左右。一般农村散养因公鸡较少,蛋的受精率为 80%左右。

③就巢性:就巢鸡多见于 2 年以上的母鸡,占 6%～10%。全年就巢 1～2 次,个别的 3～4 次。持续天数一般在 20～35 天。

④换羽时间:成年鸡的换羽时间,集中在 8～11 月份进行,高

产鸡仅需要30～40天即能换完羽毛。

(3)屠宰率 济宁百日鸡的腹脂较少，消化器官较发达，屠宰率较低。屠宰测定结果，详见表2-11。

**表2-11 屠宰测定**

| 性别 | 月龄(月) | 活重(g) | 半净膛重(g) | 全净膛重(g) | 肉重(g) | 骨重(g) | 半净膛率(%) | 全净膛率(%) |
|---|---|---|---|---|---|---|---|---|
| 公 | 6.5 | 1 100 | 850 | 635 | 500 | 135 | 77.3 | 57.7 |
| 母 | 6.5 | 940 | 790 | 620 | 500 | 120 | 84 | 63.8 |

5.饲养管理

该鸡适合农户散养，饲养管理较为粗放，每天补喂一些出糠麸、玉米、饼粕、青绿料等简单混合的饲料，因每日获得的营养较少，蛋重小，产蛋潜力也未能发挥出来。可改用小群舍养，做好日常饲养管理，参照我国地方鸡的饲养标准配合饲料，以满足其营养需要，提高其产蛋量，增加蛋重。有条件的地方也可利用荒山荒坡、果园放牧饲养，降低生产成本。留种鸡群做好公、母鸡选择，提高繁育后代的质量。对性成熟早的种鸡实行单独分群饲养，并将同一性能的公、母鸡组成配种群，巩固其早熟的优良特性。

6.评价与利用

济宁百日鸡体重轻、耗料少，是一个以蛋用为主的小型地方品种。其体质健壮，抗病力较强，特别是罕见的早熟性状，为培育高产、早熟、抗病蛋用型鸡的宝贵素材。但因该鸡种未经过系统的选育，蛋重小，羽色较杂，羽毛生长较慢，个体间性成熟时间和产蛋性能悬殊较大，鸡种纯度较差。为此，应重视现有鸡群的保护，防止群体退化和品种混杂，坚持蛋用选育目标，分别建立早熟系和高产系。另外，利用适宜的引进蛋鸡品系与济宁百日鸡杂交，提高其产蛋性能，培育出既产蛋较多，又适合当地一般农户饲养需要的杂交鸡种。

## (四)汶上芦花鸡

该鸡体表羽毛呈黑白相间的横斑羽,群众俗称“芦花鸡”,因产地在汶上县境内,被命名为“汶上芦花鸡”。

1. 产地与分布

该鸡原产于汶上县的汶河两岸及蜀山湖、南旺湖、马踏湖一带,以该县西北部的军屯、杨店、郭仓、郭楼、城关、寅寺6乡镇饲养量最多,分布于汶上相邻的一些县市。在过去传统饲养条件下,由于该鸡耐粗饲,抗病,产蛋较多,肉质好,深受当地群众喜爱,加上产区孵坊众多,饲养量较大。目前,随着当地经济的发展,培育良种鸡的饲养量增加,产区芦花鸡的数量已占很小比例。

2. 品种形成

产区位于鲁西南,大部分为平原区,约占全县总面积的71%,西南部为湖洼地,约占25%,东北部的低山丘陵仅占4%。属于暖温带季风气候,年均气温13.3℃,年均降水量646.3 mm,无霜期202天,土壤以褐土和潮土为主,地势平坦,水源充足,土地肥沃,适于多种农作物生长。由于历史上这一带土地面积宽广,人口较少,农产品丰富,人民生活比较富庶,农村养鸡是一项传统的家庭副业。关于芦花鸡的形成历史和这一特殊羽色形成原因,尚未查到确切的史料记载,据对产区考察,大致与以下因素有关,一是过去这一地区交通不便,与外地鸡种混杂机会较少,当地群众偏爱芦花羽色,认为这种鸡好养,生长发育快,毛色鲜亮,产蛋较多。长期习惯性的群众选择,形成这一特殊的群体。二是产区有悠久的孵化历史,过去大小不等的孵坊普及乡间,素有“孵化之乡”之称。孵出后又根据“黑鸡白顶门瓜,长大必定是芦花”的选雏经验,对保持和稳定种鸡羽毛的纯正和种用质量,起到了重要作用。三是产区与济宁城郊相连,活鸡和鸡蛋的销量较大。经过产区人民的长期保种与选育,逐渐形成单一毛色的芦花鸡地方品种。

3. 体型外貌

(1)体型　该鸡体型一致，呈“元宝状”，特点是颈部挺立，稍显高昂，前躯稍窄，背长而平直，后躯宽而丰满，腿较长，尾羽高翘。

(2)外貌特征　横斑羽是该鸡外貌的基本特征，全身大部分羽毛呈黑白相间、宽窄一致的斑纹状，母鸡头部和颈羽边缘镶嵌橘红色或土黄色，羽毛紧密，清秀美观；公鸡颈羽和鞍羽多呈红色，尾羽呈黑色带有绿色光泽。据对 35 只公鸡和 123 只母鸡外貌特征统计，头型为平头的占 93%，凤头仅占 7%左右。冠型以单冠最多，占 92.8%，其他冠形有双重冠、玫瑰冠、豌冠和草莓冠占 7.2%。喙基部为黑色，边缘及尖端呈白色。虹彩以橘红色为最多，土黄色次之。胫色以白色为主，约占 63.4%，花色次之，黄色和青色极少。爪部颜色以白色最多，约占 90%，杂色次之。皮肤颜色均为白色。

(3)体重和体尺　成年鸡的体重、体尺测定指标，见表 2-12。

**表 2-12　成年鸡的体重、体尺**

| 性别 | 测定只数(只) | 体重(kg) | 体斜长(cm) | 胸宽(cm) | 胫长(cm) |
|---|---|---|---|---|---|
| 公 | 17 | 1.40±0.13 | 16.4±0.83 | 6.00±0.50 | 7.90±0.72 |
| 母 | 64 | 1.26±0.18 | 17.8±0.75 | 6.30±0.42 | 7.20±0.50 |

4. 生产性能

(1)生长速度　雏鸡的生长发育受饲养条件、育雏季节不同有一定差异，生长至 4 月龄，公鸡平均体重为 1 180 g，母鸡体重为 920 g，分别为成年体重的 73%和 84%。羽毛生长较慢，4 月龄主翼羽和尾羽尚未长齐，一般在 6 月龄全部换为成年羽。

(2)产蛋性能　根据产区调查统计，在农村一般饲养管理条件下，年产蛋 130～150 枚。在较好的饲养管理条件下，年产蛋可达 180～200 枚，还有少数个体，年产蛋量在 250 枚以上。该鸡蛋重

35～51.9 g,平均蛋重 45 g。蛋壳颜色多为粉红色,少数为白色。蛋形指数为 1.32。

蛋的各部分组成见表 2-13。

**表 2-13 蛋的组成**

| 测定个数（枚） | 平均蛋重（g） | 熟蛋 |  | 熟蛋白 |  | 熟蛋黄 |  | 熟蛋壳 |  |
|---|---|---|---|---|---|---|---|---|---|
|  |  | 质量（g） | 煮熟率（%） | 质量（g） | 占熟蛋（%） | 质量（g） | 占熟蛋（%） | 质量（g） | 占熟蛋（%） |
| 20 | 44.6 | 43.7 | 98.0 | 24.9 | 57 | 14.4 | 33 | 4.4 | 10 |

(3)繁殖性能

①性成熟期:芦花鸡的性成熟期一般在 150～180 天。

②公、母比例:公、母鸡的配种比例为 1∶(12～15),种蛋受精率达 90%以上。农户散养 1 户或几户有 1 只公鸡,也能维持 85%左右的受精率。

③就巢性:就巢母鸡占 3%～5%,持续期一般在 20 天左右,最短 10 余天,最长的可达 1 个月以上。

④换羽期:成年鸡换羽时间一般在每年的 9 月份以后,换羽持续时间不等,高产个体在换羽期仍可产蛋。

(4)屠宰率 该鸡 6 月龄屠宰测定统计指标,详见表 2-14。

**表 2-14 屠宰测定**

| 性别 | 月龄（月） | 活重（g） | 半净膛重（g） | 全净膛重（g） | 肉重（g） | 骨重（g） | 半净膛率（%） | 全净膛率（%） |
|---|---|---|---|---|---|---|---|---|
| 公 | 6 | 1 180 | 1 000 | 800 | 660 | 140 | 84.7 | 67.8 |
| 母 | 6 | 900 | 720 | 620 | 490 | 130 | 80 | 68.9 |

5.饲养管理

该鸡要求饲养条件不高,适合一般农户散养,利用农村现有的农副产品作饲料，这种方式鸡获得的营养较少，降低了其生产性能。可改用小群舍养，结合地方鸡的饲养标准配合饲料，满足产蛋期的营养需要，可以提高产蛋量与蛋重，并在饲料中加入一定比例的糠麸和青饲料，以便降低饲养成本。抓好育雏和生长鸡只的培育工作是该鸡饲养管理的关键环节，同时要做好种鸡选种工作，巩固优良的遗传性能，提高繁育后代的质量。

6. 评价与利用

汶上芦花鸡遗传性能比较稳定，具有较为一致的羽色和体型特征。该鸡体小、适应性强，具有良好的蛋用性能。但近十几年来鸡的饲养量减少，鸡群已开始混杂，种质出现退化，产蛋性能良莠不齐，今后应组织饲养较为集中的乡镇，加强高产群体的选择，育成一个横斑羽蛋用品系，与引入良种蛋鸡杂交，提高其早熟性、蛋重和产蛋量，以满足农村饲养条件下群众养鸡的需要。

**(五)狼山鸡**

1. 产地分布

狼山鸡是我国古老的优良地方品种，并在世界家禽品种中负有盛名。狼山鸡原产于江苏省如东县境内，以马塘、岔河为中心，旁及掘港、拼茶、丰利及双甸，南通县的石港等地也有分布。该鸡集散地为长江北岸的南通港，港口附近有一游览胜地，称为狼山，从而得名。1872 年首先传入英国，后在家禽展览会上博得英美各国养禽界的关注和好评，继而又传入德、法、日等国，并且载入各国的家禽品种谱。

狼山鸡以体型硕大，羽毛纯黑，冬季产蛋多、蛋大而著称于世。该鸡在国外经过进一步选育，并与当地鸡杂交培育成新的品种，如当代著名鸡种黑奥品顿、澳洲黑等。因此，狼山鸡对世界养鸡业也有一定的贡献。

2. 品种形成

原产地位于长江三角洲北部，东临黄海，土地多系逐年将海滩围垦而成，农家历来居住分散，多是单家独户星罗棋布于大田之中，连同周围的农田构成一个小农经济的单元，宅旁四周多植竹林或丛生芦苇，鸡群可觅食到充足的动物性饲料和青绿饲料；当地海产丰富，贝壳俯拾皆是，鸡只所需矿物质饲料也不匮乏；加上产地气候温和，四季分明，地势平坦，土质疏松，河港交叉，排灌良好，农作物产量较高，群众素有用玉米、大麦、稻谷补饲鸡群的习惯。上述条件为鸡种的形成创造了良好的物质基础。当地农家以养鸡为主要副业，养鸡数量较多，因此，每户农家自行繁育而很少混杂。当地乡俗对选种起了很大的作用，如对纯黑羽毛的选择就是因农家视红羽为火灾的征兆，而视纯黑为吉祥，渔民出海祭祀时也要求用纯黑的大公鸡，这就促使大家淘汰杂羽鸡，专选纯羽黑鸡。由于狼山鸡体态优美，羽毛纯黑且富有灿烂的光泽而为人们所喜爱，故早在 100 多年前已被列为国际标准品种而闻名世界。

3. 体型外貌

狼山鸡体格健壮，头昂尾翘，背部较凹，羽毛紧密，行动灵活。新中国成立初期调查时，按体型可分为重型与轻型两种，前者多产于马塘、岔河，公鸡体重为 4.0～4.5 kg，母鸡为 3.0～3.5 kg；后者在拼茶为多，公鸡体重为 3.0～3.5 kg，母鸡为 2.0 kg 左右。按羽毛颜色可分为纯黑、黄色和白色 3 种，其中黑鸡最多，黄鸡次之，白鸡最少，而杂毛鸡甚为少见。每种颜色按头部羽冠和胫趾部羽毛的有无分为光头光脚、光头毛脚、凤头毛脚和凤头光脚 4 个类型。如东县狼山鸡种鸡场建立之初，曾对上述各类型的生产性能进行测定，最后以体型中等的黑色光头光脚型作为选留对象，南通市狼山鸡种鸡场一开始就以光头光脚型建立基础群，因此，两场鸡群的体型外貌基本一致。狼山鸡头部短圆细致，群众称为蛇头大眼，单冠，冠齿 5～6 个。脸部、耳叶及肉垂均呈鲜红色。眼的虹彩以黄色为主，间混有黄褐色。喙黑褐色，尖端稍淡。胫黑色，较细长。羽毛紧贴躯体，当年育成的新鸡富有黑绿色的光泽。成年黑色狼山鸡多呈纯黑，有时第 9～10 根主翼羽呈白色，但刚出壳的雏鸡，额部、腹及翼尖等处均呈淡黄色，一直到中雏换羽后才全部变成黑色，这与其他黑色鸡种显然不同。狼山鸡的皮肤呈白色。

4.品种展望

狼山鸡作为我国优良地方鸡种早已受到保护和培育，但同现代专门化的鸡种相比，仍然有较大的差距。因此，在保种的同时，必须进行品系繁育，改善饲养管理，使狼山鸡的生产性能进一步提高。此外，对黑羽中的慢羽和快羽系也应继续选育，以便今后形成配套生产时初生雏的雌雄鉴别。

### (六)新狼山鸡

1.产地和分布

新狼山鸡是新中国成立以后育成的第一个兼用型鸡种。1952 年开始由华东农业科学研究所选育，1958 年基本定型。1959 年移交中国农业科学院家禽研究所继续培育和扩群繁育推广。该鸡初步育成后，1955 年曾送至北京农业展览馆第一次全国展览会展出，引起各地注意，并要示引入，1956 年起大量供应各地需求。1956 年曾应前捷克斯洛伐克农业部的要求向该国输出种蛋一批。1956—1977 年，在江苏省内以及外省供应种蛋、种雏约 60 万枚，并曾在江苏省的江都县、扬中县等地以及上海市禽蛋五厂等处建立新狼山鸡的种鸡繁殖基地，繁殖狼山雏鸡向农家推广。

2.品种形成

20 世纪 50 年代初，华东农业科学研究所派员去江苏省南通地区狼山鸡原产地如东县的岔河、马塘、掘港等地进行了深入的调查，了解到狼山鸡的原始品种资源，认为这是一个有希望的兼用鸡种，但成熟期迟，在放牧半喂养的条件下(据 1958 年华东农业科学研究所对个体记录的统计资料)，约 8 月龄开产，蛋重较轻，平均蛋重为 49.8 g。一般年产蛋量为 150～160 枚，群众反映也希望能更多一些。为此，当时制定了期望能选育出适合长江下游地区、农家放牧饲养的蛋肉兼用型新鸡种的选育目标。具体选种指标为：体质较强，年产蛋量为 200 枚左右，蛋重为 58 g 左右，成熟期为 200 天，成年公鸡体重约 3 kg、母鸡约 2 kg，皮肤白色。1951 年、1952 年两次在产区选购较轻型、外观鉴别产蛋性能较好的黑色狼山鸡，作为原始素材，为改进其性成熟迟、蛋重轻的缺点，并保持狼山鸡原有的优良品质，决定以引入的成熟早、体重较大、蛋较重、体型疏松、行动迟缓、觅食力差、不适合农家放牧饲养的澳洲黑公鸡作为另一亲本，进行了导入方式的育成杂交，即以第一世代选择早熟、体较重的优良澳洲黑公鸡作为父本，与经过个体观察、生产性能优良个体母鸡进行回交；第二世代选择优良狼山公鸡与一代杂种鸡中的优良个体母鸡进行回交；第三世代起选择合乎预期选育目标的理想个体自交，在以后的若干世代，注意外貌鉴定、系谱选择，并在雏鸡阶段加强野外放牧，锻炼其体力，培育其觅食性能，至 1958 年基本定型。

3. 体型外貌

新狼山鸡体型为兼用类型。背部平直，不像原来狼山鸡的背凹。羽毛紧密程度介于澳洲黑鸡与黑色狼山鸡之间，既不似澳洲黑那么蓬松，也不像狼山鸡那么紧凑。属光脚、无毛脚类型。全身羽毛黑色。单冠。眼的虹彩呈黄褐色。胫、脚部呈蓝灰色。新鸡和换羽后的羽毛有蓝绿色光泽。虹彩、脚胫部、羽毛色泽以及体型与原来的狼山鸡有明显区别。

4. 品种展望

新狼山鸡是 20 世纪 50 年代培育出的适合于农家放牧饲养的兼用型鸡种，具有较好的生产性能，对青绿饲料特别爱好，肉质鲜、纤维细，在不同生长阶段均宜于做名菜佳肴；好仔公鸡适合制作风鸡；蛋壳深褐色，符合我国人民的需求，在 20 世纪六七十年代受农家欢迎。用于集约化饲养、与现代专门化商品鸡种比较，当然有其不足之处，但可以作为杂交中的一个素材来考虑应用。

**（七）大骨鸡**

1.产地分布

大骨鸡又名庄河鸡，该鸡体躯硕大，腿高粗壮，结实有力，故名大骨鸡。主要产于辽宁省庄河县。分布于东沟、凤城、金县、新金、复县等地。曾被推广到吉林、黑龙江、山东、河南、河北、内蒙古、新疆、陕西、广东等地饲养。

2.品种形成

关于大骨鸡的形成历史，据资料记载，早在200多年前，山东移民带来了大型的寿光鸡，后与当地鸡杂交，并经长期选育而成。产区人民非常注意鸡的选种工作，每到孵化季节，多向饲养优良种鸡户串换种蛋，在自养鸡群中注意选产连蛋、下秋蛋、生大蛋的鸡，并重视选留体大健壮的公鸡配种。

1959年建立庄河种鸡场。辽宁省熊岳农科所从1952年起开始进行育种工作（该所畜牧部分于1960年并入辽宁省畜牧所），1965年，辽宁省畜牧所将种鸡移交庄河种鸡场。1950—1964年，吉林省农科院畜牧兽医所进行了引种选育工作。1986年年底，庄河种鸡场养大骨鸡5 000多只。产区自然环境条件十分优越。庄河县位于辽宁省东南部，背山面海，地势自北向南倾斜，北部为山区，中南部为丘陵，沿海区夹有平原。土壤主要为沙壤土，沿海区多属盐碱土。当地受海洋性气候影响，降水量多，为湿润地区，有利于农业生产。农作物以玉米、水稻为主，大豆、花生、甘薯等次之。北部山区盛产柞蚕，沿海区水产资源丰富，有大量的动物饲料和矿物质饲料。这些自然生态条件，对大骨鸡体大、蛋大、耐牧等优良特性的形成起了一定的作用。

3.体型外貌

大骨鸡体型魁伟，胸深且广，背宽而长，腿高粗壮，腹部丰满，敦实有力，觅食力强，属兼用鸡种。头颈粗壮，眼大明亮，单冠，耳叶、肉垂均呈红色，喙、胫、趾均呈黄色。公鸡羽毛棕红色，尾羽黑色并带金属光泽。母鸡多呈麻黄色。

4.品种展望

大骨鸡是以蛋大为突出特点的兼用型地方鸡种，应注意保种和选育提高。东北农学院于1957年曾用4个外来品种分别同大骨鸡进行经济杂交，从中选出蛋肉兼用和肉蛋兼用2个较佳的杂交组合，探索了大骨鸡的杂交利用途径。

**(八)北京油鸡**

1.产地和分布

北京油鸡以肉味鲜美、蛋质优良著称，是一个优良的地方鸡种。原产地在北京城北侧安定门和德胜门外的近郊一带，以朝阳区所属的大屯和洼里两个乡最为集中。其邻近地区，如海淀、清河等也有一定数量的分布。据1980年北京市农林科学院畜牧兽医研究所调查统计，产区有3万余只。20世纪50年代期间，北京油鸡也曾输出到东欧国家。

2.品种形成

据民间相沿传说，北京油鸡这一品种在清朝中期即已出现，距今至少有250年的历史。北京是元、明、清等王朝的都城，明、清两代的王公贵族，对于品质特优的禽产品的需求，是促使北京家禽良种形成的重要因素之一。

产区位于京都的近郊，地势平坦，水源充足，土质肥沃，农业生产以粮菜间作为主。农作物有小麦、玉米和水稻等。这就使油鸡的形成具备了良好的物质条件。当地农民长期参与城乡间的集市贸易，为了满足消费者对鸡肉、蛋品和观赏爱好等方面的特殊需要,逐渐积累了鸡的繁殖、选种和饲养管理等经验,经过长期选择和培育,形成了这一外貌独特、肉蛋品质兼优的地方优良鸡种。

新中国成立前,北京油鸡剩余不多,濒于绝种。20 世纪 50 年代初期,北京农业大学(今中国农业大学)曾以油鸡为母本,开展了杂交育种的研究工作。20 世纪 70 年代中期以来,中国农业科学院畜牧研究所和北京市农林科学院畜牧兽医研究所相继从民间搜集油鸡的种鸡,进行了繁殖、提纯、生产性能测定和推广等工作,从而使这一品种得以保存。

3. 体型外貌

(1)外貌特征　北京油鸡的体躯中等,其中羽毛呈赤褐色(俗称紫红毛)的鸡,体型较小;羽毛呈黄色(俗称素黄毛)的鸡,体型略大。初生雏全身披淡黄或土黄色绒羽,冠羽、胫羽、髯羽也很明显,体浑圆,十分惹人喜爱。成年鸡的羽毛厚密而蓬松。公鸡的羽毛色泽鲜艳光亮,头部高昂,尾羽多呈黑色。母鸡的头、尾微翘,胫部略短,体态敦实。其尾羽与主、副翼羽中常夹有黑色或以羽轴为中界的半黑半黄的羽片。

北京油鸡具有冠羽和胫羽,有些个体兼有趾羽。不少个体的颌下或颊部生有髯须,因此,人们常将这“三羽”(凤头、毛腿和胡子嘴)性状看做是北京油鸡的主要外貌特征。冠型为单冠,冠叶小而薄,在冠叶的前段常形成一个小的“S”状褶曲,冠齿不甚整齐。具有髯羽的个体,其肉垂很少或全无。头较小。冠、肉垂、脸、耳叶均呈红色。眼较大,虹多呈棕褐色。喙和胫呈黄色,喙的尖部微显褐痕。少数个体分生五趾。赤褐羽油鸡,羽色深褐,冠羽大而蓬松,常将眼的视线遮住。这种鸡主要分布在安定外的北顶、小关、大屯等地区。黄羽油鸡的羽毛呈淡黄或土黄色,主要分布在海淀区大钟寺一带。相传北京油鸡尚有豇豆白色、黑色、白色和灰色羽毛的类型,但目前已很难见到。

(2)体重和体尺　据北京市农林科学院畜牧兽医研究所测定，成年北京油鸡的体重和体尺见表 2-15。

表 2-15　成年鸡的体重和体尺

| 性别 | 体重(g) | 体斜长(cm) | 胸深(cm) |
| --- | --- | --- | --- |
| 公 | 2 049±35.70 | 20.2±1.65 | 12.5±0.10 |
| 母 | 1 730±17.60 | 16.34±0.13 | 10.7±0.08 |
| 性别 | 龙骨长(cm) | 骨盆宽(cm) | 胫长(cm) |
| 公 | 12.8±0.11 | 9.19±0.11 | 9.13±0.08 |
| 母 | 9.6±0.10 | 7.86±0.08 | 8.39±0.07 |

4. 生产性能

(1)产肉性能　北京油鸡的生长速度缓慢。其初生重为 38.4 g，4 周龄体重为 220 g，8 周龄体重为 549.1 g，12 周龄重为 959.7 g，16 周龄重为 1 228.7 g，20 周龄的公鸡体重为 1 500 g、母鸡体重为1 200 g。该鸡采食量也较少，从初生到 8 周龄，平均每只日采食量尚不足 30 g。

雏鸡的长羽速度较慢。8 周龄时，羽毛尚未长齐。但该鸡的第二性征表现较早，在 4 周龄时即可较明显地区分公、母。选用原产地农村条件下饲养的成年鸡进行屠宰测定，其结果见表 2-16。

表 2-16　成年鸡的屠宰测定

| 性别 | 体重(g) | 半净膛率(%) | 全净膛率(%) |
| --- | --- | --- | --- |
| 公 | 1 760 | 83.5 | 76.6 |
| 母 | 1 640 | 70.7 | 64.6 |

该鸡屠体皮肤微黄，紧凑丰满，肌间脂肪分布良好，肉质细致，肉味鲜美，适于多种烹调方法，为鸡肉中的上品。

(2)产蛋性能　北京油鸡性成熟期较晚，在自然光照条件下，公鸡2～3月龄开啼，6月龄后，精液品质正常。母鸡7月龄开产，开产体重为1 600 g。在农村放养条件下，每只母鸡年产蛋量约为110枚，当饲养条件较好时，可达125枚。平均蛋重为56 g。每只母鸡的年产蛋总重量约为7 kg。蛋壳褐色，有些个体的蛋壳呈淡紫色，素有“紫皮蛋”之称，蛋壳的表面覆布一层淡的白色胶护膜(俗称“白霜”)，色泽格外新鲜。蛋壳强度为3.13 $kg/cm^3$，蛋壳厚度为0.325 mm，蛋形指数为1.32。鲜蛋的哈氏单位为85.4。蛋的品质的各项指标均达到较高的水平，深受群众喜爱。

(3)繁殖性能　一般在每年的3～7月份进行繁殖，由孵化场从农户中收购种蛋，采用电气孵化，推广种雏。也有少数农户进行季节性的炕孵。在采留种蛋期间，鸡群的公、母比例一般为1∶(8～10)。农村的种蛋，受精率均在80%以上。专业场的种蛋受精率和孵化率均可超过90%。

北京油鸡有明显的就巢性，一般出现在5月份，而以7月份为最多。就巢的持续期，短者为20天左右，长者可达2个多月。雏鸡的生活力较强，在正常的饲养管理条件下，2月龄的成活率均可达到95%。

5.评价和展望

北京油鸡的生活力较强，遗传性稳定，是我国一个珍贵的地方鸡种。它可作为改善肉质、提高蛋品质量的良好母本，但在选育和利用时，必须克服产蛋量较低、有就巢性、初期生长缓慢等缺点。

**(九)寿光鸡**

寿光鸡形成历史较早，据民间相传，以寿光市稻田镇的慈家村和伦家村一带，出产的寿光鸡个体大而优良，故当地群众又称“慈伦鸡”。该鸡遗传性稳定，是山东省地方鸡的代表品种，属于兼用型。

1.产地与分布

该鸡原产于寿光市，分布在与其相邻的潍坊郊区、昌乐、青州、广饶等县市。新中国成立以来政府非常重视寿光鸡的保种和选育工作，1954 年在原华东农业科学研究所品种调查的基础上，在产地建立了慈伦鸡原种场，开展保种和提纯复壮工作，选育后的寿光鸡曾送北京农业展览馆展出。至 20 世纪六七十年代又以原种场为中心，按大型和中型建立品系，分别进行品系选育，并在昌乐种畜场及产区设立多处繁殖基地，对进一步提高寿光鸡的质量，扩大良种数量起到了重要作用。据 1978 年山东省地方家禽品种资源普查统计，当时产区寿光鸡的饲养量已有近 100 万只，其中繁殖基地约 18.8 万只。新中国成立后累计向省内外推广种雏、种蛋达 490 万枚以上。20 世纪 80 年代中期随着引进国外鸡种的推广，寿光鸡的饲养量开始逐渐减少，至今主要由寿光市慈伦种鸡场承担保种和选育工作。

2. 品种形成

产区地处黄河三角洲南部冲积平原，莱州湾西南岸，北临渤海，境内为由南向北缓慢降低的平原区，属于暖温带半湿润季风气候。全市可耕地面积 63%为潮土，褐土、砂姜黑土占 13%，北部盐土占 24%。年平均气温 12.4℃，年均降水量 840.7 mm，无霜期 195 天。农作物有小麦、玉米、大豆、谷子、甘薯等。地处海滨，水产资源丰富，鱼、贝壳、虾蟹种类较多。特有的自然环境和充足的饲料资源，为该鸡种形成创造了有利的生态条件。

据有关史料记载，该鸡种形成与当地社会的文化与经济活动息息相关，有一个较长的发展过程。公元前 480—222 年的战国时期，齐国的邹衍等新兴学派所著《周礼・夏官》中有“乃辩九州之国……正东曰青州，其畜宜鸡狗，其谷宜稻麦”的记载，原青州为古代我国的九州之一，寿光鸡产地在其辖区之内，该地区养鸡在当时就占有重要的经济地位。公元 5 世纪北魏时期，杰出的农学家贾思勰系青州县人，在他撰写的《齐民要术》一书中，记叙了该地区鸡的形态特征、饲养技术等，对研究寿光鸡早期形成具有重要价值。

另据近代《寿光县志》记载:“鸡比户皆畜,鸡卵甲他县,皮有红白之殊……雄鸡大者高尺许,长冠巨爪,为一邑特产。”此时,寿光鸡的饲养量和品种质量都已得到很大提高。历史上产区人们风行斗鸡,该县志中还有“斗鸡台在城东二里,齐俗好吹竽鼓瑟斗鸡走狗”的描述,吕留、古城等乡均设有斗鸡台,专供民间斗鸡娱乐活动。当地优越的自然环境、社会经济发展和劳动人民的长期选育,是促进该鸡形成与发展的重要因素,这一过程至少经历了上千年。

3. 体型外貌

(1)体型　该鸡体躯高大,骨骼粗壮,体长胸深,背宽平直,腿高而粗,脚爪大而坚实。分为大型、中型两个品系。大型鸡腿高,体长,背稍窄,头较大,眼稍凹,面部较粗糙,属肉蛋兼用型鸡。中型鸡体重稍小于大型鸡,背宽,腿较矮,头大小适中,眼大灵活,面部较细致清秀,属蛋肉兼用型鸡。

(2)外貌特征　全身黑羽,并带有金属光泽,尾有长短之分。单冠,冠有大小之分。冠、髯、耳叶、脸均为红色,眼大灵活,虹彩黑褐色,喙、胫、爪为黑色,皮肤为白色。初生雏绒毛为全黑色,少数眼的上、后部和喙角及颌、颈下部有淡黄色斑块。头顶、颈后、背腰部绒毛呈黑色。颈侧、体侧、尾部呈黑灰色。喙呈黑色或喙尖为黄白色。胫、趾灰色,皮肤白色。

(3)体重和体尺　据山东农业大学对慈伦种鸡场大、中两种类型种场群进行测定,体重、体尺如表2-17所示。

4. 生产性能

(1)生长速度　该鸡平均初生重为42.4 g,雏鸡早期发育和羽毛生长较慢,特别是大型寿光鸡,生长前期常有背毛稀疏,后躯赤裸、秃尾现象。生长速度一般从40日龄开始加快,至3月龄后生长最快,体重快速增加。该鸡生长发育体重测定结果见表2-18。

(2)产蛋性能　该鸡的产蛋量和蛋重因类型不同有一定差异。大型母鸡年产蛋量为90～100枚,蛋重65～75 g;中型母鸡年产蛋120～150枚，最高可达213枚，蛋重60～65 g。蛋壳颜色为红褐色，蛋壳厚度0.36 mm，蛋形指数测定为1.32。蛋的各部分组成见表2-19。

**表2-17 成年寿光鸡的体重和体尺**

| 性别 | 类型 | 体重(kg) | 体斜长(cm) | 胸宽(cm) | 龙骨长(cm) | 胫长(cm) |
|---|---|---|---|---|---|---|
| 公 | 大型 | 3.61±0.06 | 27.64±0.17 | 7.21±0.14 | 15.03±0.16 | 12.65±0.19 |
| | 中型 | 2.88±0.02 | 25.90±0.18 | 6.94±0.13 | 14.17±0.19 | 11.83±0.14 |
| 母 | 大型 | 3.31±0.07 | 23.68±0.16 | 7.23±0.10 | 12.63±0.15 | 9.98±0.10 |
| | 中型 | 2.34±0.03 | 23.13±0.17 | 6.43±0.09 | 12.24±0.13 | 9.51±0.13 |

**表2-18 生长期各阶段体重** g

| 性别 | 初生重 | 30日龄 | 60日龄 | 90日龄 | 120日龄 | 150日龄 | 180日龄 |
|---|---|---|---|---|---|---|---|
| 公 | 42.4±0.58 | 235.0±6.10 | 954.0±11.20 | 1 310.0±24.11 | 2 187.0±17.50 | 2 582.0±27.00 | 2 872.5±34.16 |
| 母 | 42.4±0.58 | 235.0±6.10 | 7 59.5±8.54 | 1 056.6±17.44 | 1 775.3±23.78 | 2 059.0±27.60 | 2 279.0±35.6 |

**表2-19 寿光鸡鸡蛋的组成**

| 测定个数(枚) | 平均蛋重(g) | 熟蛋 | | 熟蛋白 | | 熟蛋黄 | | 熟蛋壳 | |
|---|---|---|---|---|---|---|---|---|---|
| | | 质量(g) | 煮熟率(%) | 质量(g) | 占熟蛋(%) | 质量(g) | 占熟蛋(%) | 质量(g) | 占熟蛋(%) |
| 50 | 65.8 | 65.6 | 99.7 | 38.5 | 58.7 | 19.7 | 30 | 7.4 | 11.3 |

(3)繁殖性能

①性成熟期：大型鸡开产日龄为240～270天，平均开产体

重2.55 kg。中型鸡开产日龄190～210天。最早为150天左右，开产体重为2.0 kg左右。

②公、母比例：自然配种公、母比例，大型鸡为1∶(8～10)，中型鸡为1∶(10～12)。种蛋受精率90.7%，受精蛋的孵化率80.9%。

③就巢性：据寿光种鸡场统计，经选育后就巢母鸡数仅占0.89%。

④雏鸡的生活力：据寿光种鸡场测定，在正常饲养管理条件下雏鸡1月龄的成活率为96.8%，2月龄为92.5%，与外来品种对比，雏鸡发病缓和，治愈率较高，体况恢复较快。

(4)屠宰率　成年鸡皮下脂肪分布均匀，肉质细嫩。屠宰测定指标受性别、类型的影响有差异，母鸡因沉积腹脂较多，屠宰率偏低。山东农业大学屠宰测定结果如表2-20所示。

**表2-20　成年寿光鸡的屠宰测定**

| 性别 | 类型 | 活重(g) | 屠体重(g) | 半净膛率(%) | 全净膛率(%) | 胸肌率(%) | 腿肌率(%) |
|---|---|---|---|---|---|---|---|
| 公 | 大型 | 3 595±205 | 3 341±221 | 83.71±1.11 | 72.27±1.24 | 10.52±1.41 | 20.30±0.67 |
| | 中型 | 3 105±195 | 2 876±217 | 83.73±1.23 | 71.83±1.08 | 10.19±0.89 | 20.02±2.30 |
| 母 | 大型 | 3 005±212 | 2 792±235 | 80.32±1.60 | 65.57±2.46 | 11.29±1.14 | 14.26±1.43 |
| | 中型 | 2 580±215 | 2 388±229 | 77.19±1.93 | 63.24±1.52 | 11.86±0.85 | 14.69±1.48 |

5.饲养管理

该鸡传统的饲养方式为庭院散养或小规模饲养，每户饲养数量不等，管理比较粗放。散养主要利用该鸡觅食力强的特点，每天仅早晚补饲些精料。为提高寿光鸡生产性能，应改为小规模舍饲，结合我国地方鸡的饲养标准配合饲料，以满足其营养需要。作为地方肉鸡饲养时，还要适当提高饲料能量和蛋白质水平，以缩短上市日龄；作蛋鸡饲养时，应在生长期和产蛋期的日粮中，配入适量糠麸类饲料，以节约精料，防止鸡体过肥。成年母鸡皮下脂肪沉积较多，黑色羽毛吸热性强，故有不耐热的习性，夏季应注意防暑降温。同时，在管理工作中做好优良个体的选择，提高繁育后代的质量。

6. 评价与利用

寿光鸡是我国形成历史较长的地方优良品种之一，经过当地劳动人民长期的选育，其适应性和抗逆性强，遗传性能稳定，外貌特征比较一致，具有体型硕大，黑羽、就巢性弱、蛋肉品质优良的特性，在国内享有较高的声誉。但早期生长较慢，羽毛发育迟缓，性成熟晚，产蛋量较少，在目前生产条件下已降低了该品种鸡的推广价值。今后为保存和利用这一品种资源，应进一步加强原种鸡群的选育工作，提高育成品系的质量和专一性能。同时，为适应经济发展和人们对优质禽产品的需要，应开展种质资源利用的专题研究，以培育优质肉鸡为重点目标，与相关鸡种进行杂交试验，逐步筛选肉用性能高的配套系在生产中推广，以此带动寿光鸡的保种和选育，发挥其潜在的经济价值。

**(十)浦东鸡**

1. 产地和分布

浦东鸡体大，多为黄羽、黄喙、黄脚，故群众又称它为“九斤黄”。产于上海市南汇、奉贤、川沙县沿海，以南汇县的泥城、彭镇、书院、老港等乡饲养的鸡种为最佳。由于产地在黄浦江以东的广大地区，故名浦东鸡。现有鸡种仅万余只。19 世纪中叶(1847年)，曾有一种被称为“上海鸡”的鸡从上海输往美国，选育后被定名为“九斤鸡”，并被载入标准品种志，其血缘可能与浦东鸡有关。

2. 品种形成

浦东鸡的形成已有百余年历史。浦东沿海，滩涂宽广，虽在长江下游以南，但以玉米、大豆等杂粮生产为主，加上鱼、虾、蚬等动物性蛋白饲料丰富，农户居住分散，习惯放养家禽，促使以养鸡为主的家庭副业的发展。当地群众每逢节日和婚嫁喜事，都以大公鸡作为馈赠礼品，养成选大蛋、大鸡的习惯，并采用天然孵化繁殖的方法。这样长年累月的选择，形成了浦东鸡体大、蛋大的独特性能。

新中国成立后，建立了浦东鸡良种场，进行了提纯选育工作。上海市农业科学院畜牧兽医研究所自 1971 年起，用了 10 年的时间，以浦东鸡为基础，培育成了肉用型新品种——新浦东鸡。

3. 体型外貌

(1)外貌特征　浦东鸡体型较大、呈三角形，偏重产肉，为国内大型鸡种之一。初生雏绒羽多呈黄色，少数头、背部有条状褐色或灰色绒羽带。公鸡羽色有黄胸黄背、红胸红背和黑胸红背 3 种。母鸡全身黄色，有深浅之分，羽片端部或边缘常有黑色斑点，因而形成深麻色或浅麻色。颈羽、主翼羽及层羽有时黑色。公鸡主翼羽和副翼羽多呈部分黑色，腹翼羽金黄色或带黑色；母鸡主翼羽及副翼羽黄色，但腹翼羽杂有褐色斑点。有时主翼羽呈黑色或部分黑色。公鸡尾羽、镰羽上翘，与地面成 45°，色黑并带有墨绿色光泽；母鸡尾羽短，稍向上，主尾羽不发达。公鸡单冠直立，冠齿多为 7 个；母鸡冠较小，有时冠齿不清。冠、肉垂、耳叶均呈红色，肉垂薄而小。喙短而稍弯，基部粗壮、黄色，上喙端部呈褐色。虹彩黄色或金黄色。胫、趾黄色有胫羽和趾羽。

(2)体重和体尺　据南汇县浦东鸡良种场测定，其体重和体尺如表 2-21 所示。

**表 2-21　成年浦东鸡的体重和体尺**

| 性别 | 体重(g) | 体斜长(cm) | 胸深(cm) | 胸宽(cm) | 龙骨长(cm) | 骨盆宽(cm) | 胫长(cm) |
|---|---|---|---|---|---|---|---|
| 公 | 3 550 | 21.25 | 14.97 | 14.56 | 9.93 | 9.93 | 14.22 |
| 母 | 2 840 | 18.36 | 13.37 | 12.32 | 7.49 | 7.49 | 11.72 |

4. 生产性能

(1)产肉性能

①生长速度:浦东鸡早期生长速度不快,9月龄后生长速度加快。早期羽毛生长较缓慢,特别是公鸡,通常需到3～4月龄全身羽毛才长齐。对5 406只雏鸡生长期各阶段体重的测定,结果如表2-22所示。

**表2-22 浦东鸡生长期各阶段体重** g

| 性别 | 初生 | 30日龄 | 60日龄 | 90日龄 | 180日龄 |
|---|---|---|---|---|---|
| 公 | 36.4 | 250 | 767.5 | 1 600 | 3 346 |
| 母 | 36.4 | 250 | 678.5 | 1 250 | 2 213 |

②屠宰率:浦东鸡皮肤黄色,皮下脂肪较多,肉质优良。公鸡阉割后饲养10个月,可达6～7 kg。对12月龄浦东鸡进行的屠宰测定,结果如表2-23所示。

**表2-23 屠宰测定** %

| 性别 | 半净膛率 | 全净膛率 |
|---|---|---|
| 公 | 85.11 | 85.11 |
| 母 | 84.76 | 84.76 |

(2)产蛋性能

①开产日龄:平均开产日龄为208天,最早为150天,最迟为294天。

②产蛋量:根据个体产蛋记录整理,年产蛋量平均为130枚,最高为216枚。最低为86枚。3～5月份产蛋较多,约占全年产蛋量的40%。

③蛋的品质:平均蛋重为57.9 g。蛋壳浅褐色,壳质致密,结

构良好。

(3)繁殖性能

①繁殖力:大群饲养的公、母配种比例为 1∶10;春秋繁殖季节,小群短期配种比例为 1∶17。大群种蛋受精率平均为 93.2%,最高在 3 月份,可达 96%。受精蛋孵化率平均为 82.7%。

②就巢性:就巢性强。一般就巢持续期约 15 天,短的为 7 天,长的可达 30 天。

③成活率:据 1977 年南汇县浦东鸡良种场 8 批共 5 406 只的育雏记录,平均成活率达 97.2%。

5.评价和展望

浦东鸡是我国黄羽鸡中体重较大的鸡种,肉质也较优良,但骨骼较大,胸相对狭窄,就巢性强,产蛋量不高。今后需加强本品种选育工作。现在浦东鸡种群不大,良莠不齐,急需做好扩群和保种工作。

**(十一)琅琊鸡**

该鸡因产区地名不同,又称"胶南黄鸡"(胶南市)、"两城鸡"或"日照麻鸡"(日照市),由于产区曾是历史上的秦之胜地"琅琊郡"而驰名,早期当地出口的蛋品又称作"琅琊蛋",故 1978 年定名为琅琊鸡。

1.产区与分布

琅琊鸡中心产区为胶南市南部与日照市东北部相连接的沿海一带,分布于胶南、日照郊区、五莲、诸城等地。过去该鸡是这一地区群众普遍饲养的鸡种,新中国成立后日照、胶南两地非常重视保种和推广工作,1975 年胶南县 24 处公社全部办起孵化站,农户个体孵坊遍及产区,满足了群众发展养鸡的需要。据 1978 年山东省家禽资源普查统计,琅琊鸡饲养量达 200 万只,其中胶南 100 万只左右,日照约 50 万只。自 20 世纪 80 年代起饲养量开始减少,基本以农户小群散养的形式维持种群,目前存栏量已大幅度降低,实际饲养量尚无准确统计数字。

2. 品种形成

产区位于山东省东南黄海之滨，为半丘陵半平原地区，其中，两市相邻的黄家塘湾一带，是白马河、吉利河的冲积平原，土地肥沃。产区平均气温 11.9℃，降水量为 805～900 mm，无霜期为 201 天，棕壤土质，农作物有小麦、玉米、水稻、甘薯、花生等。境内气候温暖，雨量充沛，精、粗饲料较多，水产动物性饲料来源充足，为该鸡种的饲养和繁殖创造了优良的生态条件。

琅琊鸡是经过当地劳动人民长期选育而成的优良地方品种，形成历史尚无确切资料可考，相传很久以前该鸡鸡蛋就以红皮、个大、品质好而闻名，加工蛋品远销国外，被誉为“琅琊蛋”。胶南市至今还有齐长城、尧王城和龙山、商、周、汉代文化遗址多处，说明琅琊鸡的形成与该地区早期人类文明和商业活动有密切关系。该地区地处沿海，海上交通与贸易较为发达，禽产品作为传统出口物质对外销售量较大。农村有养肥鸡供过节食用的习惯，平时喜事庆贺杀鸡成宴，这些习俗也促使民间爱养大鸡，选体重较大的鸡留种，并不断积累选种经验，公鸡选择健壮、雄性强、毛色一致的金黄大公鸡留种，母鸡要求毛黄而密、腿短、身粗、裆大的体型，且选择产蛋勤、蛋大、红皮的个体留蛋孵化，对形成琅琊鸡遗传性能稳定、体大、蛋大等优良特性起到重要作用。

3. 体型外貌

(1)体型　公鸡胸宽而深，腿高粗壮，体躯较大，昂首凝视，体态威武；母鸡体略小结实，羽毛紧贴躯体，腿略短，尾部翘起，行动灵活。

(2)外貌特征　母鸡羽毛为黄褐或褐色麻羽，颈羽有浅黄色镶边，主副翼羽、尾羽呈黑色，前胸羽毛颜色浅黄，背羽颜色较深，羽片上有褐色斑点。据胶南、日照两地对 41 只公鸡、471 只母鸡外貌统计，按毛色来分，以深麻为多，约占 50%，浅麻、红麻次之。头型以平头最多，约占 2/3，凤头只占 1/3。冠型以单冠为主，颈深灰色，少数个体生有胫趾羽。皮肤均为白色。公鸡冠大直立，颈羽、披肩羽、鞍羽呈金黄色，富有光泽，其余羽毛为红褐色，主翼羽、尾羽间有黑色翎毛闪绿色光泽，所以素以"火红大公鸡"著称。

(3)体重和体尺　成年琅琊鸡体重和体尺如见表 2-24 所示。

**表 2-24　成年琅琊鸡体重、体尺**

| 性别 | 产地 | 测定只数（只） | 体重（kg） | 体斜长（cm） | 胸宽（cm） | 胸深（cm） | 龙骨长（cm） | 胫长（cm） |
|---|---|---|---|---|---|---|---|---|
| 公 | 胶南 | 15 | 1.75±0.28 | 19.1±0.83 | 6.0±0.33 | 11.70±0.50 | 11.80±0.58 | 10.30±0.83 |
| | 日照 | 26 | 1.87±0.31 | 18.7±0.81 | 7.90±0.30 | 10.00±0.51 | 11.10±0.62 | 8.60±0.81 |
| 母 | 胶南 | 321 | 1.40±0.26 | 17.40±1.00 | 5.40±0.58 | 10.90±0.83 | 10.60±0.75 | 7.90±0.58 |
| | 日照 | 350 | 1.39±0.29 | 16.70±0.96 | 5.80±0.59 | 8.50±0.84 | 9.70±0.78 | 7.00±0.61 |

4. 生产性能

(1)生长发育　据日照市测定，雏鸡平均初生重为 39.5 g，50 天左右幼羽长齐，1 月龄雏鸡体重达 210 g，为出生重的 5.3 倍，6 月龄公、母鸡体重分别达到成年鸡的 71％和 68％。1 月龄雏鸡成活率为 95％。

(2)产蛋性能　据胶南、日照两地调查，该鸡的产蛋量因饲料来源、季节气候变化有一定差异，一般饲养条件下年产蛋量 150 枚左右，少数的个体年产蛋量在 200 枚以上。平均蛋重为 55.9g。蛋壳颜色为粉红色。蛋形指数测定为 1.33～1.34。蛋的各部分组如表 2-25 所示。

(3)繁殖性能

①性成熟期：据胶南市调查，琅琊鸡的性成熟期为 6～7 月龄，

10 月龄达到成年体重。

②公、母比例：公、母配种比例为 1∶(12～15)，农村散养时公、母比例大致为 1∶(15～20)，也能保持 80%以上的受精率。传统火炕孵化率在 80%以上。

③就巢性：由于产区群众多选择无抱性的鸡留种，使母鸡群就巢发生率下降至 5%～10%，一般一年就巢 1～2 次，个别的 3～4 次，在人工实施淋水、捆绑等方法控制下，多数个体持续 5 天左右时醒抱，并能继续产蛋。

(4)屠宰率　琅琊鸡的屠宰测定结果如表 2-26 所示。

**表 2-25　琅琊鸡鸡蛋的组成**

| 产地 | 测定个数(枚) | 平均蛋重(g) | 熟蛋 质量(g) | 熟蛋 煮熟率(%) | 熟蛋白 质量(g) | 熟蛋白 占熟蛋(%) | 熟蛋黄 质量(g) | 熟蛋黄 占熟蛋(%) | 熟蛋壳 质量(g) | 熟蛋壳 占熟蛋(%) |
|---|---|---|---|---|---|---|---|---|---|---|
| 胶南 | 30 | 55.2 | 55.0 | 99.6 | 30.7 | 55.8 | 18.3 | 33.3 | 6.0 | 10.9 |
| 日照 | 20 | 55.5 | 53.85 | 97.0 | 31.7 | 58.87 | 16.40 | 30.45 | 5.75 | 10.68 |

**表 2-26　琅琊鸡的屠宰测定结果**

| 性别 | 年龄 | 产地 | 活重(g) | 骨重(g) | 肉重(g) | 全净膛重(g) | 全净膛率(%) | 半净膛重(g) | 半净膛率(%) |
|---|---|---|---|---|---|---|---|---|---|
| 公 | 成年 | 胶南 | 1 465 | 133 | 917 | 1 050 | 72.0 | 1 200 | 81.9 |
| | 5 月龄 | 日照 | 1 163 | 138.8 | 699.2 | 838 | 72.1 | 982.7 | 84.5 |
| 母 | 成年 | 胶南 | 1 475 | 108.5 | 866.5 | 975 | 66.0 | 1 150 | 77.1 |
| | 开产前 | 日照 | 1 183 | 138.7 | 594.6 | 733.3 | 62.0 | 925.7 | 78.3 |

5. 饲养管理

由于过去产区农户居住分散，植被较为茂密，昆虫、青饲料和水生动物饲料丰富，形成了琅琊鸡适宜放养的特点，群众多采用自由觅食和补饲相结合的方法。目前宜采用小群庭院散养或舍养，按地方鸡的营养要求配合饲料，根据饲养用途适当调节饲料营养水平。作小型肉鸡利用时饲料营养水平高一些；作蛋鸡饲养在满足营养需要的条件下，可适当利用当地农副产品和水产下脚料，以降低饲养成本。在管理中要做好种鸡的选优汰劣，保持毛色和体型的一致性。该鸡的适应性较强，应重点抓好育雏期的饲养管理和传染病的预防工作。

6. 评价与利用

琅琊鸡为蛋肉兼用型鸡种，具有耐粗抗病、适应农村较粗放饲养条件，蛋肉品质优良的特点。但由于缺乏系统的选育，性成熟迟，就巢性发生率较高，产蛋量较少。今后在保持其优良特性的基础上，应重点提高其生产性能，建立不同的保种区，制定选育标准，在做好本品种选育的前提下，进一步开展琅琊鸡的杂交利用工作。

**(十二)萧山鸡**

1. 产地和分布

萧山鸡又名"越鸡"，素以体大、肉质优良著称，特点是早期生长较快，早熟，易肥，屠宰率高。原产地是浙江省萧山县，以瓜沥、义蓬、坎山、靖江、城北等乡所产的鸡种为最佳，分布于杭嘉湖及绍兴地区。当地群众称萧山鸡为"沙地大种鸡"。

2. 品种形成

原产地南部和西部多山，中部河流纵横，东北部系钱塘江淤积而成。产区土质为沙质壤土，地势平坦，气候温和，年平均气温为16℃，无霜期为243天，年日照时数达1 700小时，年降水量为1 326 mm左右。南部是以水稻为主的粮食作物区，北部是以棉麻为主的经济作物区。

过去农家居住分散，屋前屋后设有大小不等的竹园，故有优越的放养家禽的条件。农户多自繁自养，普遍选留个体大的红、黄羽公鸡和产蛋多、产褐壳大蛋的黄羽母鸡作种。并有饲养阉鸡的习惯，经肥育后的阉鸡皮脂淡黄色，肉质细嫩鲜香，为节日馈赠亲友和宴请宾客的佳品。1952—1959年，浙江省农业科学研究所对萧山鸡进行了系统选育工作。1976年，杭州市成立了萧山鸡选育协作组，继续进行保种和推广工作。长期的人工选择，使萧山鸡成为具有独特肉用性能的肉用型鸡种。

3. 体型外貌

(1)外貌特征　萧山鸡体型较大，外形近似方形而浑圆。初生雏羽浅黄色，较为一致。公鸡体格健壮，羽毛紧密，头昂尾翘。单冠红色、直立、中等大小。肉垂、耳叶红色。喙稍弯曲，端部红黄色，基部褐色。全身羽毛有红、黄两种，颈、翼、背部等羽色较深，尾羽多呈黑色。母鸡体态匀称，骨骼较细。全身羽毛基本上呈黄色，但麻色也不少。颈、翼、尾部间有少量黑色羽毛。单冠红色，冠齿大小不一。肉垂、耳叶红色。眼球略小，眼球蓝褐色，虹彩橙黄色。喙、胫黄色。

(2)体重和体尺　据杭州市萧山鸡选育协作组测定，成年萧山鸡的体重和体尺如表2-27所示。

**表2-27　成年萧山鸡的体重和体尺**

| 性别 | 体重(g) | 体斜长(cm) | 胸宽(cm) | 胸深(cm) | 龙骨长(cm) | 骨盆宽(cm) | 胫长(cm) |
|---|---|---|---|---|---|---|---|
| 公 | 2 758.8±73.86 | 25.92±0.22 | 8.47±0.08 | 11.44±0.14 | 14.09±0.08 | 8.94±0.09 | 10.55±0.12 |
| 母 | 1 940.0±23.42 | 20.01±0.08 | 7.38±0.06 | 8.92±0.06 | 11.14±0.03 | 7.44±0.06 | 7.76±0.04 |

4. 生产性能

(1)产肉性能

①生长速度：萧山鸡早期生长速度较快，特别是2月龄阉割后的阉鸡更快。但羽毛生长速度快。

据1976年杭州市农业科学研究所测定，萧山鸡生长期各阶段体重如表2-28所示。

表 2-28　萧山鸡生长期各阶段体重　g

| 性别 | 初生重 | 30 日龄 | 60 日龄 | 90 日龄 | 120 日龄 | 150 日龄 | 180 日龄 | 周岁 |
|---|---|---|---|---|---|---|---|---|
| 公 | 38.5 | 209.7 | 656.4 | 1 247.9 | 1 604.6 | 1 785.8 | 2 215.0 | 3 211.2 |
| 母 | 38.5 | 209.7 | 656.4 | 793.8 | 921.5 | 1 206.0 | 1 594.1 | 2 050.5 |

②屠宰率:据杭州市萧山鸡选育协作组在萧山县食品公司鸡场进行屠宰测定,萧山鸡的屠宰测定结果如表 2-29 所示。

表 2-29　萧山鸡的屠宰测定结果　%

| 性别 | 半净膛率 | 全净膛率 |
|---|---|---|
| 公(150 日龄) | 84.7 | 76.5 |
| 母(开产) | 85.6 | 66.0 |

屠体皮肤黄色,皮下脂肪较多,肉质好而味美。

(2)产蛋性能

①开产日龄:据萧山县食品公司鸡场资料,母鸡的开产日龄平均为 185.4 天,开产体重为 1.86 kg。另据杭州市农业科学研究所同年测定,开产日龄平均为 163.6 天,开产体重为 1.75 kg。

②产蛋量:产蛋量因饲养管理条件不同,个体间差异很大。据 1979 年在原产地调查统计,母鸡年产蛋量为 110 枚左右。又据同年杭州市农业科学研究所测定,年产蛋量为 132.5 枚。

③蛋的品质:平均蛋重为 56 g,蛋壳褐色,蛋壳厚度为 0.31 mm,蛋形指数为 1.39。蛋的组成,蛋白占 55.80%,蛋黄占 32.44%,蛋壳占 11.76%。

(3)繁殖性能

①繁殖力:公、母配种比例通常为 1∶12,种蛋受精率为 84.85%。据杭州市农业科学研究所从萧山鸡选育群的测定,种蛋受精率分别为 90.05% 和 90.95%,受精蛋孵化率分别为 85.99% 和

89.53%,入孵蛋孵化率分别为77.43%和81.43%。

②就巢性:母鸡就巢性强,平均每年就巢约4次,高的达8次之多,每次就巢约10天,长的达月余,对产蛋的影响较大。

③成活率:雏鸡30日龄成活率为86%~90%。

5.评价和展望

萧山鸡是我国较大的地方鸡种之一,肉质优良,体型匀称,特别是阉鸡闻名于江、浙一带。但与杂交肉鸡相比,其早期生长速度和屠宰率尚不够理想。今后除继续选育提高外,应利用它作为杂交育种素材,以生产配套杂交的优质黄羽肉鸡。

**(十三)鹿苑鸡**

1.产地和分布

鹿苑鸡,又名鹿苑大鸡,属兼用型鸡种,因产于江苏省沙洲县鹿苑镇而得名。鹿苑镇原隶属常熟县,后划归为沙洲县,以鹿苑、塘桥、妙桥、西张和乘航等乡为集中产区。该鸡以屠体美观、肉质鲜嫩肥美而著称,驰名大江南北。新中国成立后,该鸡种历次参加全国、省和地区农业展览会,得到好评。目前,在原产地农业部门和省食品公司都建有专场进行选育,使其质量有所提高。据1980年江苏省家畜家禽品种资源调查统计,主产区的鹿苑鸡饲养量达10万余只。

2.品种形成

据调查了解,该鸡种远在清代已作为“贡品”供皇室享用。光绪皇帝的师傅翁同龢(1830—1904)系常熟人,在政时也常把鹿苑鸡作为常熟四大特产之一(其余3种为桂花栗子、松树蕈和血糯香粳米)带至京城赠给亲友和同僚。产区生活水平较高,且邻近大、中城市,迫切需求一些体大、肥嫩、鲜美、质高的鸡只。常熟市有近百年历史的山景园饭馆和王四酒家的名菜“叫花鸡”(又名“煨鸡”)就是以肥美的育成鹿苑母鸡作为原料制成的,而老店马咏斋卤制的油鸡,更是脍炙人口,驰名常熟、苏州、无锡和上海一带。由于用鹿苑鸡加工成的产品具有香、酥、鲜、嫩等特点，因而使鹿苑鸡获得更高的评价。20世纪20年代江苏文人易君左曾有诗赞曰："山肴野蔌风味好，黄鸡白酒嫩菠青。"沙洲县地处长江下游南岸冲积平原，位于江苏省东南部，北临长江，农业、水产资源丰富。群众养鸡多利用农副产品和水产品下脚料，早晚补饲，对鹿苑鸡品种的形成起了十分重要的作用。养鸡是当地群众的一项重要的传统家庭副业，长期以来积累了极其丰富的孵化、育雏和饲养经验，例如重视选蛋和选雏，对种鸡的选留要求以体型高大、体格粗壮结实、勤于觅食以及黄喙、黄脚、黄羽和黄皮（通称"四黄"）为主要标准。并利用鹿苑鸡就巢性较强的特点，每年孵蛋3～4窝，可孵出雏鸡60余只，除自留少数外，余均转售其他地区饲养。当地历来有育雏专业（俗称"嘌小鸡"）户，将初生雏饲养十几天后再售给群众，使雏鸡成活率大大提高。这些具有历史性的地方名产以及历史悠久的传统副业，对鹿苑鸡的品种形成和保存都起到一定的作用。

3.体型外貌

(1)外貌特征　体型高大，体质结实，胸部较深，背部平直。公鸡重3 kg，母鸡重2.3 kg左右，故有"鹿苑大鸡"之称。头部冠小而薄，肉垂、耳叶亦小。眼中等大，瞳孔黑色，虹彩呈粉红色。喙中等长，黄色，有的喙基部呈褐黑色。全身羽毛黄色，紧贴体躯，且使腿羽显得比较丰满。颈羽、主翼羽和尾羽有黑色斑纹。公鸡羽毛色彩较浓，梳羽、蓑羽和小镰羽呈金黄色，大镰羽呈黑色，皆富有光泽，胫、趾黄色，两腿间距离较宽，无胫羽。雏鸡绒羽黄色。

(2)体重和体尺　据测定成年鹿苑鸡的体重和体尺如表2-30所示。

4.生产性能

(1)产肉性能　对鹿苑鸡生长期各阶段体重的测定，结果如表2-31所示。

表 2-30　成年鹿苑鸡的体重和体尺

| 性别 | 体重 (g) | 体斜长 (cm) | 胸宽 (cm) | 龙骨长 (cm) | 骨盆宽 (cm) | 胫长 (cm) |
|---|---|---|---|---|---|---|
| 公 | 3 120±8.25 | 20.06±0.21 | 8.35±0.13 | 15.91±0.26 | 10.22±0.20 | 10.36±0.15 |
| 母 | 2 370±50.71 | 19.48±0.20 | 7.22±0.12 | 13.23±0.16 | 9.01±0.12 | 8.33±0.08 |

表 2-31　鹿苑鸡生长期各阶段体重　g

| 性别 | 初生重 | 30 日龄 | 60 日龄 | 90 日龄 | 120 日龄 |
|---|---|---|---|---|---|
| 公 | 37.6 | 307.5±4.45 | 937.1±8.3 | 1 475.2±16.8 | 1 877.8±21.5 |
| 母 | 37.6 | 307.5±4.45 | 786.9±8.2 | 1 201.7±14.8 | 1 581.3±23.1 |

当地习惯将体重 1.75 kg 的青年鸡作为食用，这阶段的肥美母鸡是煨制“叫花鸡”的原料。据沙洲县食品公司畜禽良种场分别对 3 月龄和 6 月龄鸡进行了屠宰测定，其结果如表2-32 所示。鹿苑鸡的屠体美观，色黄，皮下脂肪丰富，肉质良好。

表 2-32　鹿苑鸡的屠宰测定

| 月龄 (月) | 性别 | 测定只数 (只) | 体重 (g) | 半净膛率 (%) | 全净膛率 (%) |
|---|---|---|---|---|---|
| 3 | 公 | 11 | 1 649.25 | 84.94 | 77.28 |
| | 母 | 15 | 1 321.75 | 82.68 | 76.54 |
| 6 | 公 | 9 | 2 114.0 | 81.13 | 72.64 |
| | 母 | 15 | 1 725.0 | 82.57 | 73.01 |

(2)产蛋性能　母鸡开产日龄(按产蛋率达 50%计算)为 180 天，开产体重为 2 kg 左右。据对 112 只母鸡的产蛋记录统计，年平均产蛋量为 144.72(84～223)枚，平均蛋重为 54.2 g，蛋壳褐色。

(3)繁殖性能　产区养鸡历来是分散饲养，每户养母鸡10余只，专养1只公鸡，放牧混养，采取自由配种方式，并在春秋两季进行，由母鸡孵化、育雏。在鸡群公、母配种比例1∶15的情况下，采用人工孵化，种蛋的受精率为94.3%，受精蛋孵化率为87.23%。母鸡就巢性较强，据对123只母鸡统计，有就巢鸡23只，占母鸡总数的18.7%。近年各鸡场通过选育，就巢率已有所下降。人工育雏时，30日龄育雏成活率在90%以上。

5.评价和展望

鹿苑鸡肉质鲜嫩肥美，屠体美观，屠宰率高，体型外貌较为一致，遗传性亦较稳定。今后应继续进行严格的本品种选育，使其成为名副其实的优质肉用鸡品种。

**(十四)烟台糁糠鸡**

该鸡体躯为麻羽，呈黑色点斑状，外观近似当地生长的草本植物糁子子实的糠壳，故当地群众以此羽色特征而命名。由于产地为烟台市北部沿海一带，又称"烟台糁糠鸡"。

1.产地与分布

烟台糁糠鸡集中产区为蓬莱、龙口、莱州三地，分布于山东半岛北部沿海一带县市。在20世纪六七十年代，这一地区农业发展很快，原是山东省最早农业跨纲要的先进单位，农作物单位面积产量高，为有名的高产稳产区，具有发展养禽业的良好自然环境和饲料条件，当时该鸡数量多、群体大，年年超额完成国家鲜蛋和活鸡的收购任务，为支援外贸出口，满足城乡副食品供应做出了贡献。据1978年全省家禽品种资源普查统计，中心产区饲养量为130万只左右，为当地主要的饲养鸡种。从20世纪80年代中期开始，随着国外高产鸡种的推广，该鸡的饲养量逐年减少，目前仅分散在农户少量饲养。

2.品种形成

产区北临渤海，境内属胶东丘陵地带，低山、丘陵和平原交错分布，地形较为复杂，土地以棕壤和褐土为主，年均气温11.8～12.5℃，平均降水量612～650 mm，无霜期为195～205天。受海洋性气候的影响，温暖湿润，农业和水产资源丰富，农作物有小麦、玉米、甘薯、花生等。

该鸡形成历史较早，据原《蓬莱县志》记载，远在明、清时期本区一些港口就大宗出口鲜蛋、皮蛋、咸蛋、鸡毛等，畅销十几个国家，成为当地重要出口产品。该地区适宜的生态条件和当地劳动人民长期精心培育，是该鸡形成的主要原因。多年来产区群众重视外形选种，实行自繁自养，选留体大、高产的种鸡留种，坚持自选大蛋孵化，自养雏鸡和精心饲养等措施，群众积累的这些选育和管理经验，为这一地方良种的形成和种质的不断提高产生了重要作用。

3.体型外貌

(1)体型　烟台糁糠鸡体型中等，体躯紧凑。公鸡体重较大，胸部宽深，背腰平直，尾羽稍翘起；母鸡体质结实，后躯丰满，多呈尖尾型。

(2)外貌特征　母鸡冠形中等，单冠，冠、肉髯、脸、耳叶呈红色。喙粗短而稍弯，多为青灰色。虹彩为橘黄色。胫、趾部多为青灰色。皮肤以白玉色者占多数。羽片有黑色点斑，有褐、黄、黑、灰等色镶边，形成深麻、浅麻、麻、栗麻等不同羽型。据250只成年母鸡统计，这几种羽型分别占28.8%、38%、28.4%和4.8%。

公鸡从毛色上可分火红和黑红两种。火红公鸡的颈羽、披肩羽为黑褐色镶边。主、副尾羽黑色闪绿光；鞍羽有黄、褐色镶边；主、副翼羽有黑褐点斑或镶边。复翼羽、翼前羽、翼肩羽褐红，金黄色镶边，胸羽和腹羽为黄褐色。黑红公鸡披肩羽为黑色，鞍羽、副尾羽黑褐色镶边,复翼羽红褐色镶边,腹、胸羽毛黑色。主、副翼羽黑色,翼肩、翼前羽呈棕色;尾羽黑色闪绿光。这两种类型公鸡的冠型均为单冠。冠、肉髯、耳叶呈红色,喙、胫、趾青灰色。另外,烟台糁糠鸡中还有2.4%颈部无羽的麻鸡,群众称这种裸颈鸡为"猴鸡",产蛋性能良好。

(3)体尺和体重　据270只成年烟台糁糠鸡的体重体尺测定,各项指标如表2-33所示。

**表2-33　成年鸡体重、体尺**

| | 体重(kg) | 体斜长(cm) | 胸宽(cm) | 龙骨长(cm) | 胫长(cm) |
|---|---|---|---|---|---|
| 公 | 2.13±0.41 | 19.26±1.36 | 6.96±1.12 | 11.66±1.63 | 8.81±0.58 |
| 母 | 1.59±0.39 | 16.60±1.58 | 5.80±1.0 | 9.80±1.95 | 7.40±0.67 |

4. 生产性能

(1)生长发育　该鸡4月龄、5月龄、6月龄的生长发育测定见表2-34。6月龄的公、母鸡体重达成年体重的75%左右。

**表2-34　生长发育**　kg

| 项目 | 公鸡 | | | 母鸡 | | |
|---|---|---|---|---|---|---|
| | 4月龄 | 5月龄 | 6月龄 | 4月龄 | 5月龄 | 6月龄 |
| 体重 | 0.70 | 1.20 | 1.65 | 0.78 | 0.99 | 1.18 |

(2)产蛋性能　据对312只母鸡的统计,平均年产蛋量为163.3枚,最高个体可达260枚以上,不同羽色鸡的产蛋情况见表2-35。母鸡的体重不同产蛋量也不同,体重1.5 kg年产蛋为168枚,而体重1.98 kg的为153枚。蛋壳颜色为红褐色和粉红色2种,红壳占42.6%,粉壳约占57.4%。平均蛋重为54.3 g,体重与蛋重成正相关,体重为1.90 kg、1.64 kg、1.53 kg的个

体,蛋重分别为61.1 g、54.4 g、53.5 g。在不同毛色中,以浅麻、栗麻、猴鸡蛋重较大。蛋形指数测定为1.30。蛋的各部分组成如表2-36所示。

表2-35 不同羽色糁糠母鸡的年产蛋量

| 羽色 | 深麻 | 浅麻 | 麻色 | 栗麻 | 猴鸡 | 合计 |
|---|---|---|---|---|---|---|
| 测定只数(只) | 71 | 93 | 56 | 46 | 46 | 312 |
| 产蛋总数(枚) | 11 204 | 15 781 | 9 072 | 7 744 | 7 132 | 50 933 |
| 平均产蛋量(g) | 157.8 | 169.7 | 162 | 168.3 | 155 | 163.3 |

表2-36 烟台糁糠鸡鸡蛋的组成

| 测定个数(枚) | 平均蛋重(g) | 熟蛋 | | 熟蛋白 | | 熟蛋黄 | | 熟蛋壳 | |
|---|---|---|---|---|---|---|---|---|---|
| | | 质量(g) | 煮熟率(%) | 质量(g) | 占熟蛋(%) | 质量(g) | 占熟蛋(%) | 质量(g) | 占熟蛋(%) |
| 21 | 59.2 | 57.9 | 97.8 | 33.1 | 57.2 | 18.5 | 31.9 | 6.3 | 10.9 |

(3)繁殖性能

①性成熟期:该鸡农户散养时开产时间为8~10月龄,春季孵化的雏鸡,年底或翌年初产蛋,若饲养条件良好,产蛋时间可以提早到6月龄。一般产蛋利用为2年。

②公、母比例:该鸡采用散养方式,每10~15只母鸡留1只种公鸡。种蛋受精率不等,一般受精蛋的孵化率为85~90%。

③就巢性:据统计,就巢鸡数占25.2%,未就巢的只数占74.8%。

④换羽期:一般在农历9月份开始换羽,高产个体延迟至10~11月份才换羽,换羽较快。

(4)屠宰率 6月龄公鸡及成年母鸡屠宰测定指标如表2-37所示。

表 2-37　烟台糁糠鸡屠宰测定

| 性别 | 年龄 | 活重(g) | 半净膛重(g) | 全净膛重(g) | 肉重(g) | 骨重(g) | 半净膛率(%) | 全净膛率(%) |
| --- | --- | --- | --- | --- | --- | --- | --- | --- |
| 公 | 6月龄 | 1 250 | 1 020 | 890 | 764 | 126 | 81.6 | 70.8 |
| 母 | 成年 | 1 725 | 1 416 | 1 246 | 1 336 | 194 | 82.1 | 72.2 |

5.饲养管理

产区群众传统的饲养经验是“杂食”、“花料”，放养和早晚补饲相结合，通过鸡只野外觅食和补喂部分动物、植物饲料，满足鸡群的营养供给。如实行小群舍饲应参照地方鸡的饲养标准配合饲料，提高该鸡的生产性能。另外，应根据饲养用途不同，适当调整饲料营养水平。作为产蛋鸡饲养时，适当增加青粗料用量，不宜单一喂给某些精饲料，防止因鸡体过肥而降低其产蛋性能。并注意为鸡群创造良好的生活环境，重视生长期的培育，加强种鸡群的选优汰劣，提高繁殖质量。

6.评价与利用

烟台糁糠鸡是蛋用和肉用均较好的地方良种，适应性强，性情温顺，产蛋性能比较稳定，屠宰率高，肉质细嫩。由于该鸡未经过系统选育，羽色、体型不太一致，就巢性发生率高，产蛋性能较低。目前农村饲养量减少，已处于濒临灭绝状态。今后应尽快制定保种规划，建立良种繁育基地，加强本品种选育，逐步建立不同经济用途的新品系，提高品种利用价值。

**(十五)边鸡**

1.产地和分布

边鸡是一个蛋重大、肉质好、适应性强、耐粗抗寒的优良地方鸡种。产于内蒙古自治区与山西省北部相毗邻的长城内外一带。因当地人民视长城为“边墙”，所以称这一鸡种为边鸡(在山西省也称为右玉鸡)。主要分布在内蒙古乌兰察布盟的凉城、和林、丰镇、兴和、卓资、察哈尔右翼前旗、察哈尔右翼中旗、四子王旗、武川和山西省雁北地区的右玉县,以凉城、卓资、察哈尔右翼中旗和右玉县最为集中。目前的饲养量约有50万只。

2. 品种形成

边鸡的起源至今尚未见到史实记载。据民间相传,该鸡系清代雍正乾隆年间(约公元1750年)在原绥东四旗(今乌兰察布盟一带)进行垦殖时,自奉天府(今辽宁)带来的大骨鸡,经长期风土驯化,逐渐繁衍扩大而形成的一个独特的品种。

边鸡产区位于阴山山脉中段南北两麓的高原丘陵地区,间有冲积川滩地,海拔约1 500 m,年日照时数为3 001.5小时,四季温差为−34～36℃;属典型的大陆性气候,年平均气温为2～5℃,年降水量为201～652 mm,且多集中在7～8月份,无霜期为90～130天。该地区的农作物有小麦、玉米、谷子、高粱、马铃薯和胡麻等。该地区气候寒冷,致使鸡的性成熟期很晚。在补饲时主要喂给营养较好的莜麦。长期以来,在民间一直有选大蛋孵化的习惯。这些因素均促进了这一优良品种的形成。

3. 体型外貌

(1)外貌特征　边鸡的体型中等,身躯宽深,前胸发达,肌肉丰满,背平而宽,胫长且粗壮。全身羽毛蓬松,绒羽较密,体躯呈元宝形。边鸡以单冠为主,间有少量的草莓冠、豌豆冠的冠羽。公鸡直立,母鸡冠较小,有明显的"S"状弯曲,冠色鲜红,喙短粗略向下弯,以黑、褐、黄色居多。眼大有神,虹彩呈红色或黑红色。脸、肉垂、耳叶均呈红色。脑部较清秀,着生有长短不一的细羽。公鸡的羽毛颜色主要为红黑或黄黑色,个别的为黄白和白灰色。

母鸡的羽色有白、灰、黑、浅黄、麻黄、红灰和杂色7种类型。其中黄麻羽色又可分为深褐、浅褐、红黄和麻黄4类。边鸡胫部有发达的胫羽,但近年来有减少的趋势。公鸡的主尾羽不发达,母鸡的尾羽短而上翘。胫多呈黑色，少数呈肉色、灰色。胸骨较长。

(2)体重和体尺　据山西农业大学畜牧系调查测定，边鸡的体重和体尺如表 2-38 所示。

表 2-38　体重和体尺

| 性别 | 体重(g) | 体斜长(cm) | 胸宽(cm) | 胸深(cm) | 龙骨长(cm) | 骨盆宽(cm) | 胫长(cm) |
|---|---|---|---|---|---|---|---|
| 公 | 1 825±60.0 | 22.6±0.48 | 7.7±0.27 | 10.4±0.26 | 12.6±0.27 | 8.7±0.15 | 10.4±0.32 |
| 母 | 1 505±15.0 | 20.4±0.15 | 6.5±0.04 | 9.4±0.07 | 10.8±0.06 | 7.9±0.07 | 9.0±0.08 |

4. 生产性能

(1)产肉性能　据测定，边鸡的生长期各阶段的体重如表2-39所示。

表 2-39　生长期各阶段体重　g

| 性别 | 初生重 | 28日龄 | 56日龄 | 84日龄 | 112日龄 | 140日龄 | 168日龄 | 196日龄 |
|---|---|---|---|---|---|---|---|---|
| 公 | 35 | 108.4 | 309.3 | 588.4 | 783.2 | 1 024.8 | 1 323.6 | 1 624.4 |
| 母 | 35 | 104.9 | 286.0 | 513.7 | 697.4 | 836.2 | 1 083.7 | 1 267.6 |

据对选用农村饲养条件下的成年鸡进行屠宰测定，其结果如表 2-40 所示。

表 2-40　屠宰测定

| 性别 | 只数(只) | 平均体重(g) | 半净膛屠宰率(%) | 全净膛屠宰率(%) |
|---|---|---|---|---|
| 公 | 6 | 1 800 | 79 | 73 |
| 母 | 20 | 1 500 | 73.8 | 67.5 |

边鸡屠体的胸肌、腿肌丰满充实，占屠体重的26.3%，肌纤维细嫩，皮肤颜色以白色和青色为主，适于加工成熏鸡，右玉与卓资山的熏鸡均享有盛名，约有近百年的历史。

(2)产蛋性能　农户饲养的边鸡，一般8月龄左右开产。据1979年10月内蒙古农牧学院测定的结果，达到40%产蛋率的时间为251日龄，开产体重约为1.5kg。边鸡的年产蛋量约为100枚，据1989年内蒙古农牧学院测定，500日龄产蛋量为70～96枚，最高个体可达150～160枚。

边鸡的蛋重大，这是该鸡种一个突出的特点。一般均在60 g左右，70～80 g的蛋也较多。据调查，共称测910枚蛋，平均重为66 g蛋壳呈深褐色的蛋约占70%，其余均呈褐色或浅褐色。蛋壳厚而细密，平均厚度为0.386 mm，其中0.4 mm以上的约占40%。蛋形指数为1.33。边鸡蛋的保存时间很长，在当地自然条件下保存20天后，哈氏单位仍在72以上，保存到130天时的散黄率为27.5%。边鸡蛋的血斑率很高，内蒙古农牧学院测定为15.8%，初产蛋的血斑率最高达48%。

(3)繁殖性能　由于该地区寒冷，每年的春孵，一般在4月中旬至6月。夏孵在7～8月份进行。种鸡群的公、母比例为1∶(10～15)。采用自然孵化时，孵化率可达80.90%。在种鸡场，种蛋受精率为90%，受精蛋孵化率为80%左右。

边鸡的就巢性较强，在农户一般每年只孵化1次。育雏成活率一般为85%～90%，中雏的育成率为90%～94%。

5.评价和展望

边鸡是一个适于高原丘陵寒冷地区饲养的具有独特性能的优良鸡种。目前，在呼和浩特、凉城县、察哈尔右翼中旗和右玉县均已建立种鸡场，开展保种、选育和推广工作。在选育过程中，应着重保持其抗寒耐粗和蛋重蛋大的特点，克服其产蛋量低、血斑率高和就巢性较强等缺点。

### (十六)固始鸡

1. 产地和分布

固始鸡是我国优良地方鸡种之一,属蛋肉兼用型。原产于河南省固始县,主要分布于沿淮河流域以南、大别山脉北麓的商城、新县、淮滨等 10 个县市,安徽省霍邱、金泰等县亦有分布。据 1981 年统计,固始鸡约有 882 万只。

2. 品种形成

产区由山地和丘陵岗地构成两种主要的地貌类型,全区水系以淮河为主干,溪谷纵横形成较有规律的河系排列,河流密度较高,水量丰富,年平均降水量为 1 140 mm。气候属亚热带向暖温带过渡的季风气候类型,年平均气温为 15.3℃,年平均日照时数为 2 100 小时,能充分满足双季稻和一些喜温作物生长的需要。土壤为棕壤土,呈中性或微酸性。农作物有水稻、小麦、大豆、玉米、花生等林牧副渔业资源颇为丰富,传统的家禽饲养业占据重要地位。该区交通长期处于较闭塞的状态,起着某种程度的天然屏障作用。新中国成立后,政府采取各种保种措施,为固始鸡的发展和纯化奠定了良好的基础。

3. 体型外貌

(1)外貌特征　固始鸡个体中等,外观清秀灵活,体型细致紧凑,结构匀称,羽毛丰满,尾型独特。初生雏绒羽呈黄色。头顶有深褐色绒羽带,背部沿脊柱有深褐色绒羽带。体侧各有 4 条黑色绒羽带。成鸡冠型分为单冠与豆冠两种,以单冠者居多。冠直立,冠齿为 6 个,冠后缘冠叶分叉。冠、肉垂、耳叶和脸均呈红色。眼大略向外突起,虹彩呈浅栗色。喙短略弯曲、呈青黄色。胫呈靛青色,四趾,无胫羽。尾型分为佛手状尾和直尾两种,佛手状尾尾羽向后上方卷曲,悬空飘摇这是该品种的特征。皮肤呈暗白色。公鸡羽色呈深红色和黄色,镰羽多带黑色而富青铜光泽。母鸡的羽色以麻黄色和黄色为主,白、黑色很少。该鸡种性情活泼,敏捷善动,觅食能力强。

(2)体重和体尺　据固始县良种鸡场测定,成年固始鸡的体重和体尺如表 2-41 所示。

**表 2-41　成年固始鸡的体重和体尺**

| 性别 | 体重(g) | 体斜长(cm) | 胸宽(cm) | 龙骨长(cm) | 骨盆宽(cm) | 胫长(cm) |
|---|---|---|---|---|---|---|
| 公 | 2 470±37.5 | 21.3±0.15 | 6.6±0.07 | 11.0±0.11 | 7.7±0.10 | 9.4±0.09 |
| 母 | 1 780±28.0 | 20.8±0.09 | 6.2±0.04 | 10.3±0.06 | 7.5±0.08 | 8.2±0.09 |

4. 生产性能

(1)产肉性能

①生长速度:据固始县种鸡繁育场测定,固始鸡从出壳至 6 月龄各阶段体重如表 2-42 所示。

**表 2-42　固始鸡生长期各阶段体重**　g

| 性别 | 初生重 | 30 日龄 | 60 日龄 | 90 日龄 | 120 日龄 | 150 日龄 | 180 日龄 |
|---|---|---|---|---|---|---|---|
| 公 | 32.8 | 106.4 | 265.7 | 487.8 | 649.9 | 845.7 | 1 270.0 |
| 母 | 32.8 | 106.4 | 265.7 | 355.1 | 496.7 | 651.6 | 966.7 |

②屠宰率:据固始县种鸡场测定,固始鸡的屠宰率如表 2-43 所示。

**表 2-43　固始鸡的屠宰测定**

| 性别 | 体重(g) | 半净膛屠宰率(%) | 全净膛屠宰率(%) |
|---|---|---|---|
| 6 月龄公 | 1 319 | 81.76 | 73.92 |
| 开产前母 | 1 150 | 80.16 | 70.65 |

(2)产蛋性能

①开产日龄:固始鸡性成熟较晚。开产日龄平均为205天,最早的个体为158天,开产时公、母鸡平均体重为1 299.7 g。

②产蛋量:据对225只母鸡个体记录测定,年平均产蛋量为(141.2±0.35)枚,产蛋主要集中于3～6月份。

③蛋的品质:从商品蛋中随机取样测定500枚,平均蛋重为51.4 g,蛋壳褐色,蛋壳厚为0.35 mm,蛋形指数为1.32,蛋黄呈深黄色。

(3)繁殖性能

①繁殖力:公、母配种比例为1∶12时,据固始鸡繁育场对5批入孵种蛋(共计16 293枚)的测定,按其受精率平均为90.4%计,受精蛋孵化率平均为83.9%。在产区农村条件下,公、母配种比例更大,据对直接以农户采集的51 898枚种蛋的测定,种蛋受精率平均为85.4%,受精蛋孵化率平均为81.2%。

②就巢性:固始鸡具有一定的就巢性。据1978年对产区838只母鸡普查的资料显示,具有就巢性的占总数的20.1%。在舍饲条件下,观察了533只母鸡,就巢性占10%。

③成活率:据对13 058只雏鸡育雏率的测定,雏鸡1月龄的成活率为81.4%。

5.评价和展望

固始鸡的产蛋量较高,蛋品质较好,但屠体品质和产肉性能较差。今后,在做好保种的基础上,应着重于家系和品系建立工作,使选育趋向于蛋用方向。由于固始鸡数量大,生态适应性广,应进一步搞好固始鸡良种繁育区,使其在生产上创造更大的经济效益。

**(十七)彭县黄鸡**

1.产地和分布

彭县黄鸡肉质细嫩,产肉、产蛋性能均佳,是四川省优良鸡种之一,主产于成都平原西部成都市的彭县及其附近县,广泛分布于四川平原和丘陵地区。它是该平原和丘陵地区黄鸡类群中的代表类型。据1981年调查,彭县境内有彭县黄鸡近30万只。

2.品种形成

成都平原田连阡陌,属都江堰灌区,水力条件优越,农业生产发达,农作物一年两熟,部分地区三熟。农作物有水稻、小麦、油菜、大豆、马铃薯、甘薯等,是有名的"天府之国"。农家养禽副业发达,群众喜养黄色母鸡和大红公鸡。

新中国成立前,成都市即为四川省省会,为消费城市,需要大量蛋品和禽肉供应,在鸡蛋、活禽的批发和零售市场上,西路蛋和彭县黄鸡享有盛名。彭县黄鸡体型较肥且肉质细嫩,西路蛋就是指彭县黄鸡所产的蛋,蛋大、壳色匀净而美观。卖者以西路蛋、彭县黄鸡盛名招徕买者,买者以西路蛋、彭县黄鸡为上品而选购。这就无疑促进了彭县养鸡业的发展,养鸡者选大蛋、产蛋多、生长快而易肥的鸡留种。因而彭县黄鸡在建国前即成为成都平原和丘陵地区黄鸡的代表类型。1979年,产区成立了彭县黄鸡种鸡场,对其进行繁殖推广工作。四川省农业科学院畜牧兽医研究所近几年来进行了彭县黄鸡的杂交利用,利用新汉夏、红育鸡与其杂交,生长速度、体重、产蛋量都有提高,500日龄产蛋量提高到150.2～181.3枚,平均蛋重达到57.2 g,就巢性大大降低。

3.体型外貌

(1)外貌特征　彭县黄鸡体型浑圆,体格中等大小。单冠红色,极少数豆冠。耳叶红色。虹彩橙黄色。喙肉色或浅褐色。皮肤、胫肉色或白色,少数黑色,极少数有胫羽。

公鸡体大雄壮,头昂尾翘,眼大有神,冠大直立,两脚间距开阔,站立稳健。除主翼羽有部分丝羽或羽片半边黑色、镰羽黑色或黑羽兼有黄羽、斑羽外,全身羽毛黄丝色,梳羽、蓑羽大部分为红色富光泽,故群众称为大红公鸡。母鸡羽毛黄色分深黄、浅黄和麻黄3种,据彭县黄鸡种鸡场资料,深黄色占58.62%浅黄占12.07%,

麻黄占29.31%。雏鸡绒羽大部分全身黄色，依其色泽深浅，换羽后即成为深黄和浅黄两种母鸡羽色。如果全身绒羽黄色而在头顶和背线两侧有黑色条(斑)状绒羽带，长大后即成为麻黄色。

(2)体重和体尺　彭县黄鸡在中等营养水平下饲养，6月龄公鸡体重可达2.02 kg，母鸡1.48 kg；成年公鸡体重为2.43 kg，母鸡为1.66 kg。经彭县黄鸡种鸡场选择的成年公鸡平均体重为3.95 kg，母鸡体重为1.88 kg。成年彭县黄鸡的体重和体尺如表2-44所示。

**表2-44　彭县黄鸡生长期各阶段体重和体尺**

| 性别 | 体重(g) | 体斜长(cm) | 胸宽(cm) | 胸深(cm) | 骨盆宽(cm) | 胫长(cm) |
|---|---|---|---|---|---|---|
| 公 | 3 950.00±125.00 | 24.43±0.61 | 8.07±0.23 | 11.93±0.75 | 9.93±0.46 | 12.29±0.42 |
| 母 | 1 880.00±25.00 | 20.47±0.14 | 6.66±0.07 | 9.93±0.09 | 8.17±0.09 | 9.47±0.08 |

4. 生产性能

(1)产肉性能　据四川省农科院畜牧兽医所测定，彭县黄鸡生长期各阶段体重如表2-45所示。

**表2-45　彭县黄鸡生长期各阶段体重**　g

| 性别 | 初生重 | 30日龄 | 60日龄 | 90日龄 | 120日龄 | 150日龄 | 180日龄 |
|---|---|---|---|---|---|---|---|
| 公 | 37.14±0.20 | 106.4±1.73 | 272.38±4.61 | 865.09±18.98 | 1 255.07±22.35 | 1 667.39±19.82 | 2 015.00±25.00 |
| 母 | 37.14±0.20 | 106.4±1.73 | 272.38±4.61 | 702.53±12.85 | 1 030.00±12.45 | 1 292.47±15.96 | 1 475.00±20.00 |

(2)产蛋性能　母鸡开产日龄(按产蛋率50%计)为216天。据四川省农科院畜牧兽医所观测资料，未经系统选育的鸡群，在中等营养水平下饲养，采取适当的醒抱措施，每窝蛋产为20～35枚，

年产蛋量为140～150枚；不采取醒抱措施，就巢持续期约30天。就巢时间，一般在每年4～6月份。平均蛋重为53.52 g。蛋壳浅褐色。蛋壳厚度为(0.33±0.01)mm。蛋形指数为1.35。蛋的组成，据测定，蛋白占57.26%，蛋黄占30.83%，蛋壳占11.91%。

(3)繁殖性能　公、母配种比例为1∶(7～10)，种蛋受精率为91.43%，受精蛋孵化率为83.62%，育雏率为95.63%。群众很注意种公鸡的选留，以个体大、腿刚健、眼大、鸣声洪亮和头、梳羽、背羽、蓑羽呈红色富光泽者作种。淘汰公鸡一般在0.75～1 kg时去势后肥育，供应市场。春秋两季为繁殖季节，农户一般采取天然孵化，选择性温驯、就巢性强的母鸡孵抱，每窝孵蛋20枚左右。

5. 评价和展望

彭县黄鸡为四川省分布广、数量最大的黄鸡类群的代表型，产蛋和产肉性能均较优良。全身羽毛黄色，但喙、胫、皮肤的颜色与广东和广西等地的黄鸡明显不同。今后应在加强彭县黄鸡本品种选育提高的同时，利用杂种优势，进一步提高其产肉量和产蛋量。

**(十八)林甸鸡**

1. 产地和分布

林甸鸡系我国北方高寒地区的地方鸡种，具有抗寒、生活力强等优点，主要产地在黑龙江省林甸县，分布于产地邻近地区。

2. 品种形成

林甸县位于黑龙江省松嫩平原，土壤大多呈碱性，以碳酸盐、草甸黑钙土为主。气候特点是：冬季雪少，春季风大，夏季雨多，秋季霜早，冬季长，夏季短，无霜期仅125～130天。农作物有玉米、高粱、谷子、小麦、大豆和水稻等。19世纪初期，来自山东、河南、河北等省移民到北大荒时带来的大型鸡种在本地寒冷、干燥的气候及丰富的农副产品的条件下，经群众多年选择而逐渐形成了一个适应高寒地区的优良鸡种，即林甸鸡。

3. 体型外貌

(1)外貌特征　林甸鸡体型中等大小。头部、肉垂、冠均较小，主要为单冠，少数鸡为玫瑰冠，有的鸡生有羽冠或胡须。眼大，虹彩呈红色。喙、胫、趾为黑色或褐色，胫较细，少数鸡有胫羽。皮肤白色。全身羽毛较厚，羽毛颜色以深黄、浅黄及黑色为主，公鸡多呈金黄色，尾羽较长，呈黑色。

(2)体重和体尺　据 1980 年林甸县种鸡场测定，成年林甸鸡的体重和体尺如表 2-46 所示。

**表 2-46　成年林甸鸡的体重和体尺**

| 性别 | 体重(g) | 体斜长(cm) | 胸宽(cm) | 龙骨长(cm) | 骨盆宽(cm) | 胫长(cm) |
|---|---|---|---|---|---|---|
| 公 | 1 740±60 | 18.19±0.25 | 6.92±0.19 | 10.06±0.20 | 7.48±0.20 | 10.15±0.12 |
| 母 | 1 270±20 | 16.45±0.10 | 6.18±0.06 | 9.90±0.07 | 7.12±0.08 | 8.56±0.06 |

4. 生产性能

(1)产肉性能　在一般粗放的饲养管理条件下，体重生长较缓慢。据测定，母鸡不同日龄的体重如下：初生重为 37.6 g，30 日龄为 150 g，60 日龄为 450 g，90 日龄为 550 g，120 日龄为 650 g，150 日龄为 750 g，180 日龄为 900 g。

(2)产蛋性能　林甸鸡因受寒冷气候影响性成熟较迟，开产日龄一般为 240～270 天，也就是当年孵出的母鸡，要次年 3～4 月份才产蛋。一般年产蛋量为 70～90 枚，多者 120 枚。蛋较大，平均蛋重可达 60 g，蛋壳浅褐色或褐色。

(3)繁殖性能　林甸鸡的公、母配种比例为 1∶(10～12)。林甸鸡的繁殖多为天然孵化及火炕人工孵化，种蛋受精率为 90%左右，受精蛋孵化率，天然孵化为 90%，火炕孵化为 80%以上。林甸鸡就巢率为 10%～20%，就巢持续期为 7～10 天。

5.评价和展望

林甸鸡具有抗寒、耐粗饲、生活力强等优点，是适宜在我国东北高纬度寒冷地区饲养的鸡种。在此基础上应进一步加强选育，改进饲养管理条件，提高鸡的产蛋量。现黑龙江省已在林甸县设种鸡场进行选育工作。

**(十九)峨眉黑鸡**

1.产地和分布

峨眉黑鸡是四川盆地周围山区数量较多的黑鸡的优秀类型，是地方良种之一，主产于峨眉、乐山、峨边3县沿大渡河的山区，分布于四川盆地周围山区。据在中心产区峨眉的龙池、乐山的沙湾、峨边的毛坪调查，共有峨眉黑鸡16 000余只，占当地养鸡总数的10.93%。

2.品种形成

峨眉黑鸡的中心产区山峦重叠，绵延千里，海拔为1 800 m左右。大渡河蜿蜒其间，土质瘠薄，多为黄土。年平均气温为17℃左右(最低为−4℃，最高为38.3℃)，高山区积雪15～20天，年平均相对湿度为80%，年平均降水量为1 579.4 mm，7～8月份降水量占全年的50%，年平均日照时数为952.1小时，无霜期为311天。主要农作物，大春以玉米、甘薯为主，豆类、水稻次之；小春以马铃薯为主，小麦、油菜次之。

峨眉黑鸡形成的历史无从稽考，据传清代该鸡为纳贡珍品。产区海拔较高，气候寒冷，天然牧地广阔，饲料来源丰富，有利于鸡群放牧，促进鸡群生长发育，群众喜欢选留在山区容易避免天空敌害的大型黑色鸡种；又因产区交通不便，自然隔离，特别是高山地区，外界种鸡不易引入，在长期的这样的生态条件下，形成了这个数量较大、外貌特征基本一致、遗传性较稳定的地方鸡种。

3.体型外貌

(1)外貌特征　峨眉黑鸡体型较大，体态浑圆，全身羽毛黑色，着生紧密,具金属光泽。大多呈红色单冠,少数有红色豆冠或紫色单冠或豆冠。肉垂、耳叶、脸部红色,也有少数呈紫色。虹彩橘红色,少数栗色。喙角黑色。部分有胫羽,胫趾黑色,极少数额下有胡须(髯羽)。皮肤白色,偶有乌皮肤个体。公鸡体型较大,梳羽丰厚,镰羽发达,胸部突出,背部平直,头昂后翘,姿态矫健,两腿开张,站立稳健。

(2)体重和体尺　从产地引种蛋到成都孵化,育成后测得的体重和体尺如表 2-47 所示。

**表 2-47　峨眉黑鸡的体重和体尺**

| 性别 | 测定数(只) | 体重(g) | 体斜长(cm) | 胸宽(cm) | 骨盆宽(cm) | 胫长(cm) |
|---|---|---|---|---|---|---|
| 公 | 11 | 3 025±165.8 | 29.3±0.4 | 10.0±0.3 | 9.9±0.2 | 13.4±0.3 |
| 母 | 21 | 2 198±110.0 | 25.4±0.3 | 7.2±0.2 | 8.5±0.1 | 11.0±0.2 |

4. 生产性能

(1)产肉性能　据从产地引种蛋到成都孵化、饲育测得的生长发育资料,峨眉黑鸡初生雏公母平均重为(38.4±0.37)g,生长期各阶段体重如表 2-48 所示。

**表 2-48　峨眉黑鸡的生长期各阶段体重**　　g

| 性别 | 30 日龄 | 60 日龄 | 90 日龄 | 120 日龄 | 150 日龄 | 180 日龄 |
|---|---|---|---|---|---|---|
| 公 | 123.36±3.73 | 362.34±10.55 | 973.18±38.43 | 1 569.57±54.42 | 2 167.39±79.31 | 2 643.00±105.51 |
| 母 | 123.36±3.73 | 352.34±10.55 | 816.44±23.70 | 1 304.41±29.74 | 1 594.12±39.20 | 1 880.00±54.88 |

据四川省畜牧兽医研究所对引种饲养的峨眉黑鸡进行了屠宰测定,其结果如表 2-49 所示。

表 2-49 峨眉黑鸡的屠宰测定结果 %

| 性别 | | 半净膛率 | 胸腿肌占全净膛重 |
|---|---|---|---|
| 6月龄 | 公 | 74.62 | 34.78 |
| | 母 | 74.54 | 36.85 |
| 成年 | 公 | 80.25 | 41.30 |
| | 母 | 70.96 | 39.20 |

表 2-49 说明峨眉黑鸡屠宰率高，胸腿肌发达。

(2)产蛋性能 峨眉黑鸡就巢性不强，据产区调查，农民一般将就巢母鸡的脚拴着，罩于阴凉处 3～6 天即可醒抱，7～10 天即可恢复产蛋。每窝蛋为 15 枚左右，年平均产蛋量为 120 枚左右。蛋重平均为 53.84 g，蛋壳褐色或浅褐色，蛋形指数为 1.34。蛋的组成中蛋白占 57.20%，蛋黄占 31.4%，蛋壳占 11.39%。蛋壳所占比重较高。

(3)繁殖性能 公、母配种比例为 1：(8～12)。产区普遍采用母鸡天然孵化，每窝孵蛋 12～14 枚，从产区引种到成都电孵，种蛋受精率为 89.62%，受精蛋孵化率为 82.11%。人工育雏，30 日龄育雏率为 93.42%。

5. 评价和展望

经在产区调查和引种观察证实，峨眉黑鸡体格较大，外貌特征一致，就巢性较弱，产肉性能较好，蛋壳较重，遗传性较稳定，是一个分布于四川盆地周围山区有代表性的肉蛋兼用型的优良地方品种。

峨眉黑鸡数量有下降趋势，为此建议扩大峨眉县种鸡场规模，不仅应做好保种工作，而且应加以选育，提高其生产性能，使其进一步成为我国优良的肉蛋兼用型品种。

**(二十)静原鸡**

1. 产地和分布

静原鸡又名静宁鸡、固原鸡，是黄土高原耐高寒干旱气候的优良蛋肉兼用鸡种。主产区在甘肃省静宁县及宁夏回族自治区固原县。主要分布于甘肃庄浪县、华亭县、张家川回族自治县、秦安县、通渭县、会宁县及隆德县、泾源县、西吉县和海原县。

2.品种形成

产区位于六盘山东西两侧及南侧陇山、关山等各支系山脉、甘肃省和宁夏回族自治区相接壤的广大地区。海拔高度在1 300～2 900 m,属黄土高原丘陵沟壑地貌,源、梁、峁、沟交错分布,平原很少。年平均气温为6.7～8.3℃,最高气温在7月份,平均为19.5℃;最低气温在1月份,为－8.8～－6.8℃。农作物有小麦、玉米、莜麦、荞麦、谷子、糜子、马铃薯、豌豆、高粱等,牧草有禾本科、豆科、菊科、莎草科、车前科等。群众养鸡以放牧为主。

静原鸡的育成有着悠久的历史。早在汉唐时代,静宁一带即设置了军事行政机构,是重要的兵马给养基地。静宁、隆德等县及六盘山一带又是由长安通往欧洲的丝绸之路北路的必经之地,历代交通、贸易较为发达,对禽产品需求量很大,不少地方以经营烧鸡而得名。烧鸡的制作有较高的加工技艺和悠久的历史。产区回民较多,传统的开斋节及亲友往来均需要大量的鸡肉和蛋品,养鸡已成为重要的家庭副业之一。

以上的特定的自然环境条件及人民生活的需要,对形成耐高寒、干旱和体质结实的静原鸡均起到了重要的作用。

3.体型外貌

(1)外貌特征　静原鸡体格中等,公鸡头颈昂举,尾羽高耸,胸部发达,背部宽长,胫粗壮;母鸡头小清秀,背宽腹圆。

初生雏绒羽主要为黄色和麻色两种。黄色雏绒羽以深浅不等的土黄色为主,喙黄色,胫土黄色。麻色雏绒羽以深浅不等的褐色为主。主、副翼羽羽片内侧呈黑色、外侧呈褐色。眼圈黑色,喙、胫黄灰色,爪白色,少数个体胫部有稀疏的绒羽。

成年公鸡羽色不一致,主要有红公鸡和黑红公鸡。红公鸡的羽色艳丽，体羽以深褐色为主，主、副翼羽、尾羽黑色闪绿光，镰羽发达美丽，梳羽褐红色，腹部绒羽黑褐色，胸部、体侧浅褐色。冠型多为玫瑰冠，少数为单冠。喙多呈灰色。虹彩以橘黄色为主，冠、肉垂、耳叶鲜红色，胫灰色，少数个体有胫羽，皮肤白色。

成年母鸡羽色较杂，有黄鸡、麻鸡、黑鸡、白鸡、花鸡等，以黄鸡和麻鸡最多。黄母鸡体羽以土黄色为主，颈背面及两侧羽毛黑色镶黄边，颈下部羽毛土黄色，主、副翼羽和尾羽黑色，胸腹部羽毛较淡、呈土黄色。麻母鸡体羽以麻褐色为主，主、副翼羽和尾羽呈黑色或深麻色，胫羽根部灰色，尖部深褐镶黄边，腹部羽毛浅黄色。母鸡冠型多为玫瑰冠，少数为单冠(5～9 个冠齿)。冠、肉垂、耳叶鲜红色，少数鸡有颌下羽。喙、胫、趾呈灰色，爪白色，少数有胫羽。

(2)体重和体尺 据 1980 年甘肃省和宁夏回族自治区家畜家禽品种资源调查组测定，成年静宁鸡的体重和体尺如表 2-50 所示。

**表 2-50 成年静原鸡的体重和体尺**

| 性别 | 产地 | 体重(g) | 体斜长(cm) | 胸宽(cm) | 龙骨长(cm) | 胫长(cm) |
|---|---|---|---|---|---|---|
| 公 | 静宁 | 1 888.0±40.00 | 18.5±0.16 | 7.5±0.09 | 11.5±0.16 | 9.7±0.16 |
| | 固原 | 2 250.0±47.00 | 23.1±0.19 | 7.6±0.10 | 12.5±0.12 | 12.2±0.12 |
| 母 | 静宁 | 1 630.0±18.00 | 17.5±0.06 | 6.8±0.04 | 9.8±0.05 | 7.9±0.03 |
| | 固原 | 1 670.0±15.44 | 19.8±0.07 | 6.7±0.04 | 10.8±0.05 | 9.9±0.05 |

4. 生产性能

(1)产肉性能

①生长速度：据静原鸡产区测定，静原鸡生长期各阶段体重如

表 2-51 所示。

**表 2-51　静原鸡生长期各阶段体重**　g

| 性别 | 初生重 | 30 日龄 | 60 日龄 | 90 日龄 | 120 日龄 | 150 日龄 | 180 日龄 |
|---|---|---|---|---|---|---|---|
| 公雏 | 37.1—47.0 | 88.8—150.0 | 226.2—340.0 | 543.2—860.0 | 830.1—1 170 | 1 143.1—1 750.0 | 1 354.6—2 030.0 |
| 母雏 | 36.5—45.0 | 79.7—150.0 | 192.8—310.0 | 377.2—730.0 | 652.6—990.0 | 880.3—1 390.0 | 1 108.0—1 480.0 |

②屠宰率：屠宰率高，肉质鲜美，公鸡 6 月龄半净膛率为 73.4%～75.02%，全净膛率为 68.7%～69.5%。母鸡半净膛率为 73.6%～74.6%，全净膛屠宰率为 67.6%～69.1%。当地群众对鸡的短期肥育有丰富的经验，通常将养至 1～1.5 岁的母鸡或 6 月龄以上的公鸡，于春末夏初用人工填食的方法，进行短期肥育，即把鸡系于舍内(一般为窑洞)，减少光照，限制运动，给以充足的饮水，用糜子面(带壳)再加少量荞麦面、莜麦面和煮熟的马铃薯等。搓成小团子，每日早晚两次填饲，每天填饲 85～100 g，开始少填，中期多填，后期少填。通过 15～20 天填饲，可增加体重 0.5～0.8 kg，比未填饲的个体增加 25%左右。

(2)产蛋性能

①开产日龄：静原鸡性成熟较迟。母鸡一般 8～9 月龄开产。早春孵出的鸡比秋季孵出的鸡开产较早。

②产蛋量：黄色母鸡和麻色母鸡产蛋量较多。在农家常年放牧饲养的条件下，早晚少量补饲，年产蛋量为 117～124 枚。

③蛋的品质：蛋重为 56.7～58.0 g。蛋壳褐色。蛋壳厚度为 0.34～0.35 mm。蛋形指数为 1.312～1.316。

(3)繁殖性能

①繁殖力：农家养鸡的公、母配种比例一般为 1∶8，种蛋受精率可达 90%左右。用天然孵化方法，孵化率较高，按受精蛋计算

可达90%～94%。人工孵化率可达82.6%。

②就巢性：母鸡就巢性较强，一年就巢2～3次，每次持续7～15天。

③成活率：30日龄雏鸡成活率为81.6%～90%。

5.评价和展望

静原鸡能适应高原严寒、干旱气候，体型较大，体质结实，觅食力强，适于常年放牧饲养，蛋重较大，是发展高寒地区养禽业的宝贵品种资源。但该鸡种未经系统选育，故羽色较杂，体型外貌不一致，遗传性能不稳定，性成熟迟，就巢性较强，产蛋量较少。今后，应建立保种场，划定繁育区，防止盲目用外来品种杂交改良，加强本品种选育，提高其生产性能。

**(二十一)溧阳鸡**

1.产地和分布

溧阳鸡是江苏省西南丘陵山区的著名鸡种，当地亦以“三黄鸡”或“九斤黄”称之。溧阳县位于太湖西侧，属苏、浙、皖三省交界岭的“北坡”。溧阳鸡的中心产区是在该县的西南丘陵山区，以茶亭、戴埠、社诸等地最多，其中以茶亭莘塘的大鸡最为有名。分布于中心产区周围地带。

2.生产性能

(1)产肉性能　在一般放养条件下，溧阳鸡生长速度并不快。

(2)产蛋性能　据对147只母鸡统计，平均开产日龄为(243±39)天，300日龄产蛋量为(39±2.7)枚，500日龄产蛋量为(145.4±25)枚。蛋重为(57.2±4.9)g，蛋壳褐色。

(3)繁殖性能　公、母配种比例为1∶13，种蛋受精率为95.3%，受精蛋孵化率为85.6%。5周龄育雏率为96%。

3.评价和展望

溧阳鸡是体型大、肉质鲜美的黄羽鸡种，具有脚粗、胸宽、肌肉较丰满、觅食力强、宜放牧饲养等特点，羽毛着生也较快，在地方鸡种中有较高的繁殖力和屠宰率，在与肉鸡杂交试验中效果较好。因此，溧阳鸡宜作为肉鸡育种素材使用。

## （二十二）武定鸡

### 1.产地和分布

武定鸡是云南省楚雄彝族自治州的地方良种肉用鸡，素以体大著称，以肉质肥嫩鲜美闻名。主产于该州的武定、禄劝两县。该鸡有大小型之分，前者多分布在山区，后者多分布在坝区，而以大型的占多数。禄丰、双柏、富民、安宁县及昆明市郊也有分布。据云南省畜牧局调查统计，主产区武定鸡的饲养量达 90 万只，该州收购家禽数居全省首位，主要运销昆明市。

### 2.品种形成

武定、禄劝县境内有三台山和拱王山盘踞，并有普渡河通过，地形复杂，立体气候明显可分为山区和坝区两种生态环境，而武定鸡多分布在高寒和气候冷凉的山区。该地海拔为 1 710.1 m，年平均气温为 15.2℃，年平均降水量为 1 018.9 mm，年平均日照时数为 2 321.1 小时，无霜期为 226.9 天。山场辽阔，鸡能在村寨附近的山场树林中自由活动并获得充足的矿物质、动物性蛋白质和青绿饲料。当地农作物以玉米、荞麦、马铃薯为主，并以此作为猪的饲料，成年鸡白天不补饲，任鸡从猪食槽中自由采食，并在早晚视鸡的觅食量再补饲一定量的精料，雏鸡则多以碎玉米为基础饲料。

长期以来，武定彝族人民多以养鸡为主要副业，时逢佳节或走亲访友都以鸡作为佳肴和礼品，且当地人民对肉质要求也高，故不论公、母鸡皆行阉割以改善肉质。此外，山区村寨还恪守“只能向外卖鸡，不能向外买鸡”的乡规民约，使鸡群长期处于自繁自养的封闭状态，从而形成了武定鸡的优良特征和特性。

### 3.体型外貌

#### （1）外貌特征

武定鸡体型高大，骨骼粗壮，腿粗，胫较长，肌肉发达，体躯宽而深，头尾昂扬，步态有力。由于全身羽毛较蓬松，更显得粗大。公鸡羽毛多呈赤红色，有光泽，而母鸡的翼羽、尾羽全黑，体躯、其他部分则披有新月形条纹的花白羽毛。单冠、红色、直立、前小后大，冠齿为7～9个。皮肤白色，喙黑色，虹彩以橙红色最多黄褐色次之。耳叶、肉垂皆红色，胫与喙的颜色一致。多数有胫羽和趾羽，群众称为"穿套裤子鸡"。

(2)体重和体尺　据云南省畜牧局和云南农业大学测定，成年武定鸡的体重和体尺如表2-52所示。

**表2-52　成年武定鸡的体重和体尺**

| 性别 | 体重(g) | 体斜长(cm) | 胸宽(cm) | 龙骨长(cm) | 骨盆宽(cm) | 胫长(cm) |
| --- | --- | --- | --- | --- | --- | --- |
| 公 | 3 050±78.36 | 25.5±0.12 | 8.4±0.13 | 13.59±0.08 | 7.9±0.13 | 14.98±0.11 |
| 母 | 2 100±69.09 | 21.4±0.10 | 8.0±0.10 | 11.0±0.06 | 8.0±0.1 | 10.0±0.09 |

4.生产性能

(1)产肉性能　武定鸡虽体型高大，但生长缓慢，达到成年体重的育成期甚长。据调查，3月龄鸡体重只有500～600 g，6月龄也不过1 500 g左右。武定鸡属慢羽型，一般长到4～5个月，体重达1 000 g左右时才出现尾羽。在此之前，胸、背和腹部的皮肤常常裸露在外，俗称"光秃秃鸡"。公鸡除留种的以外，一般在3月龄均予阉割。以后饲养5～7个月，再强制肥育1～2个月后屠宰，届时体重虽可达4～5 kg，但饲养期持续长达9～12个月之久。母鸡一般在性成熟前长到800～900 g时进行阉割。另外，老母鸡因产蛋量下降、就巢频繁、利用价值降低时进行阉割。阉母鸡的外形与阉割不完全的公鸡相似，肥育后期能像公鸡一样啼鸣，阉割后的羽毛也从雌性羽换成雄性羽(由圆变尖)，色泽更加鲜艳。

阉割后的鸡，不论公、母，肉质都比较肥嫩，味更鲜美。当年阉割后，当羽毛换成阉鸡毛时即可上市。有的鸡养到第二年换羽后再肥育，肥育的方法是用木条做成笼，限制其运动，喂以煮熟的大米饭团或玉米面团。

据年云南农业大学对产区阉鸡进行屠宰测定，其结果如表2-53所示。

**表 2-53　武定鸡屠宰测定结果**

| 性别 | 体重(g) | 半净膛率(%) | 全净膛率(%) |
|---|---|---|---|
| 公(5月龄阉) | 1 600 | 85.0 | 77.0 |
| 母(成年阉) | 3 100 | 85.4 | 80.7 |

(2)产蛋性能　6月龄以后开产，一般产蛋14～16枚即就巢，年就巢4～6次，每次6～20天，有的达1个月之久，影响产蛋量。估计年产蛋量为90～130枚。平均蛋重为50 g。蛋壳浅褐色。蛋形指数为1.27。

(3)繁殖性能　武定鸡历来放牧混养，采取自由配种方式。公鸡成熟较迟，6月龄以后开啼配种。

5.评价和展望

武定鸡是彝族人民长期选育的地方良种，有一定的分布区域和数量，并有独特的饲养管理技术，应加强选育，不断提高其生产性能。

**(二十三)桃源鸡**

1.产地和分布

桃源鸡是湖南省的地方鸡种，它以体型高大而驰名，故又称桃源大种鸡，主产区在桃源县中部，分布于沅江以北、延溪上游的三阳港、佘家坪一带，产区附近也有相当多的数量，省内以长沙、岳阳、郴州等地较为普遍。据1980年统计，桃源县饲养量达17.66万只。20世纪50年代以来，江苏、江西、四川、贵州、广东、广西、湖北、河南、新疆等省、自治区都曾向产区引种。20世纪60年代，该品种曾先后在北京和法国巴黎展览，故为人们所熟知.

2.品种形成

桃源县位于湖南省西北部、沅江下游。全县地势南、西、北三面较高，东面是低凹的平原，中部为波状起伏的丘陵台地。沅江由西向东贯穿全境，溪港纵横交错，山脉走向略与河道平行。产区的生态条件较好，农作物以水稻为主，其次为玉米、高粱、甘薯、小麦、大豆等，棉花、油菜种植也很普遍。畜牧业在该县亦占有相当重要的地位。

桃源鸡的形成历史，尚无确切资料可考。据清代《朗风广义》论鸡篇中曾载有："楚中有一鸡，并高三四尺。"该地当时为楚国所辖，该篇记述是否即指桃源鸡，有待查证。桃源县环境适宜，饲料资源丰富，且山坡闲地较多，是放养家禽的良好场所。一般农户每家养鸡达20～30只之多，并有选养大种鸡和出让种蛋的传统习俗。由于当地优越的自然环境条件，经过较长期的人为选择，因而逐步形成现今体高、个大的地方鸡种——桃源鸡。

3.体型外貌

(1)外貌特征　桃源鸡体型高大，体质结实，羽毛蓬松，体躯稍长、呈长方形。公鸡姿态雄伟，勇猛好斗，头颈高昂，尾羽上翘，侧视呈"U"字形。母鸡体稍高，性温驯，活泼好动，背较长而平直，后躯深圆，近似方形。公鸡头部大小适中，母鸡头部清秀。单冠，冠齿为7～8个，公鸡冠直立，母鸡冠倒向一侧。耳叶、肉垂鲜红，较发达。眼大微凹陷，虹彩呈金黄色。颈稍长，胸廓发育良好。公鸡尾羽长出较迅速，未长齐时尾羽呈半圆佛手状，长齐后尾羽上翘。公鸡镰羽发达，向上展开。母鸡腹部丰满。腿高，胫长而粗。公鸡体羽呈金黄色或红色，主翼羽和尾羽呈黑色，梳羽金黄色或间有黑斑。母鸡羽色有黄羽型和麻羽型两个类型，黄羽型的背羽呈黄色，颈羽呈麻黄色；麻羽型体羽呈麻色。黄、麻两型的主翼羽和尾羽均呈黑色，腹羽均呈黄色。桃源鸡喙、胫呈青灰色，皮肤白色。

(2)体重和体尺 据产区调查和测定，成年桃源鸡的体重和体尺如表 2-54 所示。

表 2-54 成年桃源鸡的体重和体尺

| 性别 | 体重 (g) | 体斜长 (cm) | 胸宽 (cm) | 龙骨长 (cm) | 骨盆宽 (cm) | 胫长 (cm) |
|---|---|---|---|---|---|---|
| 公 | 3 342±63.27 | 30.11±0.19 | 9.74±0.25 | 13.94±0.20 | 11.53±0.19 | 13.7±0.31 |
| 母 | 2 940±40.45 | 26.11±0.13 | 8.14±0.10 | 11.06±0.08 | 9.59±0.08 | 11.17±0.26 |

雏鸡长羽速度迟缓，出壳后绒羽较稀。主、副翼羽一般要 3 周龄才能全部长出，成年羽的生长也很慢，所以在育成阶段中常表现为光背、裸腹、秃尾和胸部袒露。

4. 生产性能

(1)产肉性能 桃源鸡生长较慢，尤其是早期生长发育缓慢。据测定，其生长期各阶段体重如表 2-55 所示。

表 2-55 桃源鸡生长期各阶段体重 g

| 性别 | 初生重 | 28 日龄 | 56 日龄 | 91 日龄 | 168 日龄 |
|---|---|---|---|---|---|
| 公 | 41.92 | 192.66 | 481.75 | 1 093.45 | 2 387.00 |
| 母 | 41.92 | 192.66 | 481.75 | 862.00 | 1 833.06 |

据品味鉴定结果认为，桃源鸡肉质细嫩，肉味鲜美。据对 24 周龄鸡的屠宰测定，结果如表 2-56 所示。

表 2-56 桃源鸡的屠宰测定 %

| 性别 | 半净膛屠宰率 | 全净膛屠宰率 |
|---|---|---|
| 公 | 84.90 | 75.90 |
| 母 | 82.06 | 73.56 |

(2)产蛋性能　桃源鸡的开产日龄平均为195天。产蛋量较低，据观察统计，500日龄的平均产蛋量为(86.18±48.57)枚。平均蛋重为53.39 g，蛋壳浅褐色，蛋形指数为1.33。

(3)繁殖性能　公、母配种比例一般为1∶(10～12)，种蛋受精率为83.83%，受精蛋孵化率为83.81%。鸡就巢性一般，每年1～2次，约经15天醒抱复产。在放牧饲养条件下，4周龄育雏率为75.66%，育成期(5～32周龄)成活率为95.80%，产蛋期(33～72周龄)存活率为94.39%。

5.评价和展望

桃源鸡具有个体大、肉质好等有利性状，但尚存在早期生长速度慢、长羽迟、饲料利用率较低、繁殖力不高等缺点。因此，今后应加强对该鸡种的本品种选育，加速早期生长发育及羽毛着生，提高鸡群品质，使其朝着肉鸡商品化方向发展。

**(二十四)惠阳胡须鸡**

1.产地和分布

惠阳胡须鸡，又名三黄胡须鸡、龙岗鸡、龙门鸡、惠州鸡，原产于广东省惠阳地区，是我国比较突出的优良地方肉用鸡种。它以种群大、分布广、胸肌发达、早熟易肥、肉质特佳而成为我国活鸡出口量大、经济价值较高的传统商品。与杏花鸡、清远麻鸡一样被誉为广东省三大出口名产鸡之一。它因颌下有张开的髯羽、状似胡须而得名。

惠阳胡须鸡原产东江和西枝江中下游沿岸9个县，其中惠阳、博罗、紫金、龙门和惠东5个县为主产区，河源、东莞、宝安、增城次之。历年来，曾到广东引种的有福建、湖南、江西、江苏、上海、北京等近10个省、直辖市。

2.品种形成

惠阳胡须鸡主产区多属丘陵或半丘陵地带，气候温暖(年平均气温为21℃左右)，雨水充沛年降水量为1 600 mm以上。农作物有水稻、甘薯、木薯、小麦、花生、大豆、豌豆和芝麻等。新中国成立前，因水利失修，经常洪水泛滥，大量土地荒芜，形成大片草地或灌木林地，食饵丰富，为农家养鸡提供了有利的放牧条件。产区地处广州、香港两大消费城市之间，对活鸡的需求量大，质优价高，刺激了产区的养鸡肥育技术和鸡贩业的发展。香港市场的消费者在强调鸡的烹调方法(白切鸡、盐焗鸡)的条件下，对鸡肉的风味、骨骼的软硬度、脂肪的分布都有独特的要求，这对品种的选育有较大的影响。20世纪60年代，商业和外贸部门在产区建立繁殖场，并采取奖售政策，促进了该品种的发展。广东省农业科学院畜牧兽医研究所从1975年开始进行纯种选育工作，对进一步提高该鸡种的质量起了一定的作用。

3. 体型外貌

(1)外貌特征　惠阳胡须鸡属中型肉用品种，体质结实，头大颈粗，胸深背宽，胸肌发达，胸角一般在60°以上。后躯丰满，体躯呈葫芦瓜形。惠阳胡须鸡的标准特征为颌下发达而张开的胡须状髯羽，无肉垂或仅有一些痕迹。雏鸡全身浅黄色，喙黄，脚黄(三黄)。无胫羽，颌下已有明显的胡须。公鸡单冠直立，冠齿为6～8个。喙粗短而黄，虹彩橙黄色，耳叶红色。梳羽、蓑羽和镰羽金黄色而富有光泽，背部羽毛枣红色，分有主尾羽和无主尾羽两种。主尾羽多呈黄色，但也有些内侧呈黑色，腹部羽色比背部稍淡。母鸡单冠直立，冠齿一般为6～8个。喙黄色。眼大有神，虹彩橙黄色。耳叶红色，脚黄色。全身羽毛黄色，主翼羽和尾羽有些黑色，尾羽不发达。

(2)体重和体尺　据广东省农业科学院畜牧兽医研究所测定，成年惠阳胡须鸡的体重和体尺如表2-57所示。

表 2-57 成年惠阳胡须鸡的体重和体尺

| 性别 | 体重(g) | 体斜长(cm) | 胸宽(cm) | 胸深(cm) | 龙骨长(cm) | 胫长(cm) |
|---|---|---|---|---|---|---|
| 公 | 2 228.40±38.78 | 22.9±0.41 | 8.30±0.082 | 10.7±0.27 | 12.6±0.48 | 10.7±0.39 |
| 母 | 1 601.00±31.2 | 20.10±0.13 | 6.96±0.084 | 9.6±0.12 | 10.50±0.10 | 8.6±0.06 |

4. 生产性能

(1)产肉性能 惠阳胡须鸡初生雏平均重为 31.6 g,5 周龄公、母平均重为 250 g,12 周龄公鸡平均重为 1 140 g,母鸡平均重为 845 g,15 周龄公鸡平均重为 1 410 g,母鸡平均重为 1 015 g。至 15 周龄每千克增重耗料 3.8 kg。其生长最大强度出现在 8～15 周龄,8 周龄前生长速度较慢。本品种属慢羽品种。60 日龄前,羽毛生长很慢,一般要 100 日龄才羽毛丰满。公鸡比母鸡的羽毛生长要慢 10～20 天。

惠阳胡须鸡肥育性能良好,脂肪沉积能力强。在农家放牧饲养的仔母鸡,开产前体重达 1 000～1 200 g 时,再经 12～15 天笼养肥育,可净增重 350～400 g。此时皮薄骨软、脂丰肉满,即可上市。据测定,其屠宰率如表 2-58 所示。

表 2-58 惠阳胡须鸡的屠宰测定结果

| 性别 | 体重(g) | 半净膛率(%) | 全净膛率(%) |
|---|---|---|---|
| 项鸡* | 1 647.0 | 84.8 | 75.6 |
| 公(120 日龄) | 1 683.0 | 86.6 | 81.2 |
| 公(150 日龄) | 1 815.0 | 87.5 | 78.7 |

*项鸡,粤人特指将要开产的肥育母鸡。

(2)产蛋性能 惠阳胡须鸡的产蛋性能明显受到当地环境气

温，日粮蛋白质、能量水平，饲养方式，就巢性强及腹脂多的影响。因此，即使在较好的条件下，全年平均产蛋率也仅在28%左右。在农家以稻谷为主、结合自由放养、并以母鸡自然孵化与育雏的饲养方式下，其年平均产蛋只不过45～55枚。在改善饲养管理条件下，平均每只母鸡年产蛋可达108枚。根据4个主要产区测定的个体产蛋统计，在蛋白质水平16%的条件下，惠阳胡须鸡年平均产蛋量如表2-59所示。

**表2-59 惠阳胡须鸡的年平均产蛋量** 枚

| 测定群名称 | 个体产蛋统计的年平均产蛋量 |
|---|---|
| 沪州 | 112.0±25.6 |
| 好义 | 110.0±23.7 |
| 石坝 | 109.0±28.1 |
| 良井 | 98.2±24.5 |

平均蛋重为45.8 g。蛋壳主要呈浅褐色，蛋壳厚为0.3 mm，蛋形指数为1.30。

(3)繁殖性能　公鸡性成熟早，最早的3周龄会啼叫，但一般要3月龄才有交配行为。平均开产日龄为150天。据个体记录资料，最早为115天，最迟为200天。一般公、母配种比例为1∶(10～12)。平均种蛋受精率为88.6%，受精孵化率为84.6%。

惠阳胡须鸡的就巢性特别强，据记录资料，平均每只母鸡年就巢为14.2次，最高达18.5次，每次停蛋期平均为15.8天。育雏率普遍在95%以上。

5.评价和展望

惠阳胡须鸡是广东省的优良肉用型地方鸡种，它以特有的优良肉质与三黄胡须的外貌特征而驰名中外，在育种、生产和外贸活鸡市场上都具有较高的经济价值，成为我国珍贵的家禽品种资源，但尚存在着产蛋少、生长慢、长羽迟等缺点。为此，广东省的科研单位于近年来进行了选育和杂交利用试验，同时也在杂交配套利用上进行探索，所得杂交商品代在保持惠阳胡须鸡的外貌特征和提高繁殖力方面都取得一定的效果。

**(二十五)清远麻鸡**

1. 产地和分布

清远麻鸡原产于广东省清远县。母鸡背侧羽毛有细小黑色斑点，故称麻鸡。它以体型小、皮下和肌间脂肪发达、皮薄骨软而著名，素为我国活鸡出口的小型肉用名产鸡之一。

清远县年饲养量都在 400 万只以上。1981 年全县鸡的饲养量达 485 万只，占家禽总饲养量的 55.8%。年上市量达 200 万只以上。目前清远麻鸡已分布到原产地邻近的花县、四会、佛岗等县及珠江三角洲的部分地区，上海市也曾引种饲养。

2. 品种形成

清远县位于韶关地区南部，南临珠江三角洲，水陆交通方便，气候温和，雨量充沛，属亚热带气候。土地比较肥沃，经济较富裕，有农、林、牧、副、渔全面发展的自然条件，养殖业发达，素有“三鸟之乡”(三鸟指鸡、鸭、鹅)之称，养禽业占畜牧业总产值的 38.4%。产区农作物以水稻、大麦、小麦、玉米、木薯、甘薯、花生、大豆为主，为养鸡的主要饲料来源。县内山冈丘陵甚多，青竹成荫，灌木成林，四季常青，昆虫较多。此外，还有大量河流、水塘，盛产鱼、虾、螺、蚬之类及其副产品，天然食饵丰富，为养鸡提供了较多的动物性蛋白质饲料。清远麻鸡就是在这样良好的自然条件下，早在宋代便为清远劳动人民所喜爱，并经长期民间饲养选育而成的。《清远县志》始于宋代建炎三年(公元 1129 年)，后在 1921 年再修出版的《清远县志》第十四卷(实业部分)记称:“近来交通方便,计小贩收买各乡家禽之鸡远销省垣,每年售价数万元。省垣以清远鸡为美,价比别处约高一成。”由此可见,清远麻鸡的饲养历史悠久,鸡肉质量优良早已畅销于广东省和港澳地区。新中国成立后,清远麻鸡得到进一步发展,大量出口。1973 年在香港市场中曾跃居活鸡售价之冠,深受消费者欢迎。

3.体型外貌

(1)外貌特征　清远麻鸡体型特征可概括为“一楔”、“二细”、“三麻身”。“一楔”指母鸡体型像楔形,前躯紧凑,后躯圆大;“二细”指头细、脚细;“三麻身”指母鸡背羽面主要有麻黄、麻棕、麻褐 3 种颜色。公鸡体质结实,结构匀称,属肉用体型。出壳雏鸡背部绒羽为灰棕色,两侧各有一条约 4 mm 宽的白色绒羽带,直至第一次换羽后才消失,这是清远麻鸡雏鸡的独特标志。

公鸡头大小适中。单冠直立,颜色鲜红,冠齿为 5～6 个。肉垂、耳叶鲜红。虹彩橙黄色。喙黄色。颈部长短适中,头颈、背部的羽毛金黄色,胸羽、腹羽、尾羽及主翼羽黑色,肩羽、蓑羽枣红色。脚短而黄。

母鸡头细小。单冠直立,冠中等,冠齿为 5～6 个,冠、耳叶呈鲜红色。喙黄而短。虹彩呈黄色。颈长短适中头部和颈前 1/3 的羽毛呈深黄色。背部羽毛分黄、棕、褐 3 色,有黑色斑点,形成麻黄、麻棕、麻褐 3 种,据调查统计,麻黄占 34.5%,麻棕占 43.0%,麻褐占 11.2%,余下为其他色,其中以麻黄、麻棕两色居多。主、副翼羽的内侧呈黑色,外侧呈麻斑,由前至后较淡而斑点逐渐消失。胫趾短细,呈黄色。

(2)体重和体尺　据广东省农业科学院畜牧兽医研究所测定,清远麻鸡的体重和体尺如表 2-60 所示。

表 2-60 清远麻鸡的体重和体尺

| 性别 | | 体重(g) | 体斜长(cm) | 胸围(cm) | 龙骨长(cm) | 胫长(cm) | 胫围(cm) |
|---|---|---|---|---|---|---|---|
| 公 | 平均 | 2 180 | 20.8 | 30.8 | 12.5 | 8.1 | 4.7 |
| | 范围 | 1 700～2 850 | 18.2～23.5 | 27.5～36.4 | 10.5～14 | 7.3～9.0 | 4.0～6.0 |
| 母 | 平均 | 1 750 | 18.0 | 28.9 | 10.1 | 6.6 | 3.7 |
| | 范围 | 1 350～2 500 | 15.0～21.0 | 24.5～34.0 | 8.0～12.0 | 5.5～8.0 | 3.3～4.4 |

4. 生产性能

(1)产肉性能　农家饲养以放牧为主，在天然食饵较丰富的条件下，生长较快，120 日龄公鸡体重为 1 250 g，母鸡为 1 000 g，但一般要到 180 日龄才能达到肉鸡上市的体重。

在雏鸡饲料含粗蛋白质 20.9%、代谢能为 11.3 MJ/kg，中鸡饲料含粗蛋白质 17.7%、代谢能为 11.3 MJ/kg 及其他营养较合理的条件下，生长速度有所提高，公、母平均体重，35 日龄可达 309 g，84 日龄可达 951 g，105 日龄可达 1 157 g。羽毛生长速度个体间有差异，一般母鸡在 80 日龄时羽毛已丰满，公鸡则要延至 95 日龄以上，比母鸡慢 10～25 天。

清远麻鸡肥育性能良好，屠宰率高。6 月龄开产前的仔母鸡体重在 1 300 g 以上，经 15 天肥育增重 250 g。据测定，未经肥育的仔母鸡半净膛屠宰率平均为 85%，全净膛率平均为 75.5%，阉公鸡半净膛屠宰率为 83.7%，全净膛屠宰率 76.7%。肥育方法多采用暗室笼养。

(2)产蛋性能　清远麻鸡在农家饲养自然孵化条件下，年产蛋为 4～5 窝，每窝为 12～15 枚，少则 8～10 枚，年产蛋量为 70～80 枚。蛋重平均为 46.6 g，蛋壳浅褐色，蛋形指数为 1.31。

(3)繁殖性能　性成熟较早，在农家饲养条件下，公鸡4月龄就有性行为，母鸡5～7月龄开产。公鸡配种能力较强，公、母配种比例为1∶(13～15)。在农村放牧饲养的种蛋受精率在90%以上。自然孵化，每窝蛋12～15枚，孵化率为80%左右。人工孵化受精蛋孵化率平均为83.6%。

清远麻鸡就巢性强，每产1窝蛋就巢1次，每次约20天，醒抱后6～10天才开始产蛋。如用人工催醒，可大大缩短就巢时间。农家大多采用自然育雏方法，育成率一般较低，人工育雏30日龄育雏率达93.6%。

5.评价和展望

清远麻鸡以肉用品质优良而驰名，但至今还是一个未经系统选育的地方良种。清远县畜牧水产局等有关部门已着手对该鸡种进行整理和选育，研究其饲养要求，并建立了清远麻鸡良种场，开始选种和杂交利用研究。如果能将选育工作、杂交利用和推广科学养鸡知识结合起来，对提高清远麻鸡生产性能和发展麻鸡生产将起重要作用。

目前，清远麻鸡虽有一定数量，但远远不能满足消费的需要。而且生产水平、特别是繁殖力低，个体生长发育差异较大，因此应重点建立核心群，大力扶持专业户、重点户发展麻鸡生产。

### (二十六)杏花鸡

1.产地和分布

杏花鸡因主产地在广东省封开县售花，新中国成立后易名杏花乡因而得名，当地又称“米仔鸡”。它具有早熟、易肥、皮下和肌间脂肪分布均匀、骨细皮薄、肌纤维细嫩等特点。杏花鸡属小型肉用优质鸡种，是我国活鸡出口经济价值较高的名产鸡之一。

杏花鸡主要分布在广东省封开县内，省内的怀集、德庆、郁南、新兴、肇庆、佛山、广州等地也都有饲养。近年江苏、北京等地也曾引种饲养。

2.品种形成

封开县位于广东西部，属多山地区，地势较高，土壤多为沙质土。除种植水稻和玉米、小麦、蚕豆、花生、甘薯、木薯等旱粮作物外，还利用丘陵山坡、村旁、溪边种植果树，为当地养鸡业发展提供了饲料来源和放养的良好自然环境。由于杏花鸡胸肌丰满，肌肉纤细，皮薄而皮下脂肪分布均匀，适宜烹制白切鸡，成品皮色带有光泽，爽脆可口(所谓“玻璃皮”)，符合两广人民要求食品鲜美、强调原味的习惯，同时是佐酒佳品，颇受消费者欢迎。早在1915年就已远销香港，当时售价比一般鸡高30%以上，这对定向培育优质的肉用型杏花鸡起了一定的促进作用。杏花乡地处山区腹地，新中国成立前交通极为不便，很少引入外来鸡种，加之当地群众历史上习惯饲养“三黄”(黄喙、黄羽、黄脚)鸡，经长期选育，形成了外貌特征一致、遗传力较稳定的杏花鸡这一优良地方肉用品种。

3.体型外貌

(1)外貌特征　杏花鸡体质结实，结构匀称，被毛紧凑，前躯窄，后躯宽。其体型特征可概括为“两细”(头细、脚细)，“三黄”、“三短”(颈短、体躯短、脚短)。雏鸡以“三黄”为主，全身绒羽淡黄色。公鸡头大，冠大直立，冠、耳叶及肉垂鲜红色，虹彩橙黄色。羽毛黄色略带金红色，主、副翼羽和尾羽有黑色。脚黄色。母鸡头小，喙短而黄。单冠，冠、耳叶及肉垂红色，虹彩橙黄色。体羽黄色或浅黄色，颈基部羽多有黑斑点(称“芝麻点”)，形似项链。主、副翼羽的内侧多呈黑色，尾羽多数有几根黑羽。

(2)体重和体尺　杏花鸡未经系统选育，产区的鸡大小不一，据广东省农业科学院畜牧兽医研究所测定，成年杏花鸡的体重和体尺如表2-61所示。

表 2-61 成年杏花鸡的体重和体尺

| 性别 | | 体重(g) | 体斜长(cm) | 胸围(cm) | 龙骨长(cm) | 胫长(cm) | 胫围(cm) |
|---|---|---|---|---|---|---|---|
| 公 | 平均 | 1 950 | 20.7 | 31.9 | 11.6 | 7.3 | 4.5 |
| | 范围 | 1 500～2 900 | 17.5～25.0 | 28.0～38.0 | 8.0～13.5 | 5.5～9.4 | 3.9～5.0 |
| 母 | 平均 | 1 590 | 17.4 | 28.9 | 9.5 | 6.1 | 3.7 |
| | 范围 | 1 000～2 700 | 14.1～19.0 | 24.0～34.0 | 7.3～12.0 | 4.6～7.8 | 3.0～4.7 |

4. 生产性能

(1)产肉性能 农家以放养为主，整天觅食天然食饵，只在傍晚归牧后饲以糠拌稀饭，因此杏花鸡早期生长缓慢。在用配合饲料条件下，据测定，112 日龄公鸡的平均体重为 1 256.1 g，母鸡的平均体重为 1 032.7g。未开产的母鸡，一般养至 5～6 月龄，体重达1 000～1 200 g，经 10～15 天肥育，体重可增至 1 150～1 300 g。

杏花鸡羽毛生长速度较快，3 日龄的雏鸡开始长主翼羽，羽长达 0.5～1.5 cm，20 日龄开始长主尾羽，40 日龄身体各部分羽毛都开始生长，60 日龄全部长齐，羽毛丰满。母鸡长羽比公鸡快 10 天以上。

据对 112 日龄鸡的屠宰测定结果，半净膛率，公鸡为 79.0%，母鸡为 76.0%，全净膛率公鸡为 74.7%，母鸡为 70.0%。皮肤多为淡黄色。因皮薄且有皮下脂肪，故细腻光滑，加之肌间脂肪分布均匀，肉质特优，适宜做白切鸡。

据华南农学院畜牧兽医系和广东省家禽科学研究所用同批次不同周龄的鸡做胸肌定点测定，结果证明杏花鸡不同生长阶段的肌纤维直径都比目前我国香港的主要商品肉鸡“石岐杂”纤细(表 2-62)。

表 2-62 杏花鸡与“石岐杂”胸肌纤维比较

| 性别 | 周龄 | 胸肌肌纤维直径(μm) | |
| --- | --- | --- | --- |
| | | 杏花鸡 | 石岐杂 |
| 公 | 8 | 23.18 ±1.84 | 26.05 ±0.90 |
| | 10 | 23.95± 1.62 | 28.80± 1.35 |
| | 12 | 28.45± 2.84 | 31.15± 1.66 |
| | 14 | 30.45 ±3.35 | 35.05 ±1.07 |
| | 16 | 33.70 ±5.65 | 40.90 ±1.90 |
| 母 | 8 | 22.83 ±0.21 | 26.15 ±0.30 |
| | 10 | 23.45 ±1.73 | 25.05 ±1.65 |
| | 12 | 25.50 ±2.47 | 27.90 ±1.73 |
| | 14 | 29.05 ±1.88 | 33.70 ±2.45 |
| | 16 | 30.80 ±0.31 | 37.85 ±1.39 |

(2)产蛋性能　杏花鸡性成熟早，公鸡 60 日龄有 20%开啼，80 日龄性征明显，但一般在 150 日龄开始利用。母鸡在 150 日龄时有 30%开产。在农村放养和自然孵化条件下，年产蛋量为 4～5 窝。共 60～90 枚。在群养及人工醒抱的条件下，年平均产蛋量为 95 枚。蛋重为 45g 左右。蛋壳褐色。

(3)繁殖性能　公、母配种比例，农家放养的为 1∶15，种蛋受精率为 90%以上；群养的为 1∶(13～15)，种蛋受精率为 90.8%，受精蛋孵化率为 74%。杏花鸡就巢性强。30 日龄的育雏率在 90%左右。

5.评价和展望

杏花鸡属肉质特佳的优良地方品种之一，但尚存在产蛋量少、繁殖力低、早期生长缓慢等缺点。为此，1972 年封开县食品公司建立的杏花鸡种鸡场，对其进行选育和保种，其后封开县畜牧局也建立了杏花鸡种鸡场，对其保种起了一定的作用。1982—1984 年，广东省家禽科学研究所利用杏花鸡生产三系配套杂交商品肉鸡，既保持了其外貌和风味，同时也提高了生产性能。今后，应在产区继续做好保种工作，在选育中不应单纯追求体重的增加，更不宜让杂种大鸡混入。

**(二十七)霞烟鸡**

1. 产地和分布

霞烟鸡原名下烟鸡，又名肥种鸡，原产于广西容县石寨乡下烟村，分布于产地的一些县。霞烟鸡是该地区较大的鸡种属肉用类型。粤、京、沪等省、直辖市曾引入饲养。

2. 品种形成

关于霞烟鸡的形成有两种说法，根据其邻近地区鸡种情况，两者实有相辅相成的可能。首先，60多年前，此地曾有人自梧州引入外来鸡种，估计是横斑洛克，因为其公鸡羽色比其他当地黄鸡都浅些，有的公鸡还能隐约看到带有极浅的横斑羽纹，而骨骼也比当地黄鸡略粗，胸角也较宽。因其体型较大与当地黄鸡杂交，后代体型与生产性能均有所提高，以后杂种间反复杂交，再加上人为的选择，逐步形成体型大于当地鸡种的黄鸡。其次，当地在新中国成立前祭神时有赛鸡的风俗习惯，胜者以此为荣，所以当地大姓家族每年选出肥大的赛鸡以光耀门楣，无形中也推动了此鸡种进一步向硕大体型发展。

容县一带为红壤土，属丘陵地区，农作物以水稻、木薯、甘薯为主。这种自然环境条件与邻近各县并无差异之处，也找不出有根据的特殊生态条件。因此，霞烟鸡主要是通过外来鸡种的杂交与人为的选择而形成的。20世纪70年代前，该鸡种没有受到重视，在当地虽然体大惹人喜爱，但羽色与体型仍参差不齐，而且繁殖力低。1974年、1976年、1978年和1981年，容县外贸局、容县多种经营办公室、容县科学技术委员会和容县畜牧局等单位，先后在产区建立种鸡繁殖场和基地，开展繁殖、选育和推广工作。

3. 体型外貌

(1)外貌特征　霞烟鸡体躯短圆，腹部丰满，胸宽、胸深与骨盆宽三者长度相近，整个外形呈方形，属肉用类型，雏鸡的绒羽以深黄色为主，喙黄色，胫黄色或白色。成年鸡头部较大，单冠。肉垂、耳叶均鲜红色。虹彩橘红色喙基部深褐色，喙尖浅黄色。颈部显得粗短，羽毛略为疏松，骨骼粗，皮肤白色或黄色。

公鸡羽毛黄红色，梳羽颜色较胸、背羽为深，主、副翼羽带黑斑或白斑，有些公鸡蓑羽和镰羽有极浅的横斑纹，尾羽不发达。性成熟的公鸡腹部皮肤多呈红色。

母鸡羽毛黄色，背平，胸宽，龙骨略短，腹部丰满。临近开产的母鸡，耻骨与龙骨末端之间已能并容 3 指，也是该鸡种的重要特征。

(2)体重和体尺　据广西壮族自治区农业局畜牧处在产区种鸡场测定，成年霞烟鸡的体重和体尺如表 2-63 所示。

**表 2-63　成年霞烟鸡的体重和体尺**

| 性别 | 体重 (g) | 体斜长 (cm) | 胸宽 (cm) | 龙骨长 (cm) | 骨盆宽 (cm) | 胫长 (cm) |
|---|---|---|---|---|---|---|
| 公 | 2 178.00±45.69 | 19.73±0.55 | 9.10±0.11 | 11.12±0.11 | 11.41±0.18 | 10.81±0.09 |
| 母 | 1 915.00±18.25 | 17.69±0.07 | 7.90±0.04 | 9.53±0.05 | 8.62±0.04 | 8.79±0.03 |

肉的品质：霞烟鸡的肉质好，肉味鲜，与肌间沉积脂肪有关，皮下沉积的脂肪，可使烹调白切肉块鲜滑，特别是经过肥育的鸡肌脂丰满，屠体美观，肉质嫩滑，最受消费者欢迎。

4. 生产性能

(1)产蛋性能

①开产日龄：在正常饲养条件下，母鸡 170～180 日龄开产。

②产蛋量:因饲料条件而异,农家饲养的霞烟鸡一般年产蛋量为 80.41 枚,经选育的鸡群,年产蛋量为 110 枚左右。

③蛋的品质:平均蛋重为 43.6 g,蛋壳浅褐色,蛋形指数为 1.33。

(2)繁殖性能

①繁殖力:由于个体较大,一般公、母配种比例为 1∶(8～10),种蛋受精率仅 78.46%,受精蛋孵化率为 80.5%。霞烟鸡就巢性强,据观察,母鸡就巢每年可达 8～10 次之多,但不予就巢时 4～8 天即可停止。

②成活率:据 3 个饲养场统计,30 日龄的育雏率为 89.5%。

5.评价和展望

霞烟鸡体型较大,羽毛黄色,体态丰满,其肥育后的阉鸡,项鸡符合华南以及港澳地区消费者所需求,有广阔的发展前途。但繁殖力低,羽毛着生慢。今后应制订可行的改进方案来提高其生产性能,并保持其优良的肉质与风味。

**(二十八)河田鸡**

1.产地和分布

河田鸡是福建省西南地区的肉用型地方鸡种之一,主要产区为长汀、上杭两县,以长汀县河田镇为中心产区,旁及连城、武平等县部分地区。分布在闽南龙岩、漳平、永定等县。

2.品种形成

河田鸡的产地属中亚热带农业气候区,雨水充沛,无霜期长达 300 天。农作物有水稻、甘薯、小麦、油菜、蚕豆、豌豆等,农副产品较为丰富。农民长期以来喜爱养鸡,并成为这一地区的主要农家副业。产区群众养鸡,多采用放养形式,不仅在村内放养,而且还用鸡笼把种鸡、童鸡挑到自己种植的田间、山边放养,鸡只终日活动觅食,并随着劳动地点的转移,更换放牧场所,仅在晚间补喂些精料。雏鸡则由母鸡孵出后,由母鸡带领在住屋周围放牧觅食,每日补喂碎米5～6次。

产区丘陵、高山交错，交通原极不方便，外来鸡只极少输入，而当地采用母鸡孵育，形成了长期自繁自养习惯，大大有利于本品种的纯化，故外貌较一致，但生产性能较低。当地群众也积累了一套养鸡技术，凡不作种用的童公鸡，多施行阉割，与部分母鸡在屠宰或出售前，采用糠饭混拌填饲，有的在屋旁挖个土洞，一洞置一鸡，亦有用竹笼、木笼关养鸡只，糠饭任其采食，进行短期填饲后，鸡只膘肥、体大、肉质好，肥嫩适口，脂肪积贮较多。河田鸡之有名，实与这种肥育方法有一定关系。

3. 体型外貌

(1)外貌特征　河田鸡颈粗，躯短，胸宽，背阔，胫中等长，体近方形，属肉用类型。虽有“大架子”(大型)与“小架子”(小型)之分，但大架子鸡较少，多数是小架子鸡，两者体型外貌相同，仅有体重、体尺大小之别。大架子鸡羽毛着生慢，性成熟也比小架子鸡迟1个月左右。

雏鸡的绒羽均深黄色，喙、胫均黄色，冠叶后部已有分裂成叉状特征。成年鸡外貌较一致，主要特征为冠叶后部分裂成叉状冠尾。皮肤微黄或黄色，胫黄色。公鸡单冠直立，冠齿约5个，冠叶前部为单片，后部则分裂成叉状冠尾，色鲜红。颌面红色无明显皱纹。耳叶椭圆形，红色。喙基部褐色，喙尖呈浅黄色。头部梳羽呈浅褐色，背羽、胸羽、腹羽呈浅黄色，蓑羽呈鲜艳的浅黄色，尾羽、镰羽黑色有光泽，但镰羽不发达。主翼羽黑色，有浅黄色镶边。

母鸡冠部基本与公鸡同，但较矮小。羽毛以黄色为主，颈羽的边缘呈黑色，似颈圈，胫部深黄色，腹部丰满。

(2)体重和体尺　据福建省农业科学院畜牧兽医研究所测定，成年河田鸡的体重和体尺如表2-64所示。

表 2-64　成年河田鸡的体重和体尺

| 性别 | 体重(g) | 体斜长(cm) | 胸宽(cm) | 龙骨长(cm) | 骨盆宽(cm) | 胫长(cm) |
|---|---|---|---|---|---|---|
| 公 | 1 725.0±103.26 | 20.3±0.48 | 6.62±0.16 | 11.4±0.43 | 8.06±0.30 | 9.5±0.28 |
| 母 | 1 207.6±35.82 | 16.79±0.25 | 5.87±0.07 | 9.73±0.13 | 7.54±0.10 | 7.86±0.07 |

4. 生产性能

(1)产肉性能

①生长速度：据福建省农业科学院畜牧兽医研究所测定，河田鸡生长期各阶段体重如表 2-65 所示。

表 2-65　河田鸡生长期各阶段体重　g

| 性别 | 初生 | 30 日龄 | 60 日龄 | 90 日龄 | 120 日龄 | 150 日龄 |
|---|---|---|---|---|---|---|
| 公 | 30.7 | 111.6 | 326.1 | 588.6 | 941.7 | 1 294.8 |
| 母 | 29.6 | 91.4 | 242.6 | 488.3 | 788.4 | 1 093.7 |

②屠宰率：据测定，河田鸡在 120 日龄时屠宰，半净膛率，公鸡为 85.6%，母鸡为 87.08%，全净膛率，公鸡为 68.64%，母鸡为 70.53%。

(2)产蛋性能

①开产日龄：母鸡开产日龄为 180 天左右，小架子鸡可提早 1 个月。公鸡 2 月龄即开啼，大架子鸡则延至 4 月龄才开啼。

②产蛋量：年产蛋量为 100 枚左右，如需孵育小鸡，则产蛋量更低一些。

③蛋的品质：蛋重为(42.89±2.098 0)g，蛋壳以浅褐色为主，少数灰白色，蛋形指数为 1.38。

(3)繁殖性能

①繁殖力：农村饲养的鸡群，公、母配种比例为 1∶15；而饲养

场多为1∶10。农村饲养的母鸡种蛋受精率为90%,饲养场的种蛋受精率为82%～97%,入孵蛋孵化率为67.75%。当地人还习惯在繁殖季节过后,把配种的公鸡也进行阉割肥育,以提高其肉的质量。

②育雏率:用母鸡自然孵育的育雏率在90%以上,人工孵化育雏的30日龄育雏率为85.76%。

③就巢性:母鸡有很强的就巢性,一般每产一窝12～18枚蛋即就巢,且不易醒抱。因此,一只母鸡年就巢可达6～7次,催醒后,7～10天即可恢复产蛋。

5.评价和展望

河田鸡是肉用型地方鸡种,体型浑圆,屠体丰满,皮薄骨细,肉质细嫩,肉味鲜美,肉色洁白,皮下及腹部有积贮脂肪等,在省内及港澳市场深受欢迎,售价也较高。河田鸡的繁殖力较差,前期生长缓慢,屠宰率较低,故近年来不少单位曾引入黄色奥品顿与之杂交,杂交后生长速度略快,毛色浅黄,但体型与肉质并不理想。今后应注意克服其缺点,以提高生产性能。

**(二十九)鲁西斗鸡**

鲁西斗鸡属于玩赏型鸡种,又称"咬鸡"、"打鸡"或"军鸡",是我国古老的鸡种之一。

1.产地与分布

鲁西斗鸡原产于山东西南部的古城曹州一带,即今菏泽及郓城、曹县、成武等县。据史料记载,自春秋至唐代,上至诸侯世家,下至民间以观赏斗鸡为乐。当时,开封、商丘、西安等地均从山东曹州引种繁育斗鸡,数量在5 000余只。产区民间饲养斗鸡的历史悠久,在"文革"中曾一度遭到严重破坏,十一届三中全会后,经过收集原种,在郓城家畜改良站建立了斗鸡保种场,经过多年的提纯选育,斗性和生产性能都有所提高。

2.品种形成

产区为黄河冲积平原，年降水量为600～800 mm，种植业以小麦、玉米、花生和薯类为主，饲料资源丰富。年均气温13.5～14℃，无霜期209天。据史料记载，鲁西斗鸡有2 000多年的历史，它的形成与当地人民嗜好玩斗鸡的习惯有着密切的关系。《史记》和《汉书》上多处记载着有关"斗鸡、走狗"之事。公元前770年，春秋战国时期的鲁季平与昭伯因斗鸡而得罪于鲁昭公，竟互相打起架来。据山东《成武县志》记载，"斗鸡台在文亭山后。周鳌王三年（公元前679年）齐桓公以宋背北杏之会，曾搂诸侯伐宋，单伯会之，取成于宋北境时，斗鸡其上。"可见当时奴隶主玩斗鸡已颇盛行。魏曹时代，魏明帝于太和年间（公元227—233年），在邺都（今河北省魏县）筑起了斗鸡台，赵王石虎玩斗鸡于此，曾有"斗鸡东郊道，走马长楸间"的诗句。明高启著有《书博鸡者事》（1368—1374年），至今成武县仍留有斗鸡台。由此可见，斗鸡的形成已有悠久的历史。

3.体型外貌

（1）体型　鲁西斗鸡体型高大魁梧，体质健壮，体躯长，成年斗鸡具有鹰嘴、鹅颈、高腿、鸵鸟身，肌肉丰满，体质紧凑结实。公鸡胸肌发达，颈长腿高，尾羽高举，体态英俊威武，母鸡腰背部平直，后腹部"蛋包"突出而明显。

（2）外貌特征　鲁西斗鸡体型呈半梭形，头小，头皮薄而坚。脸长，毛细。冠呈瘤状。肉垂已不明显。喙短粗呈弧形。眼大，眼窝深，虹彩为水白眼和豆绿眼。耳叶短小。斗鸡羽色种类较多，主要羽色有黑色、红色和白色，黑羽斗鸡色富光泽似黑缎，腹部羽色为白色，公鸡尾部有2～3根白镰羽，母鸡应有雪花顶。红羽公鸡呈枣红色，镰羽有全黑者或带白斑，母鸡带有豇豆红或黄色；白色斗鸡全身毛色纯白，无一杂色羽。此外，还有紫羽和花羽等。胫呈肉色，无胫羽。四趾，脚趾间距离宽，鸡冠有仙鹤顶和泰山顶两种，以仙鹤顶为佳。

(3)体尺体重　据测定,对鲁西斗鸡的体尺和体重见表 2-66。

**表 2-66　成年鲁西斗鸡的体尺和体重**

| 性别 | 体重(g) | 体斜长(cm) | 胸宽(cm) | 龙骨长(cm) | 胫长(cm) |
|---|---|---|---|---|---|
| 公 | 3 870±37.5 | 23.2±0.17 | 10.2±0.05 | 14.7±0.26 | 12.4±0.39 |
| 母 | 3 020±10.0 | 20.9±0.07 | 9.6±0.10 | 12.8±0.15 | 10.0±0.10 |

4.生产性能

(1)产肉性能

①生长速度:鲁西斗鸡生长期各阶段体重如表 2-67 所示。

**表 2-67　鲁西斗鸡生长期各阶段体重**　g

| 性别 | 初生 | 30 日龄 | 60 日龄 | 90 日龄 | 120 日龄 | 150 日龄 | 180 日龄 |
|---|---|---|---|---|---|---|---|
| 公 | 43.5 | 197.8 | 515.8 | 951.5 | 1 802.8 | 2 269.4 | 2 552.8 |
| 母 | 43.5 | 197.8 | 515.8 | 951.5 | 1 713.3 | 1 990.0 | 2 106.8 |

②屠宰率:测定结果如表 2-68 所示。

**表 2-68　成年鲁西斗鸡的屠宰测定**

| 性别 | 体重(g) | 半净膛率(%) | 全净膛率(%) |
|---|---|---|---|
| 公 | 2 890 | 82.9 | 77.9 |
| 母 | 2 070.6 | 84.2 | 76.6 |

(2)产蛋性能　斗鸡的开产日龄较晚,一般 200～240 天,年产蛋 40 枚,最多 60 枚,蛋重 50～75 g,蛋呈椭圆形,为暗红色,蛋壳较厚,质地致密,坚实不易破碎。蛋形指数为 1.31。

(3)繁殖性能　公、母比例 1∶(4～5),公鸡利用年限 3～5 年,母鸡 2～3 年,每年就巢 1 次,持续 15～30 天,受精率高,一般在90%以上，斗鸡户用鸡孵化，孵化率一般在90%以上，人工孵化率较低，雏鸡成活率在90%以上。

5. 饲养管理

由于斗鸡与蛋鸡、肉鸡的生产目的不同，饲养方法亦有区别。斗鸡饲料的营养成分的要求较高，应根据不同的生长期，喂给足量的含有维生素、蛋白质和矿物质的饲料，并加适量的鱼肝油，平时注意多喂青菜和富含碳水化合物的饲料，如玉米、高粱等。斗鸡斗架时体力消耗大，热量损失严重，斗架前后应喂给含蛋白质较高的饲料，如蛋类、牛肉干等。母鸡育雏时，其营养同公鸡。斗鸡宜小群，以家系为单位圈养，一般6～8只母鸡为一家系，否则影响孵化率和战斗力。公鸡最好定时进行运动和锻炼，保持强健体质，以备比赛之用。

6. 评价与利用

鲁西斗鸡是国内斗鸡品种之一，经过长期的不断选育，形成体形大、肌肉发达、斗性强的特点。该鸡除具有较高的观赏价值外，还是育成地方型肉鸡的良好素材。目前应加强现有鸡群的选育，为了保持斗鸡的特色，要注意选好种。公鸡要选用鸵鸟身、鹰嘴或鹅嘴、鹅颈的，母鸡除了要具有本品种特征外，还要求后裆要宽。在繁育过程中要保持适宜的数量，最好根据用途建立适宜的繁育体系。

**(三十)丝羽乌骨鸡**

1. 产地和分布

丝羽乌骨鸡，以其体躯披有白色的丝状羽、皮肤、肌肉及骨膜皆为乌(黑)色而得名。在国际上被公认为标准品种，称丝羽鸡(silkies)，日本称乌骨鸡。在国内则随产区不同而冠以别名，如江西称泰和鸡、武山鸡，福建称白绒鸡，两广称竹丝鸡等。我国中医治病，常将此鸡作为营养补品和调制“乌鸡白凤丸”的主要原料。

此外，国内尚有一部分未经系统选育和数量不多的非丝羽乌骨鸡，亦可入药。因此，从经济类型分类，将丝羽乌骨鸡列为药用型品种。

丝羽乌骨鸡原产我国，主要产区以江西省泰和县和福建省泉州市、厦门市和闽南沿海等县较为集中。据1980年统计，泰和县有15万只，泉州市有4.5万只。新中国成立后，各省、市均引种饲养，所以说分布遍及全国各地。丝羽乌骨鸡由于体型、外貌独特，早在1915年曾送往巴拿马万国博物展览会展出，从此誉满全球，世界各地动物园多用作观赏型鸡种。

2. 品种形成

丝羽乌骨鸡是我国古老的鸡种之一。据查考有关资料：13世纪末，元代初期的《马可波罗行记》第154章“福州国”中记载：“……有一异事足供叙录，其地母鸡无羽而有毛，与猫皮同。鸡色黑，产卵，与吾国之卵无异，宜于食。”原注：“斡朵里克行经福州时，亦言有此鸡，谓其无羽，与吾辈之母鸡异，仅有毛，类羊毛。此种鸡中国各处几尽有之，其名曰丝毛鸡，或乌鸡。”该书第155章“福州之名贵”，原注：后数年，斡朵里克至福州时，叙述甚前，仅言周围有三十里，其地公鸡较他处为大，母鸡色白如雪，无羽而有毛。又《马可波罗游记》第30章，记载内容与此相似。明代杰出医学家李时珍(1578)的《本草纲目》中写到：“泰和老鸡……产于江西泰和吉水诸县”，又说：“乌骨鸡有白毛乌骨者，黑毛乌骨者，斑毛乌骨者，有骨肉俱乌者，肉白骨乌者，但观鸡舌黑者，则骨肉俱乌，入药更良。”这些资料说明，丝羽乌骨鸡在700年前即已存在。另查考有关产区县志的记载，也至少已有200年的历史。

产区地处亚热带及南亚热带，农产品丰富多样，饲料资源充足，群众素以养鸡为家庭副业。特别是在过去交通不便、缺医少药的年代，当地农户多养有丝羽乌骨鸡，作为补品满足治病之需。丝羽乌骨鸡还以其性情温驯、不善飞跃、适应性强且外形美观、肉质鲜嫩而深受人们所喜爱,并曾视为珍贵贡品,因此这一独特的鸡种经数百年的历史,至今仍得以保存。

3. 体型外貌

(1)外貌特征　丝羽乌骨鸡头小,颈短,脚矮,结构细致紧凑,体态小巧轻盈,在国际标准品种中被列为观赏型鸡。

丝羽乌骨鸡外貌与其他鸡种有明显的不同,标准的丝羽乌骨鸡可概括为具有十大特征,又称"十全"。

桑葚冠:冠状属草莓冠类型,公鸡比母鸡略为发达。鸡冠颜色在性成熟前为暗紫色,与桑葚相似,成年后则颜色减退,略带红色,故有"荔枝冠"之称。

缨头:头顶有冠羽,为一丛缨状丝羽,母鸡羽冠较为发达,状如绒球,又称"凤头"。

绿耳:耳叶呈暗紫色,在性成熟前现出明显的蓝绿色彩,但在成年后此色素即逐渐消失,仍呈暗紫色。

胡须:在颌下和两颊着生有较细长的丝羽,俨如胡须,以母鸡较为发达。肉垂很小,或仅留痕迹,颜色与鸡冠一致。

丝羽:除翼羽和尾羽外,全身的羽片因羽小枝没有羽钩而分裂成丝绒状。一般翼羽较短,羽片的末端常有不完全的分裂,尾羽和公鸡的镰羽不发达。

五爪:脚有五趾,通常由第一趾向第二趾的一侧多生一趾,也有个别从第一趾再多生一趾成为六趾的,其第一趾连同分生的多趾均不着地。

毛脚:胫部和第四趾着生有胫羽和趾羽。

乌皮:全身皮肤以及眼、脸、喙、胫、趾均呈乌色。但实际上乌黑的部位和程度,有时随不同个体而稍有差异。

乌肉:全身肌肉略带乌色,内脏膜及腹脂膜均呈乌色。

乌骨：骨质暗乌，骨膜深黑色。

现在也存在一些不全具备这“十全”标准的丝羽乌骨鸡和单冠、胫、趾无小羽等类型。

(2)体重和体尺　丝羽乌骨鸡的体重、体尺随产区的生态环境与饲养管理条件不同而异。据福建、江西两地测定的资料，成年丝羽乌骨鸡的体重和体尺如表 2-69 所示。

**表 2-69　成年丝羽乌骨鸡的体重和体尺**

| 产区 | 性别 | 体重(g) | 体斜长(cm) | 胸宽(cm) | 龙骨长(cm) | 骨盆宽(cm) | 胫长(cm) |
|---|---|---|---|---|---|---|---|
| 福建 | 公 | 1 810 | 20.67 | 7.81 | 11.46 | 8.42 | 10.34 |
| | 母 | 1 660 | 18.97 | 7.22 | 10.28 | 8.01 | 8.66 |
| 江西 | 公 | 1 300 | 15.98 | 5.37 | 9.33 | 6.52 | 9.04 |
| | 母 | 970 | 13.82 | 4.52 | 7.94 | 6.87 | 7.36 |

4. 生产性能

(1)产肉性能　丝羽乌骨鸡的生长进度与种鸡的体重、蛋重和饲料营养水平密切相关。现将两个产区测得不同日龄的平均增重列举如表 2-70 所示。

**表 2-70　丝羽乌骨鸡的生长期各阶段体重**　g

| 产区 | 性别 | 初生重 | 30 日龄 | 60 日龄 | 150 日龄 |
|---|---|---|---|---|---|
| 福建 | 公 | 32.0 | 190.0 | 420.0 | 1 460 |
| | 母 | 31.0 | 180.0 | 390.0 | 1 370 |
| 江西 | 公 | 27.0 | 131.6 | 307.0 | 913.8 |
| | 母 | 26.6 | 118.8 | 258.4 | 851.4 |

据江西省畜禽品种资源调查组对成年鸡的屠宰测定，公鸡半净膛率为 88.35%，全净膛率为 75.86%；母鸡分别为84.18%和

69.5%。另据福建省泉州市畜牧兽医站对7月龄丝羽乌骨鸡的屠宰测定,公鸡全净膛率为67.74%,母鸡为57.14%。

(2)产蛋性能和繁殖性能　据两个产区调查、测定,其产蛋性能和繁殖性能如表2-71所示。

**表2-71　丝羽乌骨鸡的产蛋性能和繁殖性能**

| 项目 | 产区 | |
|---|---|---|
| | 福建 | 江西 |
| 开产日龄(天) | 205 | 170 |
| 年产蛋数(枚) | 120～150 | 75～86 |
| 平均蛋重(g) | 46.85 | 37.56 |
| 蛋形指数 | 1.34 | 1.36 |
| 每窝产蛋数(枚) | 15～20 | 6～9 |
| 就巢持续天数(天) | 14～21 | 20～50 |
| 公、母配种比例 | 1∶6 | 1∶(15～17) |
| 种蛋受精率(%) | 87 | 89 |
| 受精蛋孵化率(%) | 84.53 | 75～86 |
| 60日龄育雏率(%) | 91.2 | 78～94 |

5.评价和展望

丝羽乌骨鸡是我国古老的优良地方鸡种之一。它具有独特的体型外貌,国外列为观赏用鸡,其"乌皮、乌肉、乌骨"的特点,是中医医治妇科病药"乌鸡白凤丸"的主要原料,在国内被作为药用鸡,经济效益较高。目前,其生产性能仍相当低劣,急需提高。今后各保种场在纯系繁育的基础上,分别进行不同品系的定向培育,并开展品系杂交配套试验,尽量杜绝纯合基因的外流。

**(三十一)黄凤鸡**

黄凤鸡,又名黄羽乌骨鸡,是我国宝贵的品种资源,也是世界稀有珍禽。黄凤鸡主要源于乌鸡的基因突变个体,经4个世代的系统选育，已形成繁育基本种群。

黄凤鸡全身羽毛黄色，体型较大，体态紧凑，性情温顺，外貌奇特艳丽，紫冠绿耳，丛冠黄凤头，五爪毛脚，两颊生须，羽毛金黄，很是惹人喜爱。

黄凤鸡成年公鸡体重 2～2.5 kg，5 月龄开啼。母鸡体重 1.7～2.2 kg，6 月龄开产，年产蛋 120 枚，蛋重 46.85 g，蛋壳呈粉色，种蛋孵化期 21 天。

黄凤鸡肉质乌黑，味香鲜美，口感极好，且营养丰富，为上等滋补佳品。经测定，黄凤鸡的主要指标与优良品种泰和乌鸡相近，而锌和硒的含量比泰和乌鸡高。其乌性远远超过泰和乌骨鸡，乌性率达到 85%以上。故黄凤鸡具有滋阴补肾、生血补气、强身健体之功用。

时下，少量黄凤鸡面市后，引起国内外有关方面的高度关注，日本、东南亚、意大利等国客商纷纷寻找货源。在上海市场上，黄凤鸡备受消费者青睐，极为畅销。预计在今后几年内需求会很大。所以，开发和发展黄凤鸡养殖具有很好的市场前景。

黄凤鸡具有以下特点：

(1)适应性强　黄凤鸡适应性广，抗逆性强，具有较强的抗寒和耐热机能。在炎热和寒冷的天气下，种鸡能正常产蛋。虽幼雏适应力较差些，但饲养到中雏后其适应力较强。凡能养一般家鸡的地区终年都能饲养黄凤鸡，既适宜工厂化笼养或棚养，也可利用果园、山坡等地放养或圈养。

(2)食性广杂，生长快　黄凤鸡喜食五谷杂粮、青草、牧草和青菜叶。

用普通饲料加青草、菜叶即可喂养，一般草类饲料占其日粮的 30%左右。

若喂配合饲料或全价颗粒饲料，其生长速度更快。成年产蛋鸡每天采食全价颗粒饲料 60 克，比普通家鸡节约饲料 50%。从出壳到 3 月龄肉料比为 1∶3.1，体重可达到 1～2 kg。

（3）抗病能力强，成活率高 只要按程序进行雏鸡免疫，保持鸡舍内清洁干燥，调节好温度及密度，保证充足清洁的饮水，黄凤鸡就极少生病。其种蛋受精率和孵化率均为 85%左右，育雏和育成率均达 90%。

# 第三章　土鸡的繁育

土鸡的繁育，是优质土鸡生产中必不可少的关键环节，也是加速品种优良化的重要手段。为了保证土鸡的高产、稳产、优质，巩固其固有的适应性广、耐粗饲、抗病力强等优良性状，就必须高度重视鸡的种质，开展正确的选种选配工作，采取先进的现代繁殖技术，结合科学的饲养管理措施，以保证鸡种的生产性能不断提高。如果不注重土鸡的繁育，高产的品种品系也可以退化，致使生产性能下降，抗病力减弱，严重影响优质土鸡生产的经济效益。因此，繁育是优质土鸡生产中一项必不可少的重要工作。

## 一、土鸡的现代繁育方法

现代优质土鸡的繁育方法包括家系育种法、近交系育种法、核心群育种法、合成系育种法和正反反复选择法。

### (一)家系育种法

家系分为全同胞家系和半同胞家系。全同胞家系指同父同母的后代组成的家系。半同胞家系指同父异母或同母异父的后代组成的家系。现代育种实践中多采用半同胞家系育种法。利用家系育种法，形成一个优良的家系，然后闭锁繁育，进一步选育一个专门化品系。家系育种法的特点是培育出一个具有一定亲缘关系的家系，亲缘关系不宜太近。家系内各个体表型值在相同环境条件下产生的偏差可以在家系平均值中抵消。因而家系平均值接近于平均育种值。可根据平均表型值评定家系的优劣。因此，家系育种法适合于对遗传力低的性状(产蛋量、受精率、孵化率和生活力等)的选择。

### (二)近交系育种法

近交系育种法是20世纪50年代培育专门化品系用于品系杂交配套生产商品杂交鸡采用的育种方法。近交是有较近亲缘关系的公、母鸡之间的交配。鸡的近交系培育中易于获得全同胞,故近交系的培育多采用全同胞交配,经2～6代,使近交系数达到0.375以上。在近交的后代中选择符合育种目标的个体组群封闭形成近交系。但近交也可使有害隐形基因纯合,随着近交程度增大,生活力下降,死亡率升高,育种实践中应严格淘汰不符合育种目标的个体和有害隐形基因纯合体。近交系培育成功后,闭锁群内应采用温和的近亲交配,以巩固近交系的特征性能,近交系选育时要选择20～30个家系。杂交组合实验同时进行,既可以尽早选出最佳杂交组合,也可缩短育种周期和降低饲养近交系的成本。

### (三)核心群育种法

核心群育种法也称纯系育种法。包括家系育种法选育成功的家系闭锁繁育和近交系育种法育成的近交系的闭锁繁育,但也可以将具有共同优秀性状,而无亲缘关系的公、母鸡组成一个核心群闭锁繁育和选择育成一个新品系。总的来说,核心群育种法的主要目的是保纯,其次是培育新品种。

### (四)合成系育种法

合成系育种法是商业育种常用方法之一,与核心群育种法的组群相似,但优秀个体可来自不同的品系和品种。具体方法是利用几个具有所希望特定特点的品种或品系,利用杂交试验合成一个具有这些特定特点的新品系。

### (五)正反反复选择法

正反反复育种方法是结合杂交组合进行的一种选育方法。该方法只从两个基础系中依性能特征特点不同分成A、B两个品系,第一年把A、B两系公、母鸡按配种分正反两组杂交;第二年根据正反杂交结果，选出好的杂交组合，用该组合 A、B 两系纯繁；第三年将第二年繁殖的优秀的 A、B 两系纯繁鸡，又按第一年正反两组相互杂交；第四年重复第二年的纯繁工作。如此正反反复选择形成两个新的品系，而且彼此具有很好的杂交配合力，可正式运用于生产。立陶宛的育种家从 1968 年起改进了正反反复选育法，把纯系分成两部分：一部分进行纯繁，另一部分进行正反杂交，然后孵化纯繁的后代，这样在同一年内就得到同一母鸡的杂种后代和纯种后代。经过改进的选育方法使时间缩短了一年，能较快地选育配合力好的配套系。这就是国内所称的“双选法”。

## 二、土鸡的主要选育性状

土鸡育种过程中既要重视经济性状选育，又要重视质量性状选育。

### （一）土鸡主要经济性状

土鸡主要经济性状包括肉用性状、产蛋性能、生活力和饲料消耗比等。这些性状都是数量性状，数量性状是连续变异和受多基因控制的性状，遗传力很低，受外界条件影响较大。

#### 1. 早期体重

土鸡一般在 90 日龄上市，要求体重达到 1～1.5 kg，这一性状的遗传力为 0.45，通过个体选择就可取得成功。

#### 2. 成年体重

成年鸡的体重影响后代的早期体重，成年鸡体重的遗传力为 0.55～0.65，可以通过个体选择取得较好的效果。

#### 3. 早期生长速度

早期生长速度是土鸡的重要经济性状，应该在 6～8 周龄时选种。土鸡早期生长速度的遗传力为 0.4～0.5，个体选择效果较好。

4. 屠宰率

屠宰率指屠宰重占活重的百分比，是肉用性能的重要指标之一，遗传力为0.2～0.6，一般通过同胞鉴定进行间接选择。

5. 肉质

肉质是土鸡重要的经济性状，但肉质以嫩、滑、色、香、细等感官指标评定，选择应以市场需求及食品卫生标准为准。

6. 产蛋量

产蛋量既受本身遗传基础的影响，更与饲养管理与环境条件有关，遗传力较低。土鸡产蛋率较低，是需要重点改进的性状，采用专门化品系选育有望提高其产蛋量。

7. 蛋重

蛋重是影响蛋用型土鸡质量的重要经济性状，土鸡蛋较轻，可通过选择来改进，也可通过杂交来提高土鸡的蛋重。

8. 受精率和孵化率

受精率和孵化率主要受饲料管理和环境条件影响，遗传力很低，但保存土鸡的繁殖性能是重要的。

9. 饲料转化率

饲料转化率与品种有关，不同品种、品系，在同样饲养管理条件下，饲喂同一种饲料，所产的蛋和增加的活重不同。饲料转化率遗传力高，一般为0.2～0.6。

10. 生活力

生活力在很大程度上受饲养管理条件和外界环境条件影响，但在相同条件下，不同品种、品系或家系，在生长、发育、死亡和抗病力上有差异。近交降低生活力，杂交提高抗病力。鸡生活力的遗传力一般为0.05～0.10。

**(二)土鸡的重要质量性状**

1. 羽色

土鸡的羽色主要有黄羽、黑羽、麻羽、浅花羽、芦花羽、灰羽、白羽、栗羽等。鸡的羽色种类繁多，主要受多种基因控制，在遗传上遵循遗传规律。

2. 肤色

鸡的肤色分为白、黄、灰和黑色。市场上欢迎的肤色为黄色、灰色和黑色。肤色的遗传受基因控制。

3. 胫色

胫色是消费市场上的新要求，青胫鸡和黑胫鸡的价格高于黄胫鸡，研究表明淡色胫对黑色胫为显性。

4. 羽速

土鸡大多为慢羽，对快羽为显性伴性遗传。

5. 胫长

胫长在土鸡育种中选用矮小型基因，是隐形伴性遗传，易于选择。

6. 凤头

凤头也称缨头，受毛冠基因控制。凤头对非凤头为不完全显性。

7. 冠形

鸡的冠形复杂，常见的有单冠、豆冠、玫瑰冠、桑葚冠等。现代商品杂交鸡都是单冠，非单冠是土鸡的标志性性状。

8. 体型

体型性状的遗传力高，采用外貌鉴定选择有一定的进展。体型性状是土鸡的重要经济性状之一，体重大小、肌肉丰满程度、羽毛色泽、胫的长短和粗细、尾翘程度、头的大小等均关系到体型性状。优质肉鸡的体型一般分为大、中、小 3 种。不同品种和不同地区消费者的消费习惯对体型要求不一，其中以头小、颈短、胸宽、胫短、胫细、羽毛完整光亮、胴体丰满的小型鸡最受欢迎。

## 三、种用土鸡的选择

### (一)种鸡选择的基本原则

1. 种公鸡选择的原则

(1)选择种公鸡的重点,应考虑同胞的性能,品种的特征,结合专门化要求进行选留。

(2)同一只母鸡的后裔中,留 1 只公鸡作种用,1～3 只作后备公鸡,个别优秀的母鸡可留 2 只或 3 只后裔公鸡作种用。

(3)同一只优秀公鸡的后裔中,可选 3 只或 4 只优良的公鸡作种用,最多不超过 5 只。

(4)母鸡应有 4 只同胞姐妹,才能留同胞兄弟公鸡。

(5)至少要从 1/2 的家系中选留公鸡。

(6)老公鸡选留比例可占选留公鸡数 10%左右。

(7)个别家系性能虽差,但同胞性能特别好的,也可考虑选留同胞公鸡。

2. 种母鸡选择的原则

(1)按选育的方向进行选留。

(2)同一母鸡的后裔,只要符合标准,数量可不限。

(3)选留的母鸡出雏率应在 80%以上。

(4)根据各群的平均数,应选出 50%的优良个体,再从其中选出所需要的种鸡数。

### (二)根据记录资料选择与淘汰

1. 根据本身性能成绩选择与淘汰

种鸡本身的性能成绩是选择鸡的重要依据,选择时应注意:

(1)个体本身性能成绩的选择,只适宜遗传力高的形状。

(2)评定一个个体的优劣,必须详细地把所有优劣性状综合起来对比考虑。

(3)个体鉴定除母鸡鉴定外,应特别注意公鸡的鉴定。

(4)种母鸡的选择应根据鸡群平均数的高低进行,而种公鸡则以个体鉴定为主。

2. 根据系谱资料选择与淘汰

根据系谱资料进行选择,特别对无生产性能记载的母鸡或公鸡具有重要意义。

在运用系谱资料选择与淘汰时,血缘越近,影响越大。一般着重比较亲代和祖代,而在实践过程中,极容易忽视祖代的鉴定。祖代性能的优劣,能通过遗传而对子孙发生影响,且判断种鸡纯合程度,必须从祖代鉴定。

3. 根据全同胞和半同胞的生产成绩选择与淘汰

选择种鸡尤其是选择公鸡,由于其本身不产蛋,在尚无女儿产蛋时,其产蛋性能可根据它的同胞和半同胞平均产蛋成绩加以鉴定。

4. 根据后裔成绩选择与淘汰

选出的种鸡,能否将优良的性状真实、稳定地遗传给下一代,只有通过后裔鉴定才能确定。根据后裔成绩选择与淘汰,这是记录成绩选择的最高形式。但后裔鉴定也有一些问题应予以注意。

(1)根据后裔成绩鉴定种鸡,此时种鸡的年龄至少已在 2.5 岁以上,利用时间已不多,仅能用于建立优秀的家系。

(2)家系间进行交配时,可以突然出现一些很优良的后代,但是再用同样方法进行交配时,这种优良的后代却无法获得了。这种现象说明,种鸡本身存在不纯的、不稳定的基因组合。因此,实际工作中只配种一次是没有决定意义的。

**(三)根据外貌特征选择与淘汰**

优质种用土鸡的外貌选择有一定的标准,但标准也不是绝对的，因为表现型并不等于基因型，表现的每一种性状，与其内在遗传物质基础往往存在一定的差异。种鸡每个外表性状并不都能真实地传给后代，因此国际上对鸡群进行外貌选择时，一般选择全群总数的15%～25%，严格的选择仅为16%～18%。

**(四)多性状选择方法**

1. 顺序选择法

即在一个时期内只选择一个性状，达到改进后再选择第二个性状。选择还可以反复进行，直到所选的各个性状都达到要求。这种选择法对某一性状来说，遗传性状是较快的；但就多个性状而言，遗传进展较慢；而当性状之间存在负相关时，一个性状提高后，将导致另一个性状下降，因此使用上有一定的局限性。

2. 独立淘汰法

对选择的每一个性状，规定一个最低的表现值，个体必须符合各个性状的最低表现值才能留作种用，只要有一个性状达不到最低表现值的要求就予以淘汰，此法的优点是：

(1)对所改良的性状，在使用的时间和精力上，与所取得的成效相比，较顺序选择法效率高。

(2)可防止因偏选所引起的不良后果。

(3)在鸡的不同生长阶段和年龄，随时可以进行选择，减轻选择任务的负担。

该法的主要缺点是：在遗传结构混杂的鸡群中，某些优秀个体会因某一特性达不到规定标准而被淘汰。

3. 选择指数法

将所要选择的几个性状应用数量遗传学的原理，综合成一个可以相互比较的数值，作为选择性状综合数据，这个数据就是选择指数，以此为依据进行性状选择。

## 四、种用土鸡的选配

### (一)选配的类型

优质种用土鸡的选配，就是把选出的优秀种鸡，有目的、有计划地进行公、母配对，使优秀的性状遗传给后代。选配恰当，就可以充分发挥种鸡的作用，所以选配是选择的继续。选配是否恰当，又要依靠选择来判断。因此，选择又是选配的继续。选配分为3种类型。

1. 同质选配

将生产性能等性状相似或特点相同的个体组成一群，称为同质选配。这种选配方式，可以增加亲代与后代和后代全同胞之间的相似性，增加后代基因的纯合性。但是，这种方法容易造成近交的增加，而且变异相对减少，长期选择时遗传进展很快就会衰竭。同质选配又可分为基因型同质选配和表现型同质选配两种。基因型同质选配是以谱系、家系的资料为依据判断具有相同基因型的交配。表现型同质选配则是在不了解系谱资料的条件下，只根据个体具有相似表现型进行选配。

2. 异质选配

异质选配，就是选择具有不同生产性能特点或性状的优良公、母鸡交配。这种选配可以增加后代杂合基因型的比例，降低后代与亲代的相似性，从而改善父、母代某一方的不良性状，或将父、母代的不同优良性状结合在一起，获得兼备双亲不同优点的后代，但后代的个别性状可能介于亲代之间。异质选配很少出现向性状两极发展的倾向。选配方式可分为两种：

(1)基因型异质选配　根据谱系、家系等资料来判断配种双方无亲缘关系，且具有不同生产性能特点和其他性状的交配，其目的是使后代获得具有亲代双方的优点，或有意识地利用某一方的优点。

(2)表现型异质选配　只根据表现型性状而不查谱系和血缘的选配。这只是具有不同生产性能的表现型性状的选配，而不是利用一方的优点去纠正另一方缺点的配种。

3. 随机交配

这种选配方法不用人为控制，随机组群，让公、母鸡自由交配，其目的是为了保持群体的遗传结构不变。随机交配在品种资源的保存或群体建系时都需运用。但随机交配不是无计划的乱交乱配，它只是在大群体配种繁殖的情况下才能发生，而且鸡群中的公、母个体有同等机会，自由进行交配。如果公、母鸡个数太少，那就容易发生近交，终因随机交配而失去某些基因。

**(二)配种年龄、配偶比例与利用年限**

1. 配种年龄

优质种用土鸡适宜的配种年龄约在母鸡开产后 2 周，且还要依蛋的大小而定，一般要求蛋重应在 45 g 以上。当然也要结合品种或品系特点加以确定。

2. 配偶比例

现代化的优质种用土鸡大部分都采用人工授精的方法进行配种，公鸡数占母鸡数的 3%～5%即可。对于采用自然配种的鸡场应保持适当的配偶比例，以保持较高的受精率。如果配偶比例不当，母鸡过多，则得不到公鸡配种；若公鸡过多，则会产生争偶现象，结果都会使种蛋的受精率降低。据实践经验，优质种用土鸡的公、母配种比例为 1：(12～15)，在正常情况下，种蛋受精率可达 90%以上。

3. 种鸡的利用年限

优质种用土鸡一般在性成熟后，第一个产蛋年的产蛋量最高，第二个产蛋年下降 15%～20%，第三个产蛋年下降 15%～28%。因此，一般种鸡场，种鸡利用时间都较短，常采用全进全出制，鸡群在一个产蛋周期后即予以淘汰处理。

**(三)配种方法**

鸡的配种方法，一般采用大群配种和小间配种。在育种上还经常使用个体控制配种、同雌异雄轮配和人工授精等配种办法。

1. 大群配种

根据品种和类型的不同，把一定数量的母鸡，以适宜的性别比例配入一定数量的公鸡，每一只公鸡和每一只母鸡都有均等的机会自由组合交配，采用这种配种方法，可使种蛋受精率较高，但无法知道雏鸡的父母，一般仅用于繁殖场。群体的大小以鸡舍和繁殖规模的大小确定。2 年以上的公鸡配种能力差，受精率下降，不宜作大群配种用。

2. 小间配种

一个配种小间，放入 1 只公鸡和 12～15 只母鸡。公、母鸡均编脚号或带肩号，舍内配置自闭产蛋箱。种蛋要记上配种编号数和母鸡脚号或肩号，这样就能清楚地知道雏鸡的父母，利于建立系谱。此法常被育种场采用。若公鸡生殖功能不正常，或对母鸡有选择性时，则会影响受精，应注意检查。

3. 个体控制配种

个体控制配种就是把 1 只种公鸡独自养在配种间内，把第一只母鸡放入，待公、母鸡交配后即将母鸡移出，然后依次放入第二只、第三只母鸡。为了取得高的受精率，每只母鸡必须每 5～7 天放入配种间交配一次。采用此配种方法的目的是为了充分地利用特别优秀的公鸡，但费力费时。

4. 同雌异雄轮配

同雌异雄轮配是采用 1 只母鸡(有的用 12～15 只母鸡)与不同公鸡轮流交配，目的是为了多得到几个配种组合或父母家系或鉴定参与配种公鸡的优劣。具体做法是：配种开始后，第一只公鸡在配种间内配种 2 周后移出，空 1 周不放公鸡，于第三周末的午后，用第二只公鸡的精液给参配母鸡人工授精，间隔2天，于第二天上午放入第二只公鸡，前3周的种蛋孵化所得雏鸡量是第一只公鸡的后代。第四周前3天的种蛋不做孵化用，从第四天起就是第二只公鸡的后代。采用此法，轮配一次，一个配种间在一个多月内就能得到2只公鸡的后代。可按上述做法，放入第三只公鸡并获得它的后代。

## 五、种质资源的保存和利用

随着集约化养禽业的发展，必须建立专门化的品系，通过品系配合力的测定，确定最佳的配套杂交组合，利用配套杂交鸡生产商品鸡和商品蛋。可以说，目前所有高产配套系实际上都是合成系。由于追求利益，许多生产性能低和配合力不好的品种、品系和种群，无法与专门化配套系相比而被取代。结果这些鸡的数量明显减少，育种工作也就无法维持而萎缩。有些品种群已濒临消失乃至绝种。许多地方品种也走向消失的边缘。特别是国外鸡种的引进，对我国地方鸡种的冲击很大。

鸡种数量急剧减少和消失的原因是多方面的，没有竞争能力，经济效益低是主要原因之一，没有专门的保育场和育种场也是一个原因。如不采用有效措施对这些鸡种加以保护和保存，很快就会被高产鸡种所取代，最后从人类的经济生活中消失。这些鸡种虽然目前还不能适于集约化饲养，但它们具有适应性好，对饲养管理条件要求不严，抗病力强，蛋品质好等特点。随着育种的发展和新配套系的进一步增加，需要有新的多样化的遗传素材加入。目前所用的高产配套系只是少数的鸡种，长期利用会使遗传多样性的减少。必须从别的鸡种中引入新的基因。可见，地方品种和其他目前还不能用于生产的储备种群的保存，是当代养禽业的重要任务之一。

鸡品种资源的育种工作，由它们的遗传多样性来决定。因此，育种方法应能保证把它们在长期繁殖下固有的有价值的品质保存下来，以便进一步利用。在鸡种数量过少的情况下长期繁殖，不可避免地会改变鸡种的表现型和基因型的特点。这样，确定最起码的保种数量和最适宜的公、母比例，做到既不导致近交系数的过快增长和基因的突变，又能节省保种费用，就成为保种工作的重要任务。目前的保种工作大致可以分为3类：

第一，适于集约化饲养的专门化配套系。要保持这些品系已取得的生产性能水平，可用定向选择的方法和繁殖方法，特别是遗传上有加性特征的形状如体重、蛋重等，应用配套系原来所用的选择。经配合力测定过的高产专门化品系，最后用家系选择法来保持其种质。每个品系至少有25～30个家系，每个家系要有50个以上的后代，并做个体生产性能的记录。

第二，未具集约化生产意义，但可在一般非专门化鸡场利用的品种和品种群。要保持这些鸡种的种质，可用大群选育的方法。

第三，数量少并濒于消失的稀有品种群体。

保存后两类鸡种要注意它们的生产性能表现、羽色、皮色和冠形等。为保持鸡群基因型的多样化和避免近交的不良影响，必须保证群体的有效数量。国外保种工作的实践证明，要长期保持鸡种最起码的群体数量，应有母鸡120只，公鸡40只。若公、母比例窄到1∶1或1∶2时，也可把鸡群的数量减少，但在自由交配情况下，发现鸡的死亡、淘汰率很高。认为最佳群体的数量为母鸡250只，公鸡50只。最佳留种繁育期应放在35～39周龄，因为此段时间正值母鸡的产蛋高峰期，蛋的品质也好。这样保证绝大多数鸡都能有后代，从而保存基因型的多样化，但也不能担保所有的母鸡都能得到相同数量的后代。在此情况下，最好考虑使每只鸡的入孵蛋数大致相等。当群体数量不多时，采取这种办法就特别重要。为防止近交不良影响，最好将保种鸡分成几个小群，每年顺时针方向交换公鸡，如第一组公鸡与第二组母鸡交配，第二组公鸡与第三组母鸡交配，第三组公鸡与第四组母鸡交配，等等。

保种是为了利用。要利用就必须选择。因此在保证每只母鸡都有大致相同后代的前提下，可以选择，只有这样才能保存整个群体的典型性。所以，保种工作不是很容易的事。目前我国还不可能把珍惜的鸡种集中到一个场去保存，主要靠行政部门抽出一定的资金支持保种工作，由科研机关与产地合作，开展保种工作的研究。

## 六、建立土鸡繁育体系

土鸡饲养长期以来以农户分散饲养为主，缺乏完整的良种繁育体系，这也是土鸡生产性能较低的原因之一。近几年来，受国内外市场对土鸡产品需求的引导，一些育种公司才开始涉足土鸡繁育体系的建立。育种公司用近交法或闭锁家系繁育法育出纯系鸡，这只是育种工作中走出的第一步。更重要的一步，是要进行品系间的杂交效果的测定，以决定哪个品系与哪个品系杂交的效果最好，哪个杂交组合生产的杂交鸡生产性能最佳。当代的高产杂交鸡，是通过纯系培育、配合力测定、品系配套、品系扩繁和杂交制种等一系列过程，才用于商业生产的。杂交鸡的培育过程，就是良种繁育体系的基本内容。这一体系包括育种和杂交制种两个部分。育种部分主要由育种单位收集育种素材，进行纯系的选育提高，通过配合力测定，筛选出优秀配套杂交组合。制种部分是根据参与配套品系的多少，逐级建立曾祖代场，祖代场，父、母代场和商品代场。良种繁育体系的建立是提供定型商品鸡的基础。土鸡良种繁育体系模式如图 3-1 所示。

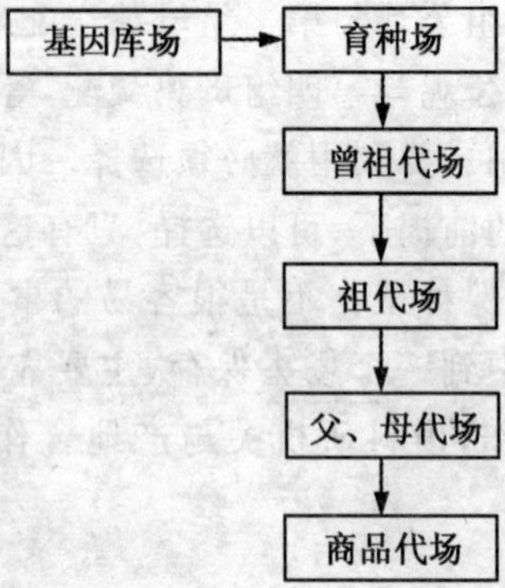


图 3-1 土鸡良种繁育体系模式

## 七、土鸡的人工授精

### (一)公鸡的生殖生理

公鸡的生殖器官主要由睾丸、附睾、输精管和退化的交配器构成。

(1)睾丸　睾丸有左右两个,位于腹腔脊柱腹侧,肾脏前叶下方,形似黄豆。其颜色、大小和质量常因品种、年龄和性机能活动而有变化,一般为淡黄色。地方土鸡种公鸡睾丸重 8～15 g。在自然条件下,成年公鸡在春季性机能特别旺盛,精子大量形成,睾丸颜色变白,体积变大。当性机能减退时则变小。睾丸不仅是精子生成的器官,而且还能分泌雄性激素,促进性发育。

(2)附睾　其前端接睾丸,后连输精管,位于睾丸内侧凹部。公鸡的附睾不发达。

(3)输精管　输精管左右各一条,为弯弯曲曲的白色小管,是精子成熟的场所,由前至后逐渐变粗形成一膨大部,此处储存有大量成熟的精子,输精管末端突出于泄殖腔内,成为圆锥状的输精管乳头。

(4)交配器官 公鸡没有真正的阴茎,只有退化的交配器。它位于泄殖腔第二、第三皱裂连接处,中间的白色球体为生殖突起,两侧围以规则的皱裂,呈"八"字状裂。生殖突起与"八"字状裂构成显著的隆起,称为隆起。公鸡交配时生殖隆起由于充血,勃起围成输精沟,精液从输精沟流入母鸡的阴道口。

刚孵出的公雏,生殖隆起比较明显,可以由此鉴别公、母雏。

当公鸡产生具有受精能力的精子时,即为性成熟。早熟品种如江西白耳黄鸡的公鸡 20 周龄达性成熟,而特别早熟的个体于 12 周龄时开始啼叫。我国大多数地方土鸡的性成熟较迟,一般在 25~28 周龄。

精子形成所需的时间在 28 天左右。如果饲养不当,造成精液品质下降,则会引起种蛋受精率、出雏率下降。从找出原因采取改善措施开始,大约 20 天以后才能使公鸡精液品质逐渐改变。

鸡冠、肉垂是公鸡的第二性征。均受雄性激素的影响。鸡冠生长与睾丸发育速度是一致的。所以,可根据鸡冠发育程度判断性成熟的早晚,但应注意品种及饲养管理条件的差异。

**(二)母鸡的生殖生理**

母鸡的生殖器官由卵巢和输卵管组成。成年鸡仅左侧的卵巢和输卵管发育正常,右侧卵巢和输卵管在早期个体发育过程中,已停止发育并逐渐退化。

(1)卵巢 卵巢位于腹线偏左侧,在肾脏前叶的前端。由卵巢系膜韧带吊于腹腔背侧。卵巢由含有卵母细胞的皮质和内部的髓质构成。性成熟时,母鸡的卵巢呈葡萄状,上面有许许多多不同发育阶段的白色卵泡。每个卵泡含有 1 个卵母细胞。1 个成熟的卵巢,肉眼可见 1 000~1 500 个卵泡,在显微镜下可观察到更多,约 12 000 个。但实际发育成熟而排卵的为数很少。成年母鸡产蛋时卵巢重40～60 g,休产时仅4～6 g。卵巢除产生卵子外,还能分泌雌激素,促进输卵管的生长,使耻骨及肛门开张、增大以利于产蛋。

(2)输卵管　输卵管是一个弯曲的长管,富有弹性,管壁有许多血管。前端开口于卵巢下方,后端开口于泄殖腔,共分5个部分:漏斗部、膨大部、峡部、子宫和阴道。处于产蛋期的母鸡输卵管粗而长,几乎占满左侧腹腔,重约75 g,长约65 cm。

**(三)鸡人工授精技术的优越性**

(1)提高受精率。据报道,美国笼养母鸡人工授精的种蛋受精率高达96.2%。在我国优质土鸡饲养业中,人工授精的种蛋的受精率也高达93%以上,明显高于自然交配的鸡群。

(2)扩大公、母鸡比例,提高公鸡的利用率,节约成本。据报道,1只公鸡每隔1天采精1次,1周内可输给60～70只种母鸡,从而提供了优质种公鸡的利用率,减少种公鸡的饲养量,因而采用人工授精技术生产种蛋,可以降低生产成本。

(3)可以克服因公、母鸡个体体重悬殊难于交配的困难。在公鸡受伤无法进行自然交配时,特别是对优秀个体,采用人工授精技术后,就能使该优秀个体得到充分利用。

(4)增加配种实验的准确性和可靠性。在进行对比试验时,因采用人工授精可以减少与配公鸡个体间差异,增加配种实验的准确性和可靠性。

(5)种母鸡可以笼养,使产蛋性能的记录更加准确,促进育种工作的进展。笼养可使种鸡生产过程完全机械化,与平养比较,生产种蛋的饲料消耗可以减少10%～15%。

由于扩大公、母鸡比例,因而可得到大量同一日龄的后代,在短期内更可靠地按后代品质鉴定公鸡,另外还可以加速公鸡的调换。

(6)避免或减少性器官疾病的传播。

(7)冷冻精液的使用,可以使配种不受种公鸡的生命限制。公鸡死后,利用冷冻精液,可以达到品种或品系复制的目的。目前有些国家正在考虑成立"精液银行",扩大基因库。

(8)有利于优良品种或品系公鸡精液的交换。有利于国内及国际间优良品种或品系公鸡精液的交换,打破时间、地区或国界的限制。

**(四)公鸡的采精技术**

1.采精前的准备

采精前公鸡应与母鸡分开,实行个体笼养或小群饲养。用剪刀剪去公鸡泄殖腔周围的羽毛,避免影响操作和污染精液。采精前4小时应停食停水,避免采精时排出粪尿,集精杯应用蒸馏水洗净烘干后备用。

2.采精方法

采精方法有按摩法、电刺激法等,一般应用的是按摩法。采用按摩采精法操作时,一人用左右手分别将公鸡两脚握住,抓住翅膀尖,自然分开,置于右腋下,或靠着大腿使鸡头向后,尾部超前。术者先用百毒杀棉球消毒泄殖腔周围,然后进行采精。采精时候,术者先用右手中指和无名指夹住集精杯,杯口向下藏于手心内,避免按摩时集精杯受到污染,然后用左手从公鸡背鞍部向尾部方向按摩数次,引起性反应,待公鸡的尾巴向上翘时,左手迅速地转到尾羽下方,与此同时,术者的右手拇指和无名指迅速由龙骨末端的柔软部向泄殖腔方向按摩。待泄殖腔外漏时,右手的拇指和食指轻轻用力向上挤压泄殖腔,同时左手拇指和食指在泄殖腔的上侧向下压,待公鸡的退化交配器伸出而排出白色的精液时,迅速将右手夹着的集精杯口翻上,靠近交配器下缘,使精液流入杯内。平均每只公鸡可采得精液0.3 mL(0.1～1.0 mL),大型鸡种的精液量多些，轻型鸡种少些。

若公鸡体型偏大，也可采用一人采精的方法，即把公鸡按在地上，用右腿按住鸡身进行保定，然后术者用两手进行采精，方法同上。此种采精方法，已在生产上广泛应用。

采精用的公鸡要事先训练，一般训练3天左右，可建立性条件反射，好的公鸡无需训练，也可采得精液。有些公鸡即使经过长时间的训练，也排不出精液，或只排出极少量的精液，这些公鸡应予以淘汰。采得的精液必须进行评定，凡是精液品质差的公鸡也应淘汰。

### (五)鸡的人工授精技术

1.授精前的准备

将授精器(微量吸液器或输精枪)洗净，烘干备用，将采好的精液按所需的倍数先稀释好或用原液。采好的精液必须在30 min内使用完，品质差及被粪尿污染的精液不能作为人工授精用。

2.鸡的人工授精

土鸡的人工授精要比其他家禽容易，只要一人用左手将母鸡固定，右手的拇指放在母鸡泄殖腔左侧，另外4指自然并拢于泄殖腔下方，轻轻向前挤压，泄殖腔外翻，可见2个开口，中间的为直肠开口，左侧粉红色的为输卵管开口；另一人将吸好精液的输精器插入输卵管口内，输入所需的精液量即可。这种阴道输精法，是目前生产中应用最为普遍的方法。人工授精后第二天即可收到受精蛋，留作种用。

### (六)影响种蛋受精率的因素

1.精液品质

公鸡新鲜精液的pH值为7～7.6，正常精液为乳白色，被粪便污染的精液为黄褐色，尿酸盐污染的精液有白色絮状物，带有血液的精液为粉红色。污染的精液不可作为人工授精用。透明液少，精液浓，精子活力高的精液，其受精率就高。

2. 精液的保存与稀释

新采集的未经稀释的精液，在20～25℃条件下保存超过30 min，就影响其受精率。近10多年来由于对家禽精液的稀释保存进行了多方面的研究，使稀释精液在2～5℃保存24小时的受精率超过90%。在实际应用中，为了保证其受精率，仍要求采精后的精液在30 min内使用完。

精液稀释的目的在于：一是扩大精液量，减少损失；二是为了延长精子的存活时间。在室温下未经稀释的精液，由于精子代谢旺盛，能量迅速被消耗，同时由于乳酸的积累，从而改变了精液的pH值，导致某些酶的活性被抑制，使精子丧失活力甚至死亡。稀释液主要是为精子提供能源，保障细胞的渗透压平衡和离子平衡，提供缓冲液以防乳酸形成引起的pH值变化。此外，在稀释液中还要添加抗生素，以防细菌生长。用于冷冻的稀释液还要添加保护剂，防止低温打击作用。现有的稀释液配方多种多样，有的成分很复杂，但是用鲜精液人工授精时，只要采用简单的稀释液，如1%的生理盐水，5.7%的葡萄糖液以及鲜牛奶等即可。

实践证明，精液的稀释有利于提高受精率，稀释的倍数要依精液的品质（活力和密度）而定，一般是按1∶（3～4）倍稀释。

3. 授精时间

大量研究已经证明，早上授精蛋的受精率最低，下午和晚上的受精率最高，主要原因是子宫内有蛋时，精子在子宫内运行受阻。

4. 授精间隔与授精剂量

目前大多数是每隔5～7天授精1次，每次的精子数在5 000万以上，就可获得较高的受精率。为确保其受精率，第一次人工授精时，授入的计量要加倍，或者再重复人工授精1次。

5. 受精部位和深度

受精的部位和深度对种蛋的受精率有明显的影响。阴道受精有部分精液存留子宫颈处，而子宫受精则全部精子可以上行到输卵管伞部，因为子宫阴道联合处是精子在输卵管中向上运行的障碍，因此认为深部受精可以提高受精率。但是由于阴道子宫联合处有强有力的括约肌，深部受精的技术难度大，输卵管受到刺激，使卵巢和输卵管机能紊乱，易引起早产和停产。试验证明，深度受精时，会使大量的微生物带入子宫，因此，在大规模人工授精时，均采用阴道受精法，深度为 2～3 cm。

# 第四章 土鸡的孵化

鸡的胚胎发育是受精卵离开母体以后，依赖蛋中的营养物质，在适宜的条件下完成的，这个变化发育的过程叫做孵化。孵化是种鸡进行繁殖的一种特殊方法，分天然孵化和人工孵化两大类。利用有抱性（就巢性）的母鸡孵化种蛋，叫天然孵化；根据母鸡抱孵的原理，人工模仿并满足天然孵化的各种条件，并以此孵化种蛋，即人工孵化。天然孵化的鸡种蛋量少，不能适应养鸡业大规模发展的需要。因此人工孵化，特别是机械化和自动化的大型孵化机，在养鸡业中已得到大量使用，使孵化业变为工厂化生产与经营，从而有力地推动了养鸡生产。

鸡的孵化是优质土鸡生产中的一个重要环节。孵化成绩的好坏，不仅影响鸡的数量增长，而且直接影响雏鸡的质量及今后生产性能的发挥。为了获得理想的孵化率和健雏率，首先必须加强种鸡的饲养管理和繁育工作，提供优质种蛋，同时还要做好种蛋的保存、消毒、运输工作，掌握孵化技术，为鸡胚胎生长发育创造良好的环境，并定期检查和分析胚胎生长发育情况，采取相应的措施，这样才能达到预期的效果。

## 一、蛋的形成和构造

### （一）蛋的形成

鸡蛋是在母鸡的卵巢和输卵管中形成的。卵巢产生成熟的卵细胞（蛋黄），输卵管则在卵细胞外面依次形成蛋白、壳膜和蛋壳。

1. 卵巢和卵细胞

鸡的右侧卵巢已退化，只遗存左侧卵巢。鸡左侧卵巢为葡萄状，位于腰椎腹面、肾脏前叶。卵巢有许多发育大小不同的卵母细胞，肉眼可见的就有 2 000 个左右。卵细胞外面包围着卵泡，成熟的卵泡直径约 40 mm，卵泡有一个小柄与卵巢相连。卵泡上有丰富的血管，以供卵细胞发育所需的营养物质。卵细胞前期发育缓慢，后期迅速，卵细胞成熟需 7～10 天。成熟的卵细胞从卵泡中掉落，落入输软管的漏斗部(喇叭口)，这个过程称为排卵。

2. 输卵管

鸡的右侧输卵管已退化，只遗存左侧输卵管。左侧输卵管是一条弯曲、直径不同、富有弹性的长管，由输卵管系膜悬挂于腹腔左侧顶壁。输卵管由漏斗部、膨大部(蛋白分泌部)、峡部、子宫和阴道组成。

漏斗部位于卵巢正后方，产蛋母鸡长 40～100 mm，是精子与卵子受精的场所，输卵管的前端扩大呈漏斗状，向后逐渐过渡成为狭窄的颈部，颈部后接蛋白分泌部，颈部参与分泌形成系带。蛋白分泌部前接漏斗部，后接峡部。蛋白分泌部的分泌物是鸡蛋白。蛋白分泌部是输卵管中最长并呈弯曲的一段。

峡部前接蛋白分泌部，略窄，峡部分泌鸡蛋的内外壳膜。子宫前方以窄短的连接部与峡部连接，后部与阴道相连。鸡蛋在子宫停留时间长达 18～20 小时，形成蛋壳。阴道是位于子宫与泄殖腔之间的厚壁窄管，阴道不参与蛋壳的形成，而是暂时贮存精子的主要器官，精子在阴道内可贮留 10～14 天或更长时间。

**(二)蛋的构造**

鸡蛋与其他禽蛋在形状、大小和色泽上虽有差异，蛋构造上是基本相同的，都是由蛋壳、壳膜、气室、蛋白、蛋黄、系带、胚珠或胚盘等 7 个部分组成的。

1.蛋壳

蛋壳是包裹鸡蛋内容物的石灰质硬壳。蛋壳的厚度视鸡种、营养、季节、生理和遗传等因素不同而有差异,一般在0.26~0.38 mm之间。蛋壳部位不同,其厚薄也略有差异。蛋的锐端比钝端略厚些。蛋壳包括胶质层(也称胶护膜、壳上膜)、海绵层和乳头层。

(1)胶质层 紧贴在蛋壳外的一层胶质,是附在蛋壳表面的水溶性黏蛋白,在蛋产出后干燥而形成的一层薄膜。胶质层能封闭蛋壳的气孔,限制蛋内水分的蒸发,防止细菌或霉菌侵入蛋内,起一定的保护作用。但如果长期保存或洗涤,都可导致胶质膜溶解或脱落。鸡蛋入孵后,壳上膜逐渐去掉而使气孔畅通,从而增强鸡胚的气体交换。

(2)海绵层 是由结晶状的矿物质沉积在乳头层上一层层凹凸不平的硬质层,约占蛋壳厚度的2/3,具有相当的硬度和耐压力,能起固定蛋形和保护蛋内容物的作用,在孵化过程中可供给胚胎钙的需要。

(3)乳头层 在海绵层的下面,约占蛋壳厚度的1/3。它是由无数小圆乳头组成的一层薄膜层,作为海绵层的基础,是使蛋具有一定强度最主要的部分。蛋壳的相对密度为1.741~2.134,蛋壳上密布着许多气孔,气孔大小并不一致,直径4~49 μm不等。气孔的密度以蛋的钝端最大,它是鸡蛋的内外通道,能适应孵化过程中胚胎发育进行物质代谢和气体代谢的需要。

蛋壳还具有透视性,即把蛋放于灯光下便可观察到蛋的内部,便于进行蛋的品质检查和观察胚胎的生长发育。

2.壳膜

壳膜有内外两层,外层紧贴蛋壳叫外壳膜,内层直接与蛋白接触叫内壳膜。两层壳膜都有气孔,外壳膜的网状纤维结构纹理粗糙,形成的气孔较大,可通过微生物。内壳膜的网状纤维结构纹理紧密细致，形成的气孔较小，对外界微生物的侵入起一定的屏障作用。内壳膜只有在收到蛋白酶的破坏而使气孔增大时，微生物才容易侵入蛋内，引起内容物腐败变质。

3. 气室

蛋在母鸡输卵管内并没有气室，产出后由于蛋温逐渐下降，内容物收缩，使蛋的钝端内外两层壳膜分离而形成一个气室，产出后一天内的新鲜蛋的气室直径为 1.25～1.5 cm。放置的时间越久，内容物的水分散发也就越多，气室的面积便随之逐渐增大。故可借此鉴别蛋的新鲜和陈旧程度。当鸡蛋的气室增大到占整个蛋体积的 1/5 以上时，就失去了做种蛋用的价值。气室内充满着空气，可在孵化时给胚胎提供所需要的氧气。

4. 蛋白

蛋白位于壳膜之内，是一种带有黏性的半流动的白色透明体，可分为 4 层，即外层稀蛋白、浓蛋白(中层浓蛋白)、内层稀蛋白及紧靠蛋黄一层很浓的蛋白，称系带层浓蛋白。浓、稀蛋白的比例随鸡产蛋季节以及蛋保存时间变化而变化，且一般变化幅度较大。浓蛋白可占全部蛋白的 30%～80%，稀蛋白占全部蛋白的 20%～70%。陈旧的蛋，其稀蛋白的量有所增加。蛋白常呈碱性，蛋白内含有许多营养物质，可供鸡胚生长发育之需要。

5. 蛋黄

蛋黄呈半流动黄色球状，位于蛋的偏中心，由一层薄而透明的蛋黄膜包裹，富有弹性，以保护蛋黄的完整。陈蛋的蛋黄膜弹性减弱，稍受震动即可能破裂为散黄蛋。

蛋黄中心近似球形的中心体，称为中心白蛋黄体，从中心白蛋黄体向胚珠或胚盘伸出一个由浅色蛋黄形成的长瓶形颈，瓶口在胚珠或胚盘形成一个空腔，称为囊胚腔。整个蛋黄除了中心浅蛋黄体和瓶形颈外，就是由这样深浅两种蛋黄相间的同心层所组成的。各层深浅蛋黄都被瓶形颈所贯穿。蛋黄的深浅颜色相间是由于鸡体昼夜新陈代谢的节奏性不同而形成的。蛋黄呈酸性，密度略小于蛋白，所以容易上浮，引起“黏壳”。

6. 系带

系带为蛋黄两端的带状物，起着固定蛋黄位置的作用，使蛋黄位于蛋的中央，不与壳膜相接触，它是由黏蛋白纤维绞转而成的。在蛋的锐端，系带长而粗，它的纤维拧成两股向右绞转，蛋的钝端系带较短小，纤维拧成一股向左绞转。陈蛋的系带会逐渐变细而最终消失。

7. 胚珠或胚盘

蛋黄表面有一个淡白色小圆点称胚珠，受精后次级卵母细胞经过分裂即形成胚盘，比胚珠略大，内层透明而边缘混浊，是胚胎体外发育的起点。由于胚珠或胚盘密度较蛋黄小，因此总是浮在蛋黄的上面。

## 二、种蛋的管理

### (一)种蛋的选择

种蛋质量的优劣，不仅是决定孵化率高低的关键因素，而且对雏鸡质量、成鸡成活及生产性能等都有较大的影响。因此，孵化前必须根据以下各种要求，对种鸡蛋进行严格的选择。

1. 种蛋来源

首先注意鸡的品质，种蛋应选自遗传性状稳定、生产性能优良、繁殖力较高、未感染过传染病的健康种鸡群，特别是种蛋要求具有无经蛋传播的疾病，如白痢、传支、禽伤寒、鸡慢性呼吸道病等。并要求喂给的日粮营养完善，饲养管理正常，公母配种比例适当。一般讲，刚开产的种鸡所产的种蛋是不可能获得良好的受精孵化效果及优质雏鸡。鸡龄在一年以上，公、母配比适当的鸡群中母鸡所产的种蛋蛋黄颜色鲜艳，浓蛋白多，受精率较高。但由于目前苗鸡的价格较高，且对就巢性稳定的种鸡难选，因而很多饲养者往往饲养种鸡年限过长。但种鸡利用年限过长，不仅产蛋率下降，而且饲料转化率降低。同时种鸡产蛋年限过长会使所产种蛋的质量下降，后代成活率也受影响。有人希望种鸡一产蛋就能获得优质种蛋，这是不现实的。

2. 种蛋的新鲜程度

种蛋保存时间越短，蛋内营养物质变化越小，对胚胎生活力的影响越小，出雏率越高。一般以产后 1 周内的蛋作为种蛋为合适，其中以 3～5 天为最好；15 天的种蛋孵化率降为 44%～56%，出壳时间推迟 4～6 小时；1 个月的种蛋失去孵化能力。凡种蛋蛋壳发亮，壳上有斑点，气室大的蛋多为陈蛋，不宜用于孵化。此外还应注意，种蛋的新鲜程度除与保存时间有关外，还与保存的温度和方法密切相关。

3. 蛋的形状和大小

种蛋应选择大小合适、形状正常的椭圆形蛋。蛋重要符合种标准，过大则孵化率降低，过小则孵出的雏鸡弱小。过长、过圆或其他的畸形蛋，不宜用于孵化。否则，不仅孵化率低，而且还往往会孵出畸形雏鸡。

4. 蛋壳的结构

蛋壳要求致密均匀，表面正常，厚薄适度。蛋壳过厚，过硬，敲击时做钢铁声，俗名“钢皮蛋”，这种蛋孵化时受热缓慢，水分不易蒸发，气体不易交换，雏鸡破壳困难。反之，钙质沉淀不均匀，蛋壳过薄，俗称“沙壳蛋”，这种蛋容易破碎，水分蒸发快，孵化率低。蛋壳结构不均匀、表面粗糙、皱纹或凹凸不平的蛋均不宜作种蛋。

5. 蛋壳清洁度

蛋壳应保持清洁，如有粪便和杂物污染，易被病原微生物侵入，引起种蛋腐败变质，同时堵塞气孔，影响种蛋气体交换，污染孵化器，造成较多的死胎，降低孵化率。特别是在雨季，鸡舍泥泞，产蛋窝不能经常保持清洁干燥时，蛋的表面污染是比较严重的，所以要特别注意清洁卫生。如果有少数受轻度污染的种蛋要入孵，则必须做认真处理，如擦拭、洗涤、消毒等。不过，任何一种处理都不能达到理想的效果，一般应尽可能不作孵化用。

以上项目的检查大多属于肉眼外观检查方法。在挑选种蛋的过程中，还可结合听音、照蛋等选择种蛋的方法。如听音检查，使蛋与蛋之间轻轻碰撞，听有无破裂声音。凡破裂蛋不能用于孵化。照蛋透视种蛋，可以观察到蛋壳结构、蛋的内容物、气室大小等情况，凡裂纹蛋、沙壳蛋、钢皮蛋、陈蛋、气室异位蛋、散黄蛋、血斑蛋、肉斑蛋、双黄蛋等均应剔除。

**（二）种蛋的保存**

收集起来的鸡种蛋，往往不能及时入孵，需要保存一段时间。如果保存条件差，保存的方法不合理，也会导致种蛋的品质下降，影响孵化率。因此，应严格按照种蛋保存对环境、温度、湿度及时间的要求进行妥善保存，以保证种蛋的品质。

1.保存环境

种蛋应放在专用储存室内，特别是大型的孵化场更为重要。储存室应冬暖夏凉，空气新鲜，通气性好，清洁，无阳光直射，无冷风直吹，无蚊蝇、老鼠，无其他怪味。要将种蛋码放在蛋盘内，蛋盘置于蛋盘架上，定时翻蛋，并使蛋盘四周通气良好。

2.保存温度

家禽胚胎发育的临界温度是23.9℃，高于这一温度，胚胎就开始发育，但这种发育是不完全和不稳定的，容易造成胚胎早死亡。低于这一临界温度，胚胎发育处于静止休眠状态。但温度过低时，胚胎生活力下降，低于0℃时，胚胎因受冻而失去孵化力。因此，孵化前种蛋的保存温度不能过高或过低。

一般建议将种蛋保存于15℃，但根据保存时间的长短应有所区别。种蛋保存3～4天的最佳温度为22℃；保存4～7天的最佳温度为16℃;而保存7天以上者,应维持在12℃。

3.保存湿度

蛋内水分通过蛋壳上的气孔不断向外蒸发。种蛋保存湿度过低,则蛋内水分损失过多,气室增大,蛋失重过多,势必影响孵化率;湿度过高,易引起蛋面回潮,种蛋容易变质发霉。鸡种蛋保存适宜的相对湿度为70%~80%。

4.保存时间

种蛋保存时间越短,对提高孵化率越有利。在适当的温度条件下,保存时间一般不应超过7天。如果种蛋需要保存时间较长,可将种蛋装在不透气的塑料袋内,填充氮气,密封后放在蛋箱内。氮气可阻止蛋内物质和微生物的代谢,防止水分的过多蒸发,使种蛋保存期延长到3~4周,孵化率仍可达到75%~78%。

5.翻蛋

保存期间为了防止蛋黄胚盘与壳膜粘连,以致胚早起死亡,必须进行翻蛋,也称转蛋。一般认为,种蛋保存时间在1周以内,不必翻蛋。超过1周,最好每天进行1或2次翻蛋。翻蛋时,只要改变蛋的角度就行,如改变蛋架车角度或用手把放蛋容器分别改变高度1或2次就可以完成。

**(三)种蛋的消毒**

鸡蛋产出之后往往被粪便、垫草污染。种蛋被污染后影响孵化率,污染孵化器及用具,传染各种疾病。因此,种蛋收集后应及时消毒,最好在蛋产出后0.5小时内进行,然后再送入储蛋库存放。常用的种蛋消毒方法有以下5种。

1.甲醛熏蒸消毒法

在国外,一般在鸡舍或孵化厂的消毒室进行消毒,每立方米用42 mL福尔马林和21 g高锰酸钾,在温度20~24℃以上,相对湿度75%~80%以上的条件,烟熏20 min,效果更好,可杀死蛋壳上病原体的95%～98.5%。如在孵化机里消毒，则在入孵后马上进行，一般采用福尔马林28 mL，高锰酸钾14 g，烟熏20 min。在国内，多采用入孵时消毒，每立方米空间用福尔马林14 mL、高锰酸钾7 g，烟熏0.5～1小时。

在实际操作时还可以在蛋盘架上罩以塑料薄膜，进行消毒。这样可缩小体积，节约用药量。

采用甲醛熏蒸消毒法时，应注意以下3点：

(1)种蛋在孵化器里熏蒸消毒时，应避开24～96小时胚龄的胚蛋。因为上述药物对24～96小时胚龄的胚胎有不利影响。

(2)福尔马林(40%)与高锰酸钾的化学反应剧烈，又具有很大的腐蚀性，所以应采用陶瓷或玻璃容器，先加少量温水，再加高锰酸钾，最后加入福尔马林。

(3)种蛋从蛋库移出或从鸡舍送至孵化厂消毒室后，如蛋壳上凝有水珠，熏蒸则对胚胎不利，应当尽量避免。可采取先提高温度，待水珠蒸发后，再进行消毒的方法。

2. 新洁尔灭消毒法

采用1∶1 000(5%原液+50倍水)的新洁尔灭溶液喷于蛋表面，或在40～45℃的该溶液中浸泡30 min。

3. 紫外线照射法

将种蛋放在紫外线灯下40 cm处开灯照射1～2 min，蛋的背面再照射1～2 min即可。

4. 浸泡法

可用0.5%高锰酸钾溶液浸泡种蛋1 min，取出沥干装盘存放。或将种蛋置于0.1%的碘溶液中浸泡30～60 s，取出沥干存放。

5. 农福液消毒法

农福250是专用于种蛋的消毒剂，用1∶1 000浓度喷雾消毒，效果良好，且对机器没有腐蚀性。

种蛋的消毒方法很多，但迄今为止仍以甲醛熏蒸消毒法和新洁尔灭消毒法最为普遍。这是因为它们的消毒效果良好，又便于操作。不过人们仍在继续探讨更有效、更简便的消毒方法，尤其是研究受某些疾病感染种蛋的消毒法。

#### (四)种蛋的运输

引进种蛋时常常需要作长途运输，如果保护不到，往往引起种蛋破损和蛋黄系带松弛、气室破裂等而致使孵化率下降。运输种蛋时首先要妥善包装好，包装时可用塑料、木箱、竹箱、条箱等，但必须牢固和透气。最好用规格统一的运蛋箱，每层有蛋托相隔。如果用一般箱运输，箱内种蛋应用锯末、稻糠、麦秆等物填充隔离好，以防震动破坏。填充物应干燥，不发霉，无异味。蛋箱的周围、底部及顶部应多填些。蛋的大头向上，小头向下，蛋与蛋之间不宜靠得太紧，以防震动破坏。

运输工具要可靠，运输途中要平稳，尽量避免剧烈颠簸和震荡，冬季注意保温，夏季注意防暑和雨淋。

### 三、孵化条件

优质土鸡种蛋在孵化过程中，其胚胎在母体外的发育，完全依靠外界条件如温度、湿度、空气、翻蛋和凉蛋等。孵化条件是否适宜，直接影响胚胎的生长发育，从而影响孵化率的高低和雏鸡品质的优劣。因此，必须根据鸡的胚胎发育特点，提供最适宜的孵化条件，才能保证胚胎的正常发育，取得良好的孵化效果。

#### (一)温度

温度是胚胎发育的首要条件，必须严格而正确地掌握。因为只有在适宜的孵化温度下，才能保证蛋中各种酶的活动和胚胎正常的物质代谢，从而保证胚胎生长发育的正常。一般情况下，胚胎适宜的温度范围为37.8～38.2℃。温度过高、过低都会影响胚胎的发育，严重时可造成胚胎死亡。孵化温度低，胚胎发育迟缓，孵化期长，死亡率增加。如果孵化温度超过 42℃，经 2～3 小时以后即造成胚胎死亡，死亡率增加。如果温度低至 24℃时，经 30 小时胚胎便全部死亡。

通常立体孵化器孵化鸡种蛋的温度范围为 36.9～37.8℃，但在胚胎发育的不同阶段，对温度的要求有差异。孵化前期胚胎物质代谢处于低级阶段，只产生少量的热，尚无调节体温的功能，需要稍高而稳定的孵化温度以刺激糖类代谢，促使胚胎的发育。但温度不能过高，尤其在 2～3 日龄时，温度过高，易使心脏紧张，血管过劳，而导致血管破裂，发生所谓“血圈蛋”的死胚。孵化中期，胚胎的物质代谢日趋复杂，脂肪代谢增强，产热渐多，要相应降低孵化温度。孵化后期，胚体增大，脂肪代谢剧烈，产生大量的热。此时蛋温可比器内温度高 1.9～3.3℃，如不降低孵化温度，就会妨碍胚胎体热的散发，并产生大量的乳酸等有害代谢产物，从而导致死胚。使用立体孵化器孵化鸡蛋时，温度要求是：孵化前期 37.8℃，孵化中期 37.4℃，孵化后期 37.1～37.2℃。这种根据胚胎发育不同阶段的需要而施温，通常成为“变温孵化”。如果种蛋数量不足，需每隔 3～5 天入孵一批，使一台孵化器内有数批不同日龄的胚蛋，孵化温度应控制在 37.5～37.8℃。到 18～19 日龄后移入出雏器内，出雏器温度 37～37.2℃。这种施温程序通称“恒温孵化”。

在孵化实践中，孵化温度还受孵化机类型、性能、种蛋类型以及外界气温等因素的影响，需视具体情况，加以灵活掌握。在使用各种型号孵化机时，应按说明书规定的温度施温，通过使用验证，予以调整，确定适宜的孵化温度。肉用型的种蛋比兼用、蛋用型的大，蛋壳也较厚，温度要求稍高些。根据现代孵化室的要求，室温要控制在 10～20℃之间，而目前许多孵化室室温随季节气温变化而变化，从而影响机内温度。一般以室温 18～20℃、机温 37.8℃

为基础，如室温变化范围在 12～32℃之间，机内温度相应升降 0.19～0.56℃。

**（二）湿度**

湿度也是鸡孵化的重要条件之一，但它不如对温度要求那样严格。即使相对湿度有一定的偏差，也不致严重影响孵化率。但尽管如此，为了保证胚胎的正常生长和发育，获得较高的孵化率，孵化时必须保证适宜的湿度。孵化期间湿度的掌握原则是“两头高，中间低”。孵化前期要求稍大的湿度使胚胎受温良好，并减少蛋中水分蒸发而利于形成胚胎的尿囊液和羊水。此期湿度以 55%～60%为宜。孵化中期，随着胚胎发育，胚体增大，需排除出尿囊液、羊水以及代谢产物，故需降低湿度到 50%～55%，以利于胚蛋中水分的蒸发。孵化后期，为了促进胚胎散发体热，防止胚胎绒毛与壳膜粘连，并使蛋壳变脆，利于胚胎破壳出雏，应提高湿度到 65%～70%。采用“恒温孵化”时，所给湿度在孵化器内应为 53%～57%，出雏器内应为 65%～70%。无论“变温孵化”或“恒温孵化”，当雏鸡出壳达 10%～20%时，应将湿度提高到 75%以上，以便雏鸡顺利出壳。

**（三）通风**

在天然孵化时通风不成问题。如果机器孵化，孵化机密闭，则种蛋需要的氧气多，排出的二氧化碳也多，因此通风是孵化的必要条件之一。

胚胎对氧气的需要随胚龄递增成正比例增加。孵化前期胚胎的物质代谢正处于低级阶段，需要氧气量很少，胚胎只通过卵黄囊血液循环系统利用卵黄内的氧气。孵化中期，胚胎代谢作用逐渐增强，对氧气的需要量增加。尿囊形成后，通过气室、气孔利用空气中氧气，排出二氧化碳进行气体交换。孵化后期，胚胎从尿囊呼吸转为肺呼吸，每昼夜需氧量为初期的 110 倍以上。研究与实验证明，胚胎周围空气中二氧化碳含量不得超过0.5%，当通风不良时，二氧化碳可急增到1.5%～2%，此时胚胎发育迟缓或胎位不正，或导致畸形和引起中毒死亡，致使孵化率下降。

通风、温度、湿度之间有密切的关系。如孵化器内空气流通，通风良好，散热快，则湿度小；反之湿度就大，余热增加。通风过大，箱内温湿度难以保持。一般孵化器内风扇转数为150～250 r/min，每小时通风量以1.8～2.0 $m^3$ 为宜。同时根据孵化季节及孵化器内种蛋胚龄大小，调节进出气孔，以保持空气新鲜和温度、湿度适宜。

**(四)翻蛋**

在人工孵化期间要进行翻蛋，特别在孵化前、中期更为重要。翻蛋的主要作用在于防止胚胎与壳膜的粘连，促进胚胎运动，保持胎位正常，并起调节体温作用。

由于孵化用具不同，翻蛋方法、次数、角度也不同。大型电孵机每昼夜翻蛋6～8次，翻蛋的角度应达90°以上。平面孵化器与我国一些传统孵化方法，因受热不均匀，在孵化前、中期每昼夜手工翻蛋4～6次，每次用手抓拿滚动90°，切不可次数太多，避免影响保温。在孵化后期应减少翻蛋次数，出壳前几天停止翻蛋，以利于出壳。

**(五)凉蛋**

凉蛋具有积极的生理作用。凉蛋适当地降低了孵化机内的温度，可达到彻底通风换气，促进胚胎活动和散热，增强胚胎抗寒力和生活力的目的。一般地区，在种蛋入孵后的第5天开始每天早、晚凉蛋各一次。在海拔比较高的地区，5～11日龄每天凉蛋2次，或从11日胚龄开始至落盘前每天凉蛋3次，孵化效果好。凉蛋时间一般为0.5小时，胚胎发育好时，凉蛋时间长达1小时才能将蛋温降下去。

## 四、孵化方法

我国地域辽阔，地理条件、气候条件、经济条件和科技水平等都有很大的差别，就是同一地区的各个养鸡企业，种蛋孵化也不可能一致。有传统的、比较落后的孵化方法，如温水缸孵化法、桶孵化法、火炕孵化法、火炕平箱孵化法、温室摊床孵化法、热水袋孵化法和煤油灯供暖孵化法等，这些方法适用于缺电、规模小和资金紧缺的养鸡专业户或鸡场。而现代化、集约化和大型的养鸡场，上述的孵化设备和方法是不能适应它的需要的，必须采用现代先进的立体孵化设备和孵化方法。但是，不管采用何种孵化设备和方法，只要能满足种蛋孵化条件，受精蛋就能孵出小鸡。

人工孵化可分为机器孵化法与传统孵化法两种。

### （一）机器孵化法

近年来，随着优质土鸡生产的发展，机器孵化日趋普及，而且向着大型化、自动化方向发展。目前已普遍采用电孵化器和电脑孵化器，自动程度较高，要求孵化员熟悉孵化管理技术。孵化机内所需的温度、湿度、通风和翻蛋等项操作可自动控制，孵化量大，劳动强度大大减轻，便于管理，且孵化效果好。

进行机器孵化时，应按生产工艺过程做好以下工作。

1. 孵化前的准备

（1）检修　孵化前应对孵化器的电热系统、风扇、电动机、翻蛋系统进行检修，并观察全部机件运转是否正常，避免孵化中途发生事故。

（2）消毒　为使雏鸡不受疾病的感染，种蛋存放室和孵化室的地面、墙壁、孵化器及其附件均需彻底消毒。

(3)试温 孵化前应进行试温观察 2～3 天,证明一切正常后方可进行孵化。

2. 种蛋入孵前的预温

种蛋保存期的温度一般较低,所以从储存室取出后不能直接入孵,应经过预温处理。先将种蛋放在孵化室或室温 22～25℃环境下预热 4～6 小时,使种蛋温度逐渐上升,比较接近孵化温度再入孵,这样可以减少因温度突然上升而引起部分弱胚死亡,而且预温后种蛋升温快,胚胎发育整齐,出雏时间较一致。

3. 上蛋入孵

将种蛋的钝端朝上,放入孵化盘后即可入孵。鸡蛋有整批入孵和分批入孵两种方式。整批入孵是一次把孵化机装满,大型孵化场多采用整批入孵。分批入孵一般可每隔 3 天、5 天或 7 天入孵一批种蛋,出一批雏鸡。但注意各批次的蛋盘应交错放置,这样新老胚蛋可相互调温,使孵化器里温度较均匀,又可使蛋架重量平衡。入孵的时间最好安排在 16～17 小时,这样一般可在白天大批出雏,有利于工作的进行。

4. 入孵后的管理

现代的立体孵化机,机械化、自动化程度较高,管理的重点除随时观察孵化机内的温度、湿度、变化情况,以便及时调节外,还主要观察孵化机运转是否正常,所有仪器、仪表有无失灵情况,供水、供电系统是否正常等。若有异常情况出现,应及时排除故障,保证孵化的正常进行。在规模较大的孵化场或经常停电的地区,应自备发电机,以便停电时能立即发电。如没有这种条件,则应在孵化室设有火炉或火墙,以准备临时停电时生火加温。

5. 照蛋

按照规定,孵化期内应照蛋 3 次,以便及时验出无精蛋和死胚蛋,并了解胚胎生长发育情况。

6. 移盘(或落盘)

鸡蛋 19 天进行最后一次照检,将死胚蛋剔除后,把发育正常的蛋转入出雏机继续孵化,叫做“移盘”。有时孵化机没有专设出雏机,只在孵化机的下部设有出雏盘,末期将蛋放入出雏盘叫做“落盘”。移盘(落盘)时,如发现胚胎发育普遍延缓,应推迟移盘(落盘)时间。移盘后注意提高出雏机内湿度和增大通风量,停止翻蛋。在育种工作中需要进行系谱孵化时,移盘(落盘)应按同一母鸡的蛋装入出雏盘的同一小格间内或同一系谱孵化罩内,也可将种蛋逐个装入系谱孵化袋内继续孵化。

7. 出雏的处理

在孵化条件掌握适度的情况下,孵化期满后即出壳。出雏期间不要经常打开机门,避免降低机内温度、湿度,影响出雏整齐。一般每 2 小时拣 1 次即可,已出壳的雏鸡应待绒毛干燥后分批取出,并将空壳拣出以利继续出雏。出雏开始后应关闭机内的照明灯,避免引起雏鸡的骚动。在出雏末期,对已啄壳但无力出壳的弱雏可进行人工破壳助产。助产要在尿囊血管枯萎时方可实行,否则容易引起大量出血,造成雏鸡死亡。雏鸡从出雏机拣出后即可进行雌雄鉴别和免疫。出雏完毕后应及时清洗、消毒出雏机与出雏盘,以备下次出雏时使用。

8. 做好孵化记录

每批孵化,应将上蛋日期、蛋数、种蛋来源、照蛋情况、孵化结果、孵化期内的温度变化等记录下来,以便统计孵化成绩或做总结工作时参考。孵化记录表的样式见表 4-1 和表 4-2。

**表 4-1　孵化记录表**

孵化机编号________ 管理人员________ 入孵日期________ 种蛋品种________ 入孵种蛋数________

| 日期或天数 | 室内(平均) | | 机内(平均) | | 照蛋(枚) | | | | 受精率(%) | 出雏情况(只) | | | | 孵化率(%) | 健雏率(%) | 备注 |
|---|---|---|---|---|---|---|---|---|---|---|---|---|---|---|---|---|
| | | | | | 头照 | | 二照 | 三照 | | | | | | | | |
| | 温度(℃) | 湿度(%) | 温度(℃) | 湿度(%) | 无精蛋 | 死精蛋 | 死胚蛋数 | 死胚蛋数 | | 健雏数 | 弱雏数 | 合计 | 死胎数 | | | |
| | | | | | | | | | | | | | | | | |

**表 4-2　孵化情况一览表**　　年　　月　　日

| 批次 | 品种 | 种蛋留用期 | 入孵日期 | 入孵时间 | 入孵蛋数 | 验蛋(枚) | | | 出雏情况(只) | | | | | 受精率(%) | 受精蛋孵化率(%) | 入孵蛋孵化率(%) | 出雏结束时间 | 备注 |
|---|---|---|---|---|---|---|---|---|---|---|---|---|---|---|---|---|---|---|
| | | | | | | 无精 | 死精 | 破蛋 | 移盘数 | 正常雏 | 弱雏 | 残死 | 死胎 | | | | | |
| 第批 | | | | | | | | | | | | | | | | | | |

## (二)传统孵化法

### 1. 炕孵化法

炕孵化法是我国北方普遍采用的孵化方法。炕孵化设备简单,仅需要有火炕、摊床、棉被和被单等物。

火炕多以土坯或砖砌成,炕上铺有麦秆或稻草,上面再铺上草席,火炕的大小应视房间的大小及孵化量而定。炕高约 70 cm,宽约 2 m。孵化量大时，可分热炕和温炕，前者放刚入孵的新蛋，后者放已经孵化的老蛋。孵化到中期种蛋将转入摊床上孵化。

火炕孵化应十分注意温度调节。根据不同季节、气候及种蛋的胚龄，通过烧炕的次数与时间、覆盖物的多少、翻蛋、凉蛋等方法来调节孵化温度。鸡蛋入孵头 11 天温度较高，尤以头 2 天最高，12 天后上摊温度可稍低。温度变化情况见表 4-3。

**表 4-3 火炕孵化法的孵化温度**

| 孵化日期(天) | 1～2 | 3～5 | 6～11 | 12 | 13～14 | 15～16 | 17～21 |
|---|---|---|---|---|---|---|---|
| 温度(℃) | 41.5～41 | 39.5 | 39.0 | 38.0 | 37.5 | 38.0 | 37.5 |

火炕孵化一般 5～6 天入孵一批，头照在第 5～7 天，二照在第 11 天。照蛋的同时进行移蛋，头照后将种蛋移至离火源远的地方或移至“温炕”上继续孵化，二照后将种蛋移至摊床上出雏。温炕孵化要求每 4～6 小时翻蛋 1 次，将上下层的蛋、边缘与中间的蛋对调，使之受热均匀，第 19 天后停止翻蛋。

种蛋孵到 11～12 天照蛋后移入摊床。此时应将蛋盘移到摊床上继续孵化，称为上摊。在上摊时应将室温适当提高，以防凉蛋。上摊后仍盖棉被，这时由于胚胎发育很快，种蛋本身产生的热量越来越多，所以更应注意蛋温的调节。随着孵化时间的推移，可将棉被换成毯子、被单等，逐步减少覆盖物。

当孵化到 17～18 天时，将蛋盘单层摆在摊上，以防止蛋温过高，准备出雏。如果是两层摊床，开始上摊应放在上层，因房子上部温度比下部高。到 17～18 天时，从上层移至下层，因出雏时要求蛋温稍低。19 天后停止翻蛋。如果 19 天有少数蛋破壳，则可以听到雏鸡叫声。20 天时有少量雏鸡出壳和半数以上蛋破壳，则说明第 21 天可大量出雏。

出雏期间不要取雏过勤。一般摊上布满一层干毛的雏鸡后再取。对刚出壳的雏鸡不要取,待下次再取。取完雏鸡随即拣去蛋壳,避免影响其他种蛋出雏。将剩余蛋集中在一起,使其继续孵化,等待出雏。一般第一次取雏鸡在半数以上,8～12 小时后取第二次,第三次取雏扫盘,结束本批孵化。

2. 缸孵化法

缸孵化法主要设备有孵缸及蛋箩。孵缸用稻草和泥土制成,壁高 100 cm,内径 85 cm,中间放有铁锅或黄沙缸,用泥抹牢。铁锅离地面 30～40 cm,囤壁一侧开 25～30 cm 的灶口,以便生火加温。锅上先放几块土砖,然后将蛋箩放在上面,一般每箩可放种蛋 1 000 枚。

缸孵分为两期,即新缸期与陈缸期。新缸期为第 1～5 天。种蛋入缸前先使缸内温度达 39℃以上,缸内不能太潮湿。入孵后 3～4 小时开始翻蛋,以后每 4～6 小时翻蛋 1 次,主要将上层蛋与下层蛋、边蛋与心蛋互换位置。第 6～10 天为陈缸期,缸温维持在 38℃。上摊以后温度的掌控同火炕孵化。

3. 平箱孵化法

在地面砌筑加温烟道,上面安装用木料、纤维板制成的带夹层的保温孵化箱。箱高 1.2 m,宽 1 m,长 1 m 或 2 m,由下面烟道供温,上面是孵化部分,箱内设 7 层架,上 6 层放孵化蛋盘,底层做一个隔热板。做好入孵前的一切准备工作。

种蛋入孵前关好箱门,蛋盘上放置温度计,烧烟道加温,使上面孵化箱内温度达到 38℃。种蛋装盘入孵后每隔 4 小时把种蛋转动 1 次。箱内上下层温度可能不同,可根据温差情况上下调盘,使箱内种蛋受热均匀。为保证孵化箱所需温度,每天要烧 4 次或 5 次烟道。孵化到第 19 天,可减少烧烟道的次数,让箱内温度保持在 36℃即可。孵化到第 21 天,可向蛋面喷洒 55℃温水,增加湿度,从而有利于雏鸡破壳,提高孵化率。

4.温室孵化法

温室孵化法是在温室中采用活动蛋架翻蛋的方式进行孵化的一种方法。它主要由温室、炉灶火道和蛋架3部分构成。

(1)温室　它是孵化的主要部分。温度的大小可根据各自生产规模而定。例如,一间长5 m、宽3.5 m、高2 m的温室,可一次入孵鸡蛋万枚左右。作温室的房子应坐北朝南,地势干燥,保温隔热良好。它的门窗最好用双层,关闭紧密,以利保温。温室的顶部要有出气孔。装设可左右推动的活动门,以便调节温度。温度的热源主要由炉灶和火道组成,也有用热水管或电热丝供热的。炉灶一般安装在室外,灶膛比火道低20～30 cm,可用耐火砖砌成。火道可用砖砌,也可用瓦管或旧铁管连接而成,要求密封良好,不漏烟火。火道与炉灶成"U"形,均匀地排列在温室两边;靠近灶端的火道应埋入地下15～20 cm深,然后逐渐向烟囱方向升高,倾斜度约为3°。烟囱设在室外,其高度不应小于火道的长度。在火道入口或烟囱出口处,可装设活动的铁插板,用以控制火力大小,调节温室温度。

(2)蛋架　蛋架一般安在温室中间,两边为火道和走廊。蛋架的形式大多采用木质活动蛋架,也有的用半自动蛋架。架高一般为140～160 cm,分6～8层,每层相距15～20 cm。最底层离地30～40 cm,顶上层距温室天棚40～50 cm。每层都有放蛋盘的木框,蛋盘套在木框内。各层木框都有转动的轴心,使蛋框可两边倾斜摆动,倾斜度一般为45°～50°,通过框架的倾斜摆动,达到定期进行翻蛋的目的。

(3)摊床　摊床结构和孵化操作与前几种孵化法相同。鸡蛋在温室内孵化至14～16天时,胚胎已能产生自温,此时应转入摊床孵化。也有的不设摊床,而在温室内蛋架底层置接雏盘,把快出壳的蛋放在蛋架下层,小鸡出壳后让其掉入接雏盘中,这样就不需要另设摊床孵化了。

(4)管理要点　温室孵化的操作管理与平箱孵化差不多。要注意蛋架上层的温度通常高于下层的温度，靠近炉灶一端的温度高于靠近烟囱一端的温度。因此，每天应将上下、前后的蛋盘互换位置一次。湿度控制可通过在室内设水盘或洒水来掌握。

5. 水袋孵化法

水袋孵化法是在火炕上，放一高 20 cm 左右的木框，木框中放一塑料袋，袋中放热水。温度是靠烧炕、更换塑料袋中的水来控制的。翻蛋、凉蛋等程序与炕孵化法相同。使用水袋孵化法时，要注意以下 5 点：

(1)塑料袋要大于木框，否则塑料袋装水后易于活动，会使种蛋滑落于塑料袋及木框之间，而不能孵化，也不容易翻蛋。

(2)要注意不可使塑料袋漏水，有时把塑料袋内装上水后，并不漏水，当把种蛋放在塑料袋上时，由于种蛋的压力，会使塑料袋渗水而把种蛋泡在水中。

(3)烧炕加温时，要注意不可使室内温度过高，以防摊床上种蛋温度过高。

(4)塑料袋换水时，先放出冷水，然后加热水。放多少水，需加多高温度的水，加多少可提高多少度，应事先试好。加入热水后，应轻轻推动塑料袋，使塑料袋内水温均匀。

(5)入蛋时，种蛋不可放在塑料袋边缘，避免翻蛋时水袋摇动使边蛋与木框相碰。

6. 电褥孵化法

电褥孵化法以电褥子为热源，供热稳定，设备简单，成本低，孵化量可大可小，适合于家庭和专业户使用。孵化室利用普通房屋就可以，但要求室内保温、通风良好，温度保持在 22～24℃即可。

孵化床可用木床代替，床面用谷草、稻草等铺平，上面铺电褥子，电褥子上面再铺一层棉被，通电后使温度达到 40℃。

温度的检查与调节是在蛋中摆放温度计，入孵后每隔 30 min 检查一次，也可用眼皮感温法检查。检查温度时以下层蛋为主，同时也要检查上、中层和边缘的蛋温。蛋温过高时，可通过减少被层、提早翻蛋和凉蛋等措施降温；蛋温低时，可采用增加被层或延迟翻蛋时间等措施来提高温度。

## 五、孵化效果的检查与分析

种蛋在孵化过程中，通过照蛋、称重、解剖，以及啄壳出雏时的一系列检查，及时发现胚胎发育是否正常，了解胚胎死亡情况并分析其原因后，应及时采取调整孵化条件、改进优质种用土鸡饲养管理和加强种蛋管理等措施，以提高孵化效果和经济效益。

### （一）照蛋检查

照蛋是在孵化期间用照蛋器透视胚胎发育情况，是孵化工作中必须掌握好的一项技术。通过照蛋可以全面了解胚胎发育情况，了解所采取的孵化条件是否合适，如不合适即进行调整，使胚胎发育正常，以利提高孵化效果。

孵化期间一般可进行 1～3 次照蛋。对孵化率高且始终稳定在良好状态下的孵化场，一般仅在入孵 3～7 天进行 1 次照蛋，即只进行头照；对孵化水平不稳定，尤其是孵化经验不足，或对孵化器性能了解不够的，则以 3 次照蛋为宜（表 4-4）。孵化第 18～19 天的照蛋与移盘结合进行。

**表 4-4　发育正常的活胚蛋与各种异常胚蛋的辨别**

<table>
<tr><td colspan="2" rowspan="3">项目</td><td>头照</td><td>二照</td><td>三照</td></tr>
<tr><td colspan="3">入　孵　天　数</td></tr>
<tr><td>5～7</td><td>10～17</td><td>18～19</td></tr>
<tr><td colspan="2">目的</td><td>拣出无精蛋和早期死精蛋,掌握胚胎发育情况,调整孵化条件</td><td>抽检孵化器中不同位置胚蛋的胚胎发育情况,调整孵化条件</td><td>拣出死胚蛋,确定出雏期和孵化条件</td></tr>
<tr><td rowspan="6">主要特征</td><td>活胚蛋</td><td>血管网鲜红,呈放射状,扩散面大,胚胎上浮或隐约可见,可见明显黑色眼点,蛋黄下沉</td><td>蛋内布满血管,气室大而界限分明,尿囊在蛋的小头合拢</td><td>气室倾斜,内有黑影闪动,除气室外,胚胎占满蛋的整个容积,尿囊血管网不明显</td></tr>
<tr><td>弱胚蛋</td><td>黑色眼点看不到或不明显,血管颜色淡红、纤细,扩散面小</td><td>尿囊未在小头处合拢,小头发亮</td><td>气室较小且边缘不整齐,可见红色血管,小头发亮</td></tr>
<tr><td>无精蛋</td><td>蛋色浅黄、发亮,蛋黄悬于中央,一般不散黄,看不到血管</td><td>散黄</td><td>散黄</td></tr>
<tr><td>死精蛋（血蛋）<br>死胚蛋（毛蛋）</td><td>黑色血线或血点、血弧、血环紧贴壳上,有时可见死胚的小黑点静止不动,蛋内混浊,蛋黄沉散</td><td>可见死胚黑影,与蛋黄分离并固定在蛋的一侧,血管模糊或无血管,小头发亮</td><td>气室小而不倾斜,边缘模糊不清,胚胎不动,见不到“闪毛”</td></tr>
<tr><td>破蛋</td><td colspan="3">见有裂纹,有时气室在侧面</td></tr>
<tr><td>腐败蛋</td><td colspan="3">蛋色呈一致的紫褐色,有异臭味</td></tr>
</table>

## (二)蛋重的变化

在孵化过程中,由于蛋内水分的蒸发,蛋重逐步减轻。其失重多少,随孵化机中的相对湿度、蛋重、蛋壳质量(蛋壳水汽通透性)及胚胎发育阶段而异,详见表 4-5。

表 4-5 种蛋在不同孵化期中失重情况

| 孵化天数 | 6 | 9 | 12 | 15 | 19 |
|---|---|---|---|---|---|
| 失重(%) | 2.5～3 | 5～7 | 7.5～9 | 10～11 | 12～14 |

蛋重测定方法:先称一个孵化盘重量;将种蛋码在该孵化盘内称其重量,减去孵化盘重量,得出总蛋重;以后定期称重,求减重的百分率,与表 4-5 中数字对照。一般有经验的孵化人员,可以根据种蛋气室大小以及后期的气室形状,来了解孵化湿度和胚胎发育是否正常。但有时在相同湿度下,蛋的失重可能相差很大,而且无精蛋和受精蛋的失重并无明显差异。故不能以失重多少作为胚胎发育是否正常或影响孵化率的唯一标准,仅作参考指标。

## (三)出雏时的检查

如出雏时间正常,啄壳整齐,出壳持续时间(开始出壳至完全出完为止)约 40 小时,死胚蛋(毛蛋、脚蛋)的比例约 10%,说明温度掌握得当或基本正确。死胚蛋超过 15%,二照胚胎发育正常,出壳时间提早,弱雏中有明显“胶毛”现象,这是二照后温度太高造成的。如果死胚蛋集中在某一个胚龄时致死,显然说明温度太高。二照胚胎发育正常出壳时间推迟,弱雏较多,体软肚大,死胚比例明显增加,这说明是二照后温度偏低造成的。

## (四)死胚的病理剖检和死亡曲线分析

### 1. 死胚的病理剖检

剖检死胚可能会查明胚胎死亡的原因。种蛋品质不良和孵化条件不适当时,死胚往往出现许多病理变化。因此每次照蛋后,特别是最后一次照蛋和出雏结束时，如果胚胎死亡超出正常死亡数，应将死胚进行解剖。检查死胚外部形态特征，判别死亡日龄，然后剖检皮肤、肝、胃、心脏、肾、腹膜等组织器官，注意其病理变化，如贫血、充血、出血、水肿、肥大、萎缩、变性以及畸形等，从而分析其死亡原因。

2. 死亡曲线分析

在种蛋品质良好、孵化条件控制合理的正常情况下，胚胎也会发生死亡。一般情况下，优秀的孵化率按入孵蛋计算应达到85%，无精蛋低于4%～5%，头照死胚蛋不超2%，二照死胚蛋2%～3%，落盘后死胚蛋6%～7%。胚胎死亡有一定的规律，死亡率曲线是一定的，即在2～4胚龄和18～20胚龄时出现两个死亡高峰。前期死亡高峰是由于入孵2～4天正是胚胎迅速生长、形态变化最显著的时期，各种胚胎膜相继形成而其功能尚不完善，此时胚胎对外界环境变化较敏感，一些弱胚很容易死亡，形成第一个死亡高峰；后期死亡高峰是由于入孵18～20天时，正是胚胎尿囊呼吸功能减退而肺呼吸功能逐渐加强的时期，此时期如果通风不良、散热不好等，都会使胚胎死亡增多，形成第二个死亡高峰。

当胚胎死亡曲线异常，如孵化前期死胚绝对数量增加，多属遗传因素、种蛋储藏或凉蛋不当、种蛋消毒不当、孵化温度太高或太低、翻蛋不足所致；孵化中期死胚率高，多属种蛋中维生素和微量元素缺乏、温度不当或种蛋带有病原体所致；后期死胚绝对数量增加，多属孵化条件不正常、遗传因素影响、胚胎有病、气室异位等造成。如果在孵化过程中某一天死胚数量增多，很可能是突然超温或低温所造成。

为了便于检查胚胎死亡原因，每次照蛋时剖检死胚蛋判别其死亡日龄，并登记数量，即可绘制胚胎死亡曲线，然后与正常死亡曲线比较。但是为了简便起见，不需剖检死胚，而按每次照蛋和最后的死胚数量，也可大致确定孵化期胚胎的死亡曲线。

### (五)影响种蛋孵化率高低的因素

影响孵化率的因素很多,除直接影响孵化成绩的孵化技术条件(如前所述的温度、湿度、通风、翻蛋、机器性能等)外,其他主要来自种鸡、种蛋、海拔高度、季节等方面的因素。

1. 种鸡方面的因素

(1)与遗传育种有关　不同鸡种、品系,甚至各个家系和各个个体之间孵化率均有差异。近亲繁殖的种蛋孵化率就低,杂交种蛋孵化率就高,一般蛋用品种的鸡受精率和孵化率都比肉用品种的高。

(2)与种鸡的年龄有关　初产种母鸡的蛋孵化率低,孵出的小鸡也弱小,种母鸡在27～55周龄所产的蛋孵化率最高,而后随年龄增长逐渐下降。

(3)与种鸡产蛋量高低有关　种母鸡产蛋率与孵化率呈正相关,产蛋率高时孵化率也高。

(4)与种鸡的健康状况有关　种鸡感染新城疫、传染性支气管炎、大肠杆菌病、鸡白痢、慢性呼吸道疾病、黄曲霉菌毒素中毒等,均会导致孵化率下降,雏鸡体弱多病。有些疾病,如慢性呼吸道疾病、鸡白痢等会将病原体垂直传播给种蛋,应高度重视。

(5)与种鸡日粮的营养水平有关　种鸡饲料营养水平不足、过量或不平衡等,都不能向种蛋提供充足而平衡的营养以保证胚胎的正常发育。如缺乏维生素A、维生素$B_2$时,无精蛋增多,2～3天鸡胚死亡率高,生长迟缓,尿酸盐沉积;如缺乏维生素$B_2$时,还可引起鸡胚脚趾卷曲,呈“镰刀”状,绒毛稀少呈结节状;如缺维生素D时,鸡胚8～16天死亡,皮肤出现浆液性囊泡状水中;如缺乏维生素$B_{12}$时,鸡胚多死于16～18天,破壳难而闷死在蛋壳内;如矿物质元素缺乏,则会造成鸡胚躯体和四肢变形,破壳困难。

2. 种蛋的因素

种蛋的大小、形状、蛋壳质量,以及运输和保存条件等均与孵化率有关。入孵不合格种蛋增多,如薄壳蛋、沙壳蛋等在孵化中水分蒸发快,鸡胚很容易死亡或发育成弱雏,种蛋在运输中受到碰撞震颤,会引起散黄、系带断裂、蛋壳破裂;种蛋储存受低温冻伤或受高温影响、消毒方法不正确均可使死胚增多。另外,种蛋产出后由于环境污秽,使种蛋受到污染,在孵化中就会出现爆裂蛋增多,这也会影响孵化率及雏鸡质量。

3. 海拔高度的影响

海拔越高,气压越低,空气含氧量也越少,种蛋的孵化率随海拔高度的升高而降低,但随着养鸡科学技术的发展进步,由于品种的遗传选育对环境适应性的增强,以及营养水平的日趋完善,特别是孵化设备的不断改进,其对温度、湿度、空气等孵化条件的控制越来越准确、适宜,影响鸡胚生长发育的各种条件得到了科学的根本性的改进,所以海拔高度对孵化率的影响也不太明显。实际生产中,在海拔 1 900～2 000 m 的地区各种条件控制得好,入孵蛋孵化率一般可在 75%以上,最好可达 85%～90%。

4. 季节性的影响

环境温度过高或过低时所产的蛋,其孵化率也低。夏季高温季节,种鸡采食量下降,若不调整种鸡日粮配方,则营养不足,蛋白稀薄,孵化率低;冬天气温低,种鸡性欲差,同时也常受冻害,种蛋受精率低,致使孵化率下降。

## 六、雏鸡的雌雄鉴别、分级和运输

### (一)雏鸡的雌雄鉴别

在优质土鸡生产上及早鉴别出雌雄雏鸡,具有重要的经济意义,如果不能掌握这门技术,就不容易进一步提高经济效益。

1. 肛门鉴别法

(1)看肛门张缩　将出壳雏鸡握在手中,使肛门朝上,吹开肛门周围的绒毛，用左右手拇指拨动肛门外壁，观察雏鸡肛门张缩情况。拨动时如果肛门闪动快而有力，就是雄鸡；如果闪动一阵停一会，再闪动一阵，张缩次数少而慢，同时容易将肛门翻开，就是雌鸡。

(2)翻肛门看生殖突起　先轻轻地握住刚出壳的雏鸡，排掉它的粪便，再翻开肛门的排泄口，观察生殖突起的发达程度和状态。观察时主要是以生殖突起的有无和隆起的特征进行鉴别。

雄鸡的生殖突起(即阴茎)位于泄殖腔下端八字皱襞的中央，是一个小圆点，直径 0.3～1 mm，一般 0.5 mm，且充实有光泽，轮廓明显。雌鸡的生殖突起退化无突起点，或有少许残余，显然正常形的呈凹陷状。少数雌鸡的小突起不规则或有大突起，但不充实，突起下有凹陷，八字皱襞不发达。有些雄鸡的突起肥厚，与八字皱襞连成一片，且比较发达。

这个方法最好是用来鉴别出壳 12～24 小时内的雏鸡。因为此时雌雄鸡生殖突起差异最明显，以后随着时间的推移，突起就会逐渐萎缩而陷入泄殖腔的深处，不容易鉴别。

(3)用仪器观察　把安在光学仪器尖端的小玻璃管，从小鸡肛门插入直肠内，通过肠壁来观察卵巢和睾丸。雄鸡左右侧各有 1 个睾丸，呈黄色，形似香蕉；雌鸡只在左侧有 1 个卵巢，三角形，呈桃红色，右侧卵巢退化。用这个方法同样要求熟练，否则会弄破肠壁影响鸡的健康成长，熟练后鉴别速度也较快，每 6 分钟可鉴别 100 只左右。

2. 伴性遗传羽毛鉴别法

(1)用伴性遗传羽色来鉴别　此法就是应用伴性遗传的羽色这一性状进行鉴别。由于亲代雌鸡的白色羽毛这一性状是显性，亲代雄鸡的红色羽毛这一性状为隐性，因而在子代雏鸡中，凡是白色羽毛的都是雄鸡，凡是红色羽毛的都是雌鸡。例如，我国引进的罗斯、罗曼、伊莎、星杂 579 等商品代鸡，就是应用这个方法来鉴别雏鸡雌雄的。

(2)用伴性遗传快慢羽来鉴别　用速羽型的雄鸡与慢羽型的雌鸡进行交配，其子代雏鸡凡是慢羽型的都是雄鸡，凡是速羽型的都是雌鸡。鉴别的操作方法是将雏鸡翅膀拉开，可看见两排羽毛，前面一排叫主翼羽，后面一排叫覆主翼羽，覆盖在主翼羽上。如果主翼羽的毛管比覆主翼羽的长，就是雌鸡；如果两排翼羽平齐，不分长短，就是雄鸡。

3. 体型外貌鉴别法

(1)看羽毛 雏鸡出壳后 4 天，开始换新羽毛，如果此时胸部和肩尖已有新羽毛长出，就是雌鸡；没有新羽毛长出，就是雄鸡。雄鸡一般出壳后 7 天，胸部和肩尖才能看见新羽毛。兼用型鸡和杂交鸡可根据翅、尾羽生长的快慢来鉴别。一般小雌鸡的翅、尾羽长得比小雄鸡快。此外，翼羽形状在小鸡阶段雌雄也有区别。公鸡翅膀长出的新羽毛为尖形，雌鸡的则为圆形；红羽品种小雌鸡的翅羽颜色浅，雄鸡较深。

(2)看鸡冠和肉髯　鸡冠和肉髯是鸡的第二性征，一般来说，雄鸡的冠基部肥厚，冠齿较深，颜色较黄，肉髯明显；雌鸡的冠基部薄而矮小，冠齿较浅，颜色微黄或苍白，肉髯不明显。

(3)看外表　雄鸡的外表特征是头大，眼圆有神；喙长而有尖钩，好啄斗；体长，眼高，脚颈粗，叫声粗短而声音清脆；行走时两只脚的脚印成一条直线，倒抓时双脚和头钩起，握在手中想挣脱，喂食时争吃，而且吃得快。雌鸡与雄鸡相反，头小，眼睛椭圆，反应迟钝，喙短而圆直，性情温和；体圆，眼矮，脚胫细；握在手中无反抗能力，行走时两只脚的脚印相互交叉；叫声细长而声音尖嫩，倒抓时双脚和头伸直；开食迟，吃得慢。

4. 出壳时间鉴别法

同一批孵化的雏鸡，20.5 天出壳的雄鸡占多数，第 21 天出壳的雌雄鸡数均相等，第 21 天以后出壳的雌鸡占多数。

### (二)雏鸡的分级

每次孵化,总有一些弱雏和畸形雏,孵化成绩越差,弱雏和畸形雏越多。雏鸡经性别鉴定后,即可按体质强弱进行分级,将畸形雏如弯头、弯趾、跛足、关节肿胀、瞎眼、顶脐、大肚、残翅等予以淘汰,弱雏单独饲养。这样可使雏鸡发育均匀,减少疾病感染机会,提高育雏率。健雏与弱雏的挑选可参考表 4-6。

**表 4-6 健雏和弱雏的区别**

| 项目 | 健 雏 | 弱 雏 |
|---|---|---|
| 出壳时间 | 正常时间出壳 | 过早或最后出壳 |
| 绒毛 | 绒毛整洁,长短合适,色素鲜浓 | 蓬乱污秽,缺乏光泽,有时绒毛短缺 |
| 体重 | 体态匀称,大小均匀 | 大小不一,过重或过轻 |
| 脐部 | 愈合良好,干燥,其上覆盖绒毛 | 愈合不好,脐孔大,触摸有硬块,有黏液,或卵黄囊外露,脐部裸露 |
| 腹部 | 大小适中,柔软 | 特别膨大 |
| 精神 | 活泼,腿干结实,反应快 | 痴呆,闭目,站立不稳,反应迟钝 |
| 鸣声 | 响亮而清脆 | 嘶哑或鸣叫不休 |
| 感触 | 有膘,饱满,挣扎有力 | 瘦弱,松软,无力挣扎 |

### (三)雏鸡的运输

雏鸡经雌雄鉴别,分级装箱后,应尽快在出壳后 24 小时运到育雏舍,如为远地运输,也不能超过 48 小时,避免中途死亡,路途过远可用飞机空运。

运输雏鸡的基本要求是迅速及时、安全舒适,并注意卫生。装雏最好选用专用的雏鸡箱,如箱长为 60 cm、宽 45 cm、高 18 cm 的厚瓦楞纸箱或塑料箱,箱的四周和上壁均有通气孔,内分为 4 格,底垫纸屑,每格可容 25 只雏鸡,每箱 100 只。也可利用废弃商品纸箱或木箱代替,但箱内也应设置分隔和通气孔。

运雏最好用备有空调设备的专用运输车。运输前要提前做好清洗消毒，装箱要平稳、牢靠，不能倾斜，不能排过紧，留好通气孔道。如用无空调的专用车辆时，早春运雏要携带御寒的棉被，夏季要携带防雨工具，谨防雨淋，并尽可能在早、晚凉爽时行车。无论何时运雏，途中都要不断检查，发现过冷、过热或通风不良时，应及时采取措施。内河航运方便的地区，如果时间允许，则以船运比较安全平稳。雏鸡运到目的地后，应先放在育雏室休息1～2小时后，再开食饮水。

# 第五章　土鸡的营养需要与饲料

饲料是发展养鸡业的物质基础，人们从事养鸡生产的目的，就是为了获得数量多、质量好的鸡蛋和鸡肉。为此，一方面要提高种鸡繁育率，增加饲养量，另一方面要改良现有鸡的品种，培育新品种，提高其生产性能。而这两个方面都必须有适宜的外部条件来保证。对于鸡机体而言，饲料是极其重要的外部条件，饲料工业是现代化养鸡业的坚强支柱。运用现代营养学的理论和技术，配制鸡的全价配合饲料，是现代化养鸡发展的前提条件和物质基础。而配合饲料的拟定，又要以饲料的营养价值评定和鸡的营养需要理论为基础。因此，了解优质土鸡的营养需要和饲料营养价值表，结合具体的生产条件和经济条件加以科学应用，在现代优质土鸡生产中具有特别重要的意义。

## 一、土鸡的消化特点

土鸡的消化器官与其他家禽基本相同，都是由口腔、食道、胃、十二指肠、小肠、直肠、泄殖腔组成，但与家畜比较有许多不同之处。因而它的消化过程与家畜也有不同。土鸡具有以下特点：基础体温高，物质代谢旺盛，活动力强，生长快，维持消耗所占比例大，消化道短（仅为体长的 6 倍，猪为 14 倍，牛为 20 倍）。虽然其饲料转化率高，但因饲料在消化道内停留时间短，因此在营养需要上按同样体重比家畜需要更多的能量、蛋白质、矿物质和维生素。

（1）口腔　与家畜相比，土鸡的口腔内没有牙齿，依靠坚硬角质化的喙将某些饲料撕碎。土鸡的唾液腺不发达，在消化食物上所起作用不大。

(2)食道　土鸡的食道位于气管右侧,在将进入胸腔处膨大为球状嗉囊。嗉囊不分泌消化液,其具有分泌黏液软化饲料和暂时储存饲料的功能。

(3)胃　土鸡的胃分为腺胃和肌胃两个部分。腺胃很小,饲料在此停留时间短,但其消化腺特别发达,主要分泌蛋白酶和盐酸,用于消化蛋白质和分解矿物质。肌胃肌肉特别发达且容积较腺胃大,其内面覆有坚实的角质膜,肌胃内含有砂石,在肌胃强劲的收缩下,可磨碎坚硬的食物,因而代替了牙齿。

(4)十二指肠　十二指肠上连肌胃下接小肠的上段空肠,成回形,胰管和胆管均开口于十二指肠,胰腺分泌淀粉酶、蛋白酶和脂肪酶,通过胰管进入十二指肠,肝脏分泌胆汁(虽无消化酶但有助于脂肪的乳化)通过胆管进入十二指肠。十二指肠本身也分泌淀粉酶和蛋白酶。

(5)小肠　小肠由空肠和回肠构成,但两者界限不明显。小肠是肠道中最长部分,是各种营养物质消化吸收的主要场所。小肠与直肠交界处有一对盲肠,可消化纤维,但由于只有6%～10%的食物进入盲肠,因此土鸡对纤维的消化能力较低。

(6)直肠　土鸡的直肠很短,末端直接开口于泄殖腔,粪便即从此排出。直肠是吸收水分的主要场所。

(7)泄殖腔　泄殖腔是直肠、输尿管和生殖道的共同开口。

土鸡对饲料的消化率受诸多因素的影响,不同饲料种类和不同配合饲料的消化率不同。一般土鸡对草类消化率低,对谷物的消化率与家畜差别不大,但对其中的纤维的消化却显著地低于家畜。

## 二、土鸡的营养需要

土鸡的营养需要一般包括能量、蛋白质、矿物质、维生素和水

5部分。由于土鸡体温高,代谢旺盛,因此在营养需要上比同体重的家畜要多。

**(一)能量**

土鸡的一切生理活动都离不开能量,如运动、呼吸、循环、吸收、排泄、神经系统、繁殖、体温调节等都需要能量。在土鸡的日粮中,碳水化合物与脂肪是主要的能量来源。摄入多余的蛋白质亦可分解产生热能。碳水化合物包括淀粉、糖类和纤维。在碳水化合物饲料中,淀粉既便宜且来源广泛,因此在饲料配合中可把淀粉作为能量的主要来源。土鸡对纤维素的消化能力较低,一般在日粮中粗纤维的含量应掌握在2.5%～5%。淀粉可以转化为脂肪,土鸡日粮中淀粉含量较高一般能满足对脂肪的需要,唯有亚油酸不能在体内合成,必须从饲料中供给。缺乏亚油酸可使雏鸡生长不良,成年鸡产蛋量少,孵化率低。谷物中玉米的亚油酸含量较高,高粱、麦类等亚油酸含量较低。脂肪的热能价值高,为碳水化合物的2.25倍。土鸡对能量的需求受其体重、产蛋率、环境温度和饲养方式的影响。体重大的比体重小的总能量需要多,单位体重的能量需要则比体重小的少。产蛋率不同,能量的需要亦不同,产蛋率越高,每生产单位重量的蛋消耗的能量越少,饲料报酬也越高。环境温度对能量需要影响很大,土鸡有维持恒定体温的本能,环境温度低时则代谢速度加快,以产生足够的热能来维持正常的体温。雏鸡在35℃环境下,成年鸡在18～24℃时,用于维持正常体温消耗的能量最少,饲养方式不同,能量消耗亦有很大差异,如笼养鸡的活动量受到很大限制,因而非生产活动的能量需要比平养或放养的土鸡少得多。

土鸡在自由采食时,其摄入饲料的量是以满足其能量需要为准。当日粮能量水平高时采食量就少;相反,当日粮能量水平低时采食量就多。采食量发生变化也就改变了蛋白质及其他营养物质的摄取量,因此,配合日粮时首先要确定适宜的能量,然后在此能量基础上确定其他营养物质的需要。

**(二)蛋白质**

蛋白质是含有碳、氢、氧、氮和硫的复杂的有机化合物，它是一切生命的物质基础，由氨基酸组成。土鸡的肌肉、皮肤、羽毛、神经、内脏器官，另外还有酶类、激素、抗体均以蛋白质为主要原料组成。饲料中的蛋白质是土鸡所需蛋白质的唯一来源。

蛋白质的营养价值取决于氨基酸的组成。构成蛋白质的氨基酸有20多种，可分为必需氨基酸和非必需氨基酸两类。

在鸡体内不能合成，或合成的速度慢，合成的数量少而不能满足机体的需要，必须由饲料中供给的氨基酸称为必需氨基酸。土鸡所必需的氨基酸共有13种：赖氨酸、蛋氨酸、异亮氨酸、精氨酸、色氨酸、苏氨酸、苯丙氨酸、组氨酸、亮氨酸、缬氨酸、胱氨酸、酪氨酸、甘氨酸等。其中赖氨酸、蛋氨酸、胱氨酸和色氨酸尤其重要。因为在植物性蛋白质饲料中，这4种氨基酸含量太少，限制了其他氨基酸的利用，称为限制性氨基酸。如饲料中某一限制性氨基酸只达到营养需要的50%，那么饲料中蛋白质利用率也只能达到50%，因此蛋白质的供给要质、量并重。

在鸡体内能用其他氨基酸或非蛋白氮合成，不必由饲料中供给的氨基酸，称为非必需氨基酸。

不同种类的饲料，其各种氨基酸的含量也不相同，动物性蛋白质饲料的氨基酸齐全，富含限制性氨基酸，而植物性蛋白质饲料的品质较差，缺乏限制性氨基酸。因此在配制日粮时常用植物蛋白和动物蛋白互相搭配，并在条件允许的情况下使饲料种类尽可能多样化，可使日粮中必需氨基酸之间取长补短，互相补充，达到平衡。同时，也要注意用添加剂的形式，添加限制性氨基酸，这样才能充分提高氨基酸的利用率和饲料的营养价值。

确定蛋白质需要量时，首先应明确日粮的能量水平，因日粮的能量水平决定采食量的多少。不同的生长阶段或生产阶段，不同年龄及环境温度的变化，饲料中所需能量水平均不相同。试验证明，当日粮能量能满足机体需要而蛋白质不足时，机体能量消耗增加；相反，当日粮能量不足而蛋白质过剩时，机体则分解蛋白质补充能量，从而降低了蛋白质利用率增加了成本支出，也造成了蛋白质浪费。

**（三）矿物质**

鸡体内矿物质种类很多，其性质差异也很大，在土鸡的生命活动中，主要调节渗透压，保持酸碱平衡等作用，同时又是骨骼、蛋壳、血红蛋白、激素、辅酶和维生素的主要成分。但任何成分如喂量过多，都会引起营养失衡，甚至中毒，必须合理搭配。土鸡需要的矿物质包括常量元素：钙、钾、镁、钠、磷、氯、硫等；微量元素：铁、铜、钴、锰、碘、硒等。

钙和磷是土鸡体内含量最多的元素，是骨骼的主要成分。钙是蛋壳的主要成分，同时对维持神经和肌肉组织的正常功能起着重要作用。磷在体组织和脏器内含量也较多，同时对于碳水化合物和脂肪的代谢以及维持机体的酸碱平衡具有重要作用。钙和磷有着密切的关系，饲料中除应注意满足供应外，还应注意保持钙、磷的适当比例，一般情况下，雏鸡的钙、磷比例为 2∶1，产蛋土鸡的钙、磷比例为 4∶1，或更高一些为宜。饲料中钙、磷不足或比例不当则会造成雏鸡生长不良，成年鸡产蛋减少，蛋壳变薄，甚至产无壳蛋。植物性饲料中钙、磷比例不当，且利用率低，无机磷和动物性饲料中的钙、磷易于被吸收利用。

氯和钠（即食盐）主要存在于血液、胃液和其他体液中，主要作用是维持渗透压、酸碱平衡和水的代谢。植物性饲料中氯和钠含量都很少，必需补给少量的食盐，食盐不足则鸡的消化不良，食欲减退，生长发育缓慢，容易出现啄肛、食血等恶癖，产蛋率下降。一般日粮中食盐以 0.37％为宜，过高则容易引起中毒。铁、铜和钴 3 种元素在体内具有协同作用，缺一不可。铁是合成血红蛋白的核心材料，担负氧气的输送功能。铜有催化血红蛋白形成的作用，缺少铁、铜时，易患贫血症。饲料中缺铜时会引起铁的吸收不良。钴是维生素 $B_{12}$ 组成成分，维生素 $B_{12}$ 能抗贫血，缺钴时则妨碍维生素 $B_{12}$ 的合成，最终导致贫血。

锰与骨骼的生长和繁殖有关。锰不足时，雏鸡骨骼发育不良，患屈腱病，生长受阻。成年鸡产蛋和种蛋孵化率低，蛋壳薄。锰在麸皮中含量较多。锌是多种酶的必需成分，参与几乎所有的代谢过程。缺锌时，土鸡生长发育缓慢，羽毛、皮肤发育不良，腿软无力，胫跖关节肥大，死亡率增加；成年鸡产蛋量下降，种蛋孵化率低，胚胎发育不良，对繁殖机能产生严重影响。

碘与甲状腺机能活动有关，缺碘时可引起甲状腺肿大，损害土鸡健康。

硒和维生素 E 有协调作用，但不能相互代替。缺硒时，雏鸡发生皮下渗出性素质病、脑软化症和心包积水等。在土壤缺硒的地区，土鸡饲料中添加量以 0.1 mg/kg 为宜。硒又是有毒物质，饲粮中含量超过 5 mg/kg 时孵化率降低，10 mg/kg 时则不能孵出雏鸡。

**（四）维生素**

维生素在机体物质代谢中起着重要作用，是土鸡维持生命和健康的必需营养物质。包括脂溶性和水溶性维生素，大多数不能在体内合成，其中只有维生素 C 可以合成，只在高温和逆境时有补充的必要。维生素虽然需要量甚微，但缺乏时会造成物质代谢紊乱，影响土鸡生长、产蛋和健康，某些维生素缺乏还会严重影响种蛋的受精和孵化率。

1. 脂溶性维生素

脂溶性维生素有维生素 A、维生素 D、维生素 E、维生素 K 4 种，在天然饲料中存在于含有脂类的饲料中。

（1）维生素 A　又名抗眼病维生素，维生素 A 不存在于植物饲料中，植物中的胡萝卜素可在体内转化为维生素A。缺乏时，出壳雏鸡可表现眼炎或双目失明，生长缓慢，抗病力弱。成年鸡羽毛蓬乱，产蛋减少，种鸡孵化率低。维生素A是最重要而又易感缺乏的维生素之一。主要在鱼肝油、蛋黄、胡萝卜及黄玉米中含量较多，谷物及其副产品中含量较少，因易被氧化，在日粮中应注意补充。

(2)维生素D　又名抗佝偻病维生素，是几种脂溶性固醇衍生物的综合名称，其中以维生素$D_3$的利用率最高，其效能比维生素$D_2$高40倍。在鱼肝油中维生素$D_3$含量丰富。维生素D与体内钙、磷代谢有关，缺乏时，土鸡生长不良，羽毛蓬乱，腿部无力，走动不稳，常伏卧不起，成年鸡产蛋蛋壳变薄，甚至产软蛋，与缺乏钙、磷的症状相同。土鸡皮下的7-脱氢胆固醇经阳光照射可生成维生素D，舍饲时应注意补充。

(3)维生素E　又名生育酚，抗不育维生素。维生素E缺乏时，易引起土种公鸡睾丸退化变性，母鸡蛋受精率和孵化率降低，孵化时胚胎死亡率增高。雏鸡发生脑软化症，步态紊乱，脑机能障碍，运动失调。麦芽、谷物胚和青绿饲料中富含维生素E。饲料中一般能够满足土鸡的需要，只有处于逆境的情况下才容易缺乏。

(4)维生素K　又名抗出血性维生素，是土鸡维生素正常凝血所必需的一个成分。缺乏时，雏鸡易患出血病，常见翼下出血，冠苍白，死前呈蹲坐姿势。母鸡缺乏维生素K，孵出的雏鸡亦易患出血病。已知维生素K有4种，维生素$K_1$在饲料中和大豆中含量丰富，维生素$K_2$可在肠道内合成，维生素$K_3$、维生素$K_4$为化学制剂常用做补充剂。

2. 水溶性维生素

水溶性维生素除维生素C外，其余均称为B族维生素。

(1)维生素C　又名抗坏血酸，青绿饲料中含量较多，土鸡在正常情况下自身合成的维生素C能够满足需要，只有在夏季高温、运输、转群、断喙、发病等逆境时才需要添加。

(2)维生素 $B_1$　又名硫胺素，与保持糖类代谢和神经机能正常有关。缺乏时，土鸡食欲减退，消化不良和发生痉挛，在糠麸、青饲料和干草中含量丰富。

(3)维生素 $B_2$　又名核黄素，对体内氧化还原、调节细胞呼吸起重要作用。缺乏时，雏鸡生长不良，足趾弯曲瘫痪，有时以关节触地走路，趾向内侧蜷曲。成年鸡产蛋减少，特别是孵化率低。主要存在于酵母、鱼粉、糠麸、小麦、青饲料和干草粉中。

(4)维生素 $B_3$　又名泛酸，与碳水化合物、蛋白质和脂肪代谢有关。缺乏时，土鸡易发生皮肤炎，羽毛蓬乱，生长受阻，骨短粗，口角有局限性痂块损伤，种蛋孵化率降低。主要在酵母、糠麸、小麦和青饲料中含量较多。

(5)维生素 $B_4$　又称胆碱，是体内甲基化合物，为蛋氨酸等合成甲基的来源，胆碱有助于脂肪的移动，可预防脂肪肝。雏鸡易缺乏，造成生长缓慢，发生屈腱病。在小麦胚芽、鱼粉、豆饼、糠麸中含量较多。

(6)维生素 $B_5$　又称烟酸和维生素 PP，是某些酶类的主要成分，与碳水化合物、脂肪和蛋白质代谢有关。雏鸡需要量大，缺乏时食欲减退，生长缓慢，关节肿大，腿骨弯曲。成鸡缺乏时，产蛋率和种蛋孵化率降低。主要存在于酵母、豆类、糠麸、青饲料和鱼粉中。

(7)维生素 $B_6$　又名吡哆醇。缺乏时，土鸡发生神经障碍，表现出兴奋而至痉挛，雏鸡生长缓慢，食欲减退。吡哆醇在一般饲料中含量很丰富，又可在体内合成，很少有缺乏现象。

(8)维生素 $B_7$　又名生物素或维生素 H，在肝、肾中较多，参与脂肪和蛋白质代谢。缺乏时，土鸡发生皮肤炎，脚底变粗糙，裂缝并出血，喙有溃疡，雏鸡患屈腱病，运动失调，骨骼畸形。种蛋孵化率低。由于鸡蛋蛋白中含有一种抗生物素蛋白，故有啄蛋恶癖的土鸡易患生物素缺乏症。生物素广泛存在于鱼肝油、酵母、鱼粉、青饲料、谷物和糠麸中，唯雏鸡利用率低。

(9)维生素 $B_{11}$　又称叶酸，与维生素 $B_{12}$ 共同参与核酸的代谢和核蛋白的形成。缺乏时，雏鸡生长缓慢，羽毛生长不良，贫血，骨短粗，种鸡孵化率低。叶酸在苜蓿粉、酵母、大豆饼、麸皮和小麦芽中含量较多。

(10)维生素 $B_{12}$　又名氰钴胺素，参与核酸合成，甲基合成，碳水化合物、脂肪代谢以及与维持血液中谷胱甘肽有关。缺乏时，雏鸡生长不良，贫血，肾肿大，种蛋孵化率降低。主要存在于鱼粉、骨肉粉、血粉等动物性饲料中，苜蓿中也较多。

**(五)水**

水是组成土鸡体各种组织器官的主要组成成分。雏鸡体内含水分约70%，成年鸡50%。水在营养物质的吸收、代谢、废物的排泄以及血液循环、体温调节上都起到重要的作用。当土鸡饮水不足时，则引起血液浓稠，体温升高，饲料消化吸收不良，生长和产蛋均受影响。

土鸡体内的水分主要来源于饮水，其次来源于青绿饲料和自身的代谢。土鸡的饮水量与环境温度、生产水平、生长阶段、饲养方式等有关，一般情况下其饮水量为采食量的1.6～2倍。

## 三、土鸡的饲料

**(一)能量饲料**

饲料干物质中蛋白质含量低于20%，纤维素低于18%的饲料都属于能量饲料。此类饲料富含淀粉、糖类，包括谷物子实类，糠麸类，块根、块茎以及瓜类。

1. 玉米

含能量高，纤维少，而且产量高，价格便宜，是土鸡日粮中使用最广泛和用量最大的能量饲料。黄玉米的叶黄素和胡萝卜素多，有利于蛋黄和皮肤的着色。其用量可占日粮的35%～65%。不足之处是钙、磷、B族维生素和蛋白质含量低，且蛋白质品质差，缺乏赖氨酸和蛋氨酸。

2. 高粱

脱壳高粱能量含量与玉米相似，粗蛋白质含量较玉米稍高，脂肪较玉米低，缺乏胡萝卜素和维生素D，单宁含量高，味苦，适口性差，一般在配合饲料时用量不要超过20%。

3. 麦类

包括小麦、大麦和燕麦。麦类含能量较高仅次于玉米，粗蛋白质含量比玉米稍高，品质较优。大麦和燕麦比小麦能量低，B族维生素含量丰富，只是皮壳粗硬，不易消化，宜磨碎或发芽后饲喂。麦类用量可占日粮的10%～30%。

4. 小米及碎大米

淀粉含量高，纤维含量低易于消化，便于雏鸡的啄食，是民间饲喂土雏鸡的最好饲料。缺点与玉米相似。

5. 小麦麸和米糠

粗蛋白质、锰和B族维生素含量较高。但其能量低、粗纤维含量高、体积大，喂土鸡用量不宜过多，雏鸡8%左右，成年鸡5%左右。

### (二)蛋白质饲料

凡干物质中粗蛋白质含量在20%以上，粗纤维含量在18%以下的饲料都是蛋白质饲料。蛋白质饲料分为植物性蛋白质饲料、动物性蛋白质饲料和单细胞蛋白质饲料3大类。

1. 植物性蛋白质饲料

(1)豆饼　豆饼是大豆提取油脂后的副产品，用压榨法加工的叫豆饼，用浸提法加工的叫豆粕。豆饼的蛋白质含量及蛋白质的营养价值都很高，适口性好，赖氨酸和B族维生素含量也很丰富。

豆粕蛋白质营养价值较豆饼高，但能量水平稍低。豆饼用量可以占饲粮的10%～20%。

(2)花生饼　蛋白质含量与豆饼相似，适口性好，蛋氨酸含量较高，但赖氨酸、色氨酸含量低，且脂肪含量偏高，易霉变，其霉变物中含有毒性极强的黄曲霉素，不宜饲喂土鸡。故储存花生饼时应注意防潮和太阳直射。使用时应与豆饼及动物性蛋白饲料联合使用，用量可占饲粮的10%～20%。

(3)棉子饼　蛋白质含量接近豆饼，但因含有有毒的棉酚，未经去毒处理的不宜使用，去毒棉子饼一般不超过饲喂量的8%，如用做种鸡饲料则要控制在4%以下。

(4)其他植物性蛋白质饲料　菜子饼、向日葵饼、芝麻饼和亚麻仁饼都可作为土鸡的蛋白质饲料，用量可占日粮的5%～10%。菜子饼含有芥素，喂前应加温去毒，亚麻饼如用温水浸泡会产生剧毒氢氰酸，导致土鸡中毒，这些在饲喂时应特别注意。

2.动物性蛋白质饲料

(1)鱼粉　鱼粉是最理想的动物性蛋白饲料，其蛋白质含量多，氨基酸组成完善，尤其是限制性氨基酸含量丰富，钙、磷、B族维生素含量高。但由于鱼粉价格太高，用量一般控制在3%～7%。同时在使用鱼粉时，要注意其品质的区别，还要注意其含盐量、存放时间、是否生虫或腐败。

(2)肉骨粉　肉骨粉品质较鱼粉差，其成分因肉、骨、内脏的比例不同而有很大差别，雏鸡用量不超过5%，成年鸡可达5%～10%。腐败变质的不宜使用。

(3)蚕蛹　蚕蛹的蛋白质含量高，脂肪含量丰富，但因有腥臭味，长期大量使用，对土鸡肉质有影响，用量不宜过高，以占饲粮的3%～5%为宜。

(4)血粉　血粉的蛋白质含量极高，但氨基酸不平衡，且不易消化，利用率低，雏鸡最好不用，成年鸡应控制在5%以下。

(5)其他动物性蛋白质饲料　其他动物性蛋白质饲料如蚯蚓、小鱼虾、蚌、螺、肉类加工下脚料等，经过加工处理后都可作为土鸡的动物性蛋白质的补充饲料。

3. 单细胞蛋白质饲料

单细胞蛋白质饲料主要是酵母，其蛋白质含量40%～45%，富含B族维生素，在配合饲料中可占5%左右。

**(三)矿物质饲料**

矿物质饲料是满足土鸡对钙、磷、锰、锌、氯、钠等矿物质元素需要的饲料，它用量较少，却是土鸡生命活动不可缺少的物质。

1. 骨粉　骨粉为优良的钙、磷饲料，比例适当，利用率高，以蒸骨粉最好。骨粉喂量占饲料的1%～1.5%。

2. 贝壳、石灰石粉、蛋壳　贝壳粉是最好的矿物质饲料，含钙多，易于吸收。石灰石粉是天然碳酸钙，其含钙量在35%左右，且价格便宜。蛋壳经清洗、煮沸处理后，亦是很好的钙质饲料。

3. 磷酸钙和磷酸氢钙　其是优良的磷、钙补充饲料，但天然磷矿石含氟量高，应做脱氟处理，含氟量在400 mg/kg以下方可使用。磷酸钙用量占饲料的1%～1.5%。

4. 食盐　食盐是钠和氯的来源，雏鸡用量0.25%～0.3%，成年鸡0.3%～0.4%，如饲料中使用的鱼粉的含盐量高时，应注意减少食盐的用量，以免造成过量中毒。

5. 沙粒　沙粒虽不能消化利用，但在土鸡肌胃内能提高肌胃的研磨力，除散养土鸡外，笼养及冬季舍饲的土鸡要补给沙粒。每100只鸡一个月应补喂250 g沙粒。

**(四)维生素饲料**

对于散放饲养及未使用添加剂的土鸡场，青饲料和干草粉是主要的维生素来源。由于土鸡对粗纤维的消化能力较弱，因此所使用的青饲料应该是一些细嫩易消化的蔬菜、牧草等，青饲料中胡萝卜素和某些B族维生素丰富，并含有一些微量元素，适口性好，易消化,土鸡喜食。用量可占精料的20%～30%,小型饲养场和农户饲养土鸡时,利用2～3种青饲料混合喂饲,即可满足土鸡对维生素的需要。大型饲养场,就要用维生素添加剂来满足土鸡对维生素的需要。

### (五)添加剂饲料

添加剂饲料种类很多,可分为营养性添加剂和非营养性添加剂两大类。

营养性添加剂包括维生素添加剂、微量元素添加剂和氨基酸添加剂。微量元素和维生素添加剂一般按饲养标准的要求量添加,在鸡群患病或处于逆境时,某些维生素需要量增加,称为抗逆境添加剂,专用于运输、转群、注射疫苗时添加。氨基酸添加剂主要有人工合成的蛋氨酸和赖氨酸,在饲喂缺乏动物性蛋白的饲料时,添加蛋氨酸和赖氨酸可大大提高饲料蛋白质的利用率。

非营养性添加剂包括抗生素、抗寄生虫剂、抗氧化剂、防腐剂以及增加蛋黄和皮肤颜色的着色剂。抗菌添加剂具有增强抗病力、促进生长、提高饲料利用率的作用。在使用过程中,常交叉使用,防止产生抗药性,并在屠宰前2～3周停止使用。常用的抗生素有:喹乙醇、杆菌肽锌、土霉素、泰乐霉素、硫酸黏杆菌素等。抗球虫剂多用于2～3月龄前的土鸡饲料中,具有预防和治疗土鸡球虫病的作用。抗氧化剂和防腐剂只在配合饲料保存期过长时添加。

添加剂用量甚微,必须预先用扩散剂(如玉米面)预先混合后再放入配合饲料中,充分混匀,以防发生营养欠缺,药效不佳,甚至中毒。维生素添加剂不能和矿物质添加剂混在一起,容易造成维生素失效。

## 四、土鸡日粮的配合

### (一)饲养标准

土鸡的饲养标准是根据土鸡的不同年龄、体重、生产用途和生产水平，结合饲养实验，科学地规定土鸡所需日粮的能量浓度、蛋白质水平以及其他各种营养物质的最低需要量，以及这些营养物质需要量之间的比例关系。土鸡的饲养标准是设计饲料的重要依据，但也不是一成不变的，由于自然条件、管理水平等的差异性，决定了广大土鸡饲养户应根据本地区的实际情况和生产实践，不断地修改、充实、完善，以便更适合土鸡的生长发育和生产需要。

按照饲养标准的规定进行土鸡的饲养，可避免饲养中的盲目性，有利于充分发挥生产能力，节省饲料开支，降低生产成本，以最少的饲料投入获得最大的经济效益。

土鸡饲养标准包括各种营养的需要量和各种饲料的营养价值两大部分。在制定饲料配方时，最好使用原料产地的饲料营养价值表，如有条件应将所用原料进行逐一化验分析，但在各种条件不具备的情况下，只有参考现有营养价值表（表5-1至表5-3）。

**表5-1　土鸡建议饲养标准**

| 项　目 | 周　龄 | | | 产蛋50%以下 | 产蛋50%以上 |
|---|---|---|---|---|---|
| | 0～9 | 10～20 | 21～28 | | |
| 代谢能(MJ/kg) | 11.92 | 11.72 | 11.30 | 11.50 | 11.50 |
| 粗蛋白质(%) | 18 | 16 | 12 | 14 | 15 |
| 蛋氨酸(%) | 0.30 | 0.27 | 0.20 | 0.30 | 0.35 |
| 蛋氨酸＋胱氨酸(%) | 0.60 | 0.53 | 0.40 | 0.55 | 0.63 |
| 赖氨酸(%) | 0.85 | 0.64 | 0.45 | 0.65 | 0.70 |
| 粗纤维(%) | 3.5 | 4 | 6 | 4.5 | 4 |
| 钙(%) | 0.8 | 0.7 | 0.6 | 3.0 | 3.2 |
| 有效磷(%) | 0.4 | 0.35 | 0.30 | 0.32 | 0.32 |
| 食盐(%) | 0.37 | 0.37 | 0.37 | 0.37 | 0.37 |

表 5-2 土鸡的常用饲料成分及营养价值

| 饲料名称 | 玉米 | 大麦 | 小麦 | 高粱 | 稻谷 | 糙大米 | 碎大米 |
|---|---|---|---|---|---|---|---|
| 干物质(%) | 88.4 | 88.8 | 91.8 | 89.3 | 90.6 | 87.0 | 88.0 |
| 代谢能(Mcal/kg) | 3.36 | 2.66 | 3.08 | 3.11 | 2.55 | 3.34 | 3.37 |
| 代谢能(MJ/kg) | 14.06 | 11.13 | 12.89 | 13.01 | 10.67 | 13.97 | 14.10 |
| 粗蛋白(%) | 8.6 | 10.8 | 12.1 | 8.7 | 8.3 | 8.8 | 8.8 |
| 粗脂肪(%) | 3.5 | 2.0 | 1.8 | 3.3 | 1.5 | 2.0 | 2.2 |
| 粗纤维(%) | 2.0 | 4.7 | 2.4 | 2.2 | 8.5 | 0.7 | 1.1 |
| 无氮浸出物(%) | 72.9 | 68.1 | 73.2 | 72.9 | 97.5 | 74.2 | 74.3 |
| 粗灰分(%) | 1.4 | 3.2 | 2.3 | 2.2 | 4.8 | 1.3 | 1.6 |
| 钙(%) | 0.04 | 0.12 | 0.07 | 0.09 | 0.07 | 0.04 | 0.04 |
| 总磷(%) | 0.21 | 0.29 | 0.36 | 0.28 | 0.28 | 0.25 | 0.23 |
| 有效磷(%) | 0.06 | 0.09 | 0.12 | 0.08 | 0.08 | 0.08 | 0.07 |
| 赖氨酸(%) | 0.27 | 0.37 | 0.33 | 0.22 | 0.31 | 0.29 | 0.34 |
| 蛋氨酸(%) | 0.13 | 0.13 | 0.14 | 0.08 | 0.08 | 0.08 | 0.07 |
| 胱氨酸(%) | 0.18 | 0.22 | 0.30 | 0.12 | 0.12 | 0.14 | 0.18 |
| 色氨酸(%) | 0.08 | 0.10 | 0.14 | 0.08 | 0.09 | 0.18 | 0.12 |
| 苏氨酸(%) | 0.31 | 0.36 | 0.34 | 0.25 | 0.28 | 0.28 | 0.29 |
| 异亮氨酸(%) | 0.29 | 0.37 | 0.46 | 0.24 | 0.29 | 0.30 | 0.32 |
| 组氨酸(%) | 0.24 | 0.18 | 0.27 | 0.17 | 0.17 | 0.17 | 0.19 |
| 缬氨酸(%) | 0.46 | 0.55 | 0.57 | 0.36 | 0.47 | 0.49 | 0.46 |
| 亮氨酸(%) | 1.05 | 0.70 | 0.08 | 1.05 | 0.58 | 0.61 | 0.59 |
| 精氨酸(%) | 0.44 | 0.51 | 0.53 | 0.32 | 0.61 | 0.65 | 0.67 |
| 苯丙氨酸(%) | 0.47 | 0.50 | 0.59 | 0.44 | 0.36 | 0.34 | 0.40 |
| 酪氨酸(%) | 0.32 | 0.34 | 0.40 | 0.32 | 0.32 | 0.42 | 0.38 |
| 甘氨酸(%) | 0.34 | 0.41 | 0.59 | 0.30 | 0.36 | 0.35 | 0.37 |
| 丝氨酸(%) | 0.38 | 0.46 | 0.52 | 0.32 | 0.40 | 0.41 | 0.44 |

续表 5-2

| 饲料名称 | 裸大麦（青稞） | 粟（谷子） | 小米 | 燕麦 | 大豆 | 黑豆 | 豌豆 |
|---|---|---|---|---|---|---|---|
| 干物质(%) | 88.0 | 91.9 | 86.8 | 90.3 | 88.0 | 88.0 | 88.0 |
| 代谢能(Mcal/kg) | 2.77 | 2.42 | 3.36 | 2.70 | 3.30 | 3.14 | 2.73 |
| 代谢能(MJ/kg) | 11.59 | 10.13 | 14.06 | 11.30 | 14.06 | 13.14 | 11.42 |
| 粗蛋白(%) | 12.0 | 9.7 | 8.9 | 11.6 | 37.0 | 36.1 | 22.0 |
| 粗脂肪(%) | 1.8 | 2.6 | 2.7 | 5.2 | 16.2 | 14.5 | 1.5 |
| 粗纤维(%) | 2.5 | 7.4 | 1.3 | 8.9 | 5.1 | 6.7 | 5.9 |
| 无氮浸出物(%) | 69.4 | 67.1 | 72.5 | 60.7 | 25.1 | 26.4 | 55.1 |
| 粗灰分(%) | 2.1 | 5.1 | 1.4 | 3.9 | 4.6 | 4.3 | 2.9 |
| 钙(%) | 0.08 | 0.06 | 0.05 | 0.15 | 0.27 | 0.24 | 0.13 |
| 总磷(%) | 0.31 | 0.26 | 0.32 | 0.33 | 0.48 | 0.48 | 0.39 |
| 有效磷(%) | 0.09 | 0.08 | 0.10 | 0.10 | 0.14 | 0.14 | 0.12 |
| 赖氨酸(%) | 0.47 | 0.18 | 0.15 | 0.40 | 2.30 | 2.18 | 1.61 |
| 蛋氨酸(%) | 0.13 | 0.17 | 0.20 | 0.15 | 0.40 | 0.37 | 0.10 |
| 胱氨酸(%) | 0.22 | 0.18 | 0.21 | 0.17 | 0.55 | 0.55 | 0.46 |
| 色氨酸(%) | 0.13 | 0.17 | 0.20 | 0.15 | 0.40 | 0.43 | 0.18 |
| 苏氨酸(%) | 0.48 | 0.29 | 0.34 | 0.47 | 1.14 | 1.49 | 0.93 |
| 异亮氨酸(%) | 0.49 | 0.30 | 0.42 | 0.43 | 1.77 | 1.69 | 0.85 |
| 组氨酸(%) | 0.29 | 0.16 | 0.20 | 0.25 | 0.94 | 0.80 | 0.69 |
| 缬氨酸(%) | 0.47 | 0.52 | 0.55 | 0.63 | 1.80 | 1.72 | 0.99 |
| 亮氨酸(%) | 0.99 | 0.79 | 1.38 | 0.93 | 2.94 | 2.91 | 1.55 |
| 精氨酸(%) | 0.72 | 0.26 | 0.32 | 0.87 | 2.29 | 2.75 | 2.89 |
| 苯丙氨酸(%) | 0.50 | 0.42 | 0.59 | 0.58 | 1.81 | 1.93 | 1.05 |
| 酪氨酸(%) | 0.52 | 0.28 | 0.39 | 0.36 | 1.32 | 1.31 | 0.73 |
| 甘氨酸(%) | 0.41 | 0.47 | 0.39 | 0.61 | 1.64 | 1.30 | 1.01 |
| 丝氨酸(%) | 0.61 | 0.47 | 0.39 | 0.63 | 2.03 | 1.77 | 1.13 |

续表 5-2

| 饲料名称 | 蚕豆 | 豆饼（机榨） | 豆粕（浸提） | 黑豆饼（机榨） | 菜子粕（机榨） | 菜子粕（浸提） | 棉仁饼（带部分壳,机榨） |
|---|---|---|---|---|---|---|---|
| 干物质(%) | 88.0 | 90.6 | 92.4 | 88.0 | 92.2 | 91.2 | 92.2 |
| 代谢能(Mcal/kg) | 2.58 | 2.64 | 2.64 | 2.25 | 2.02 | 1.91 | 1.95 |
| 代谢能(MJ/kg) | 10.79 | 11.05 | 10.29 | 10.54 | 8.45 | 7.99 | 8.16 |
| 粗蛋白(%) | 24.9 | 43.0 | 47.2 | 39.8 | 36.4 | 38.5 | 33.8 |
| 粗脂肪(%) | 1.4 | 5.4 | 1.1 | 4.9 | 7.8 | 1.4 | 6.0 |
| 粗纤维(%) | 7.5 | 5.7 | 5.4 | 6.9 | 10.7 | 11.8 | 15.1 |
| 无氮浸出物(%) | 50.9 | 30.6 | 32.6 | 29.7 | 29.3 | 32.8 | 31.2 |
| 粗灰分(%) | 3.8 | 5.9 | 6.1 | 6.7 | 8.0 | 6.7 | 6.1 |
| 钙(%) | 0.15 | 0.32 | 0.32 | 0.42 | 0.73 | 0.79 | 0.31 |
| 总磷(%) | 0.40 | 0.50 | 0.62 | 0.48 | 0.95 | 0.96 | 0.64 |
| 有效磷(%) | 0.12 | 0.15 | 0.19 | 1.14 | 0.29 | 0.29 | 0.19 |
| 赖氨酸(%) | 1.66 | 2.45 | 2.54 | 2.33 | 1.23 | 1.35 | 1.29 |
| 蛋氨酸(%) | 0.12 | 0.48 | 0.51 | 0.46 | 0.61 | 0.77 | 0.36 |
| 胱氨酸(%) | 0.52 | 0.60 | 0.65 | 0.60 | 0.61 | 0.69 | 0.38 |
| 色氨酸(%) | 0.21 | 0.60 | 0.65 | 0.47 | 0.45 | 0.51 | 0.35 |
| 苏氨酸(%) | 0.94 | 1.74 | 1.85 | 1.79 | 1.52 | 1.64 | 1.15 |
| 异亮氨酸(%) | 1.01 | 1.97 | 2.15 | 1.85 | 1.36 | 1.45 | 1.00 |
| 组氨酸(%) | 0.64 | 1.10 | 1.18 | 1.02 | 0.87 | 0.94 | 0.86 |
| 缬氨酸(%) | 1.18 | 2.04 | 2.19 | 1.88 | 1.74 | 1.87 | 1.59 |
| 亮氨酸(%) | 1.83 | 3.30 | 3.46 | 3.14 | 2.36 | 2.58 | 1.98 |
| 精氨酸(%) | 2.40 | 3.18 | 3.40 | 3.02 | 1.87 | 1.98 | 3.57 |
| 苯丙氨酸(%) | 1.04 | 2.01 | 2.25 | 2.13 | 1.55 | 1.86 | 1.77 |
| 酪氨酸(%) | 0.86 | 1.44 | 1.57 | 1.43 | 0.95 | 1.04 | 1.02 |
| 甘氨酸(%) | 1.07 | 1.86 | 1.97 | 1.76 | 1.70 | 1.84 | 1.56 |
| 丝氨酸(%) | 1.33 | 2.32 | 2.44 | 2.32 | 1.57 | 1.74 | 1.54 |

续表 5-2

| 饲料名称 | 棉仁粕（带部分壳，浸提） | 花生仁饼（机榨） | 胡麻仁饼（浸提） | 胡麻仁饼（机榨） | 芝麻饼（机榨） | 向日葵仁粕（带部分壳，浸提） | 向日葵仁粕（带部分壳，压榨） |
|---|---|---|---|---|---|---|---|
| 干物质(%) | 91.0 | 90.0 | 89.0 | 92.0 | 92.0 | 92.5 | 93.8 |
| 代谢能(Mcal/kg) | 1.90 | 2.93 | 1.70 | 1.86 | 2.14 | 1.42 | 1.66 |
| 代谢能(MJ/kg) | 7.95 | 12.26 | 7.11 | 1.86 | 2.14 | 1.42 | 1.66 |
| 粗蛋白(%) | 41.4 | 43.9 | 36.2 | 33.1 | 39.2 | 5.94 | 6.94 |
| 粗脂肪(%) | 0.9 | 6.6 | 1.1 | 7.5 | 10.3 | 1.2 | 8.8 |
| 粗纤维(%) | 12.9 | 5.3 | 9.2 | 9.8 | 7.2 | 22.8 | 1.98 |
| 无氮浸出物(%) | 29.4 | 29.1 | 35.7 | 34.0 | 34.9 | 30.5 | 32.1 |
| 粗灰分(%) | 6.4 | 5.1 | 6.8 | 7.6 | 10.4 | 5.9 | 4.6 |
| 钙(%) | 0.36 | 0.25 | 0.58 | 0.58 | 2.24 | 0.41 | 0.41 |
| 总磷(%) | 1.02 | 0.52 | 0.77 | 0.77 | 1.19 | 0.84 | 0.81 |
| 有效磷(%) | 0.31 | 0.16 | 0.23 | 0.23 | 0.36 | 0.25 | 0.21 |
| 赖氨酸(%) | 1.39 | 1.35 | 1.20 | 1.18 | 0.93 | 1.17 | 1.13 |
| 蛋氨酸(%) | 0.41 | 0.39 | 0.50 | 0.44 | 0.81 | 0.66 | 0.46 |
| 胱氨酸(%) | 0.46 | 0.63 | 0.50 | 0.31 | 0.60 | 0.70 | 0.70 |
| 色氨酸(%) | 0.50 | 0.30 | 0.48 | 0.40 | 0.40 | 0.60 | 0.58 |
| 苏氨酸(%) | 1.29 | 1.23 | 1.29 | 1.20 | 1.32 | 1.50 | 1.22 |
| 异亮氨酸(%) | 1.20 | 1.34 | 1.27 | 1.25 | 1.42 | 1.74 | 1.13 |
| 组氨酸(%) | 1.05 | 0.92 | 0.76 | 0.63 | 0.81 | 1.00 | 0.82 |
| 缬氨酸(%) | 1.76 | 1.66 | 1.59 | 1.52 | 1.84 | 2.30 | 2.25 |
| 亮氨酸(%) | 2.14 | 2.78 | 2.10 | 2.02 | 2.52 | 2.60 | 2.47 |
| 精氨酸(%) | 3.75 | 5.16 | 3.14 | 2.97 | 3.97 | 2.90 | 2.40 |
| 苯丙氨酸(%) | 1.98 | 2.20 | 1.68 | 1.60 | 1.68 | 1.90 | 1.77 |
| 酪氨酸(%) | 1.18 | 1.60 | 0.92 | 0.76 | 1.21 | 0.84 | 0.78 |
| 甘氨酸(%) | 1.70 | 2.45 | 1.92 | 1.91 | 1.81 | 1.43 | 1.07 |
| 丝氨酸(%) | 1.68 | 1.67 | 1.34 | 1.22 | 1.53 | 1.20 | 0.78 |

续表 5-2

| 饲料名称 | 米糠饼 | 玉米胚芽饼（机榨） | 小麦麸 | 小麦麸（七二粉麸） | 小麦麸（八四粉麸） | 米糠（无稻壳） | 甘薯粉 |
|---|---|---|---|---|---|---|---|
| 干物质(%) | 90.7 | 90.7 | 88.6 | 88.0 | 88.0 | 90.2 | 89.0 |
| 代谢能(Mcal/kg) | 2.24 | 2.28 | 1.57 | 1.90 | 1.73 | 2.61 | 2.82 |
| 代谢能(MJ/kg) | 9.37 | 9.54 | 6.57 | 7.95 | 7.24 | 10.92 | 11.80 |
| 粗蛋白(%) | 15.2 | 16.8 | 14.4 | 14.2 | 15.4 | 12.1 | 3.8 |
| 粗脂肪(%) | 7.3 | 8.7 | 3.7 | 3.1 | 2.0 | 15.5 | 1.3 |
| 粗纤维(%) | 8.9 | 5.7 | 9.2 | 7.3 | 8.2 | 9.2 | 2.2 |
| 无氮浸出物(%) | 49.3 | 54.4 | 56.2 | 60.2 | 58.0 | 43.3 | 79.2 |
| 粗灰分(%) | 10.0 | 4.4 | 5.1 | 5.0 | 4.4 | 10.1 | 2.5 |
| 钙(%) | 0.12 | 0.03 | 0.18 | 0.12 | 0.14 | 9.14 | 0.15 |
| 总磷(%) | 1.49 | 0.85 | 0.78 | 0.85 | 1.06 | 1.04 | 0.11 |
| 有效磷(%) | 0.45 | 0.23 | 0.23 | 0.26 | 0.32 | 0.31 | 0.03 |
| 赖氨酸(%) | 0.63 | 0.69 | 0.47 | 0.54 | 0.54 | 0.56 | 0.14 |
| 蛋氨酸(%) | 2.23 | 0.23 | 0.15 | 0.17 | 0.18 | 0.25 | 0.04 |
| 胱氨酸(%) | 0.22 | 0.34 | 0.33 | 0.40 | 0.40 | 0.20 | 0.05 |
| 色氨酸(%) | 0.17 | 0.17 | 0.23 | 0.27 | 0.27 | 0.16 | 0.03 |
| 苏氨酸(%) | 0.56 | 0.62 | 0.45 | 0.51 | 0.54 | 0.46 | 0.15 |
| 异亮氨酸(%) | 0.55 | 0.49 | 0.37 | 0.44 | 0.46 | 0.45 | 0.12 |
| 组氨酸(%) | 0.35 | 0.45 | 0.35 | 0.42 | 0.42 | 0.32 | 0.05 |
| 缬氨酸(%) | 0.81 | 0.83 | 0.67 | 0.74 | 0.75 | 0.67 | 0.17 |
| 亮氨酸(%) | 1.10 | 1.20 | 0.80 | 0.90 | 0.95 | 0.90 | 0.20 |
| 精氨酸(%) | 1.10 | 1.12 | 0.95 | 1.07 | 1.13 | 0.95 | 0.14 |
| 苯丙氨酸(%) | 0.65 | 0.57 | 0.48 | 0.55 | 0.55 | 0.55 | 0.20 |
| 酪氨酸(%) | 0.45 | 0.52 | 0.37 | 0.45 | 0.45 | 0.38 | 0.14 |
| 甘氨酸(%) | 0.83 | 0.84 | 0.75 | 0.85 | 0.85 | 0.78 | 0.14 |
| 丝氨酸(%) | 0.71 | 0.74 | 0.53 | 0.60 | 0.65 | 0.63 | 0.12 |

续表 5-2

| 饲料名称 | 木薯粉 | 鱼粉（等外） | 鱼粉（国产） | 鱼粉（进口） | 肉骨粉 | 蚕蛹（全脂） | 蚕蛹渣（脱脂） |
|---|---|---|---|---|---|---|---|
| 干物质(%) | 87.2 | 91.2 | 89.5 | 89.0 | 94.0 | 91.0 | 89.3 |
| 代谢能(Mcal/kg) | 2.78 | 2.00 | 2.45 | 2.80 | 2.72 | 3.14 | 2.73 |
| 代谢能(MJ/kg) | 11.63 | 8.37 | 10.25 | 12.13 | 11.38 | 14.27 | 11.42 |
| 粗蛋白(%) | 3.8 | 38.6 | 55.1 | 62.0 | 53.4 | 53.9 | 64.8 |
| 粗脂肪(%) | 0.2 | 4.6 | 9.3 | 9.7 | 9.9 | 22.3 | 3.9 |
| 粗纤维(%) | 2.8 | — | — | — | — | — | — |
| 无氮浸出物(%) | 78.4 | — | — | — | — | — | — |
| 粗灰分(%) | 2.0 | 27.3 | 18.9 | 14.4 | 28.0 | 2.9 | 4.7 |
| 钙(%) | 0.16 | 6.13 | 4.59 | 3.91 | 9.20 | 0.25 | 0.19 |
| 总磷(%) | 0.08 | 1.03 | 2.15 | 2.00 | 4.70 | 0.58 | 0.75 |
| 有效磷(%) | 0.02 | 1.03 | 2.15 | 2.90 | 4.70 | 0.58 | 0.75 |
| 赖氨酸(%) | 0.09 | 2.12 | 3.64 | 4.35 | 2.60 | 3.66 | 4.85 |
| 蛋氨酸(%) | 0.03 | 0.89 | 1.44 | 1.65 | 0.67 | 2.21 | 2.92 |
| 胱氨酸(%) | 0.03 | 0.41 | 0.47 | 0.56 | 0.33 | 0.53 | 0.66 |
| 色氨酸(%) | 0.02 | 0.60 | 0.70 | 0.80 | 0.26 | 1.25 | 1.50 |
| 苏氨酸(%) | 0.07 | 1.75 | 2.22 | 2.88 | 1.94 | 2.41 | 3.14 |
| 异亮氨酸(%) | 0.07 | 1.82 | 2.23 | 2.42 | 1.70 | 2.37 | 3.39 |
| 组氨酸(%) | 0.04 | 0.75 | 0.90 | 1.66 | 0.96 | 1.29 | 1.87 |
| 缬氨酸(%) | 0.11 | 1.99 | 2.29 | 2.80 | 2.25 | 2.97 | 3.79 |
| 亮氨酸(%) | 0.12 | 2.96 | 3.85 | 4.28 | 3.20 | 3.78 | 4.92 |
| 精氨酸(%) | 0.26 | 2.73 | 3.02 | 3.85 | 3.34 | 2.86 | 3.53 |
| 苯丙氨酸(%) | 0.07 | 1.49 | 2.10 | 2.68 | 1.70 | 2.27 | 3.78 |
| 酪氨酸(%) | — | 1.16 | 1.63 | 2.12 | 1.41 | 3.44 | 4.71 |
| 甘氨酸(%) | 0.08 | 3.05 | 3.76 | 4.26 | 6.90 | 2.28 | 2.96 |
| 丝氨酸(%) | — | 1.36 | 2.10 | 2.63 | 2.92 | 2.40 | 3.20 |

续表 5-2

| 饲料名称 | 血粉（喷雾干燥猪血） | 饲料酵母（白地霉） | 苜蓿草粉（优质） | 槐叶草 | 骨粉（脱胶） |
|---|---|---|---|---|---|
| 干物质(%) | 88.9 | 91.9 | 89.0 | 90.3 | 95.2 |
| 代谢能(Mcal/kg) | 2.46 | 2.19 | 0.81 | 0.95 | — |
| 代谢能(MJ/kg) | 10.29 | 9.16 | 3.39 | 3.97 | — |
| 粗蛋白(%) | 84.7 | 41.3 | 20.4 | 18.1 | — |
| 粗脂肪(%) | 0.4 | 1.6 | 3.2 | 3.1 | — |
| 粗纤维(%) | — | — | 19.7 | 11.0 | — |
| 无氮浸出物(%) | — | 32.1 | 35.6 | 46.1 | — |
| 粗灰分(%) | 3.2 | 16.9 | 10.1 | 12.0 | — |
| 钙(%) | 0.20 | 2.20 | 1.46 | 2.21 | — |
| 总磷(%) | 0.22 | — | — | — | 16.40 |
| 有效磷(%) | 0.22 | 2.92 | 0.22 | 0.21 | 16.40 |
| 赖氨酸(%) | 7.07 | 2.32 | 0.83 | 0.84 | — |
| 蛋氨酸(%) | 0.68 | 1.73 | 0.14 | 0.22 | 0.21 |
| 胱氨酸(%) | 1.69 | 0.78 | 0.16 | 0.12 | — |
| 色氨酸(%) | 1.43 | 0.44 | 0.20 | 0.14 | — |
| 苏氨酸(%) | 3.51 | 2.12 | 0.63 | 0.72 | — |
| 异亮氨酸(%) | 0.88 | 1.80 | 0.66 | 0.72 | — |
| 组氨酸(%) | 0.01 | 0.73 | 0.37 | 0.33 | — |
| 缬氨酸(%) | 7.64 | 2.08 | 1.07 | 0.89 | — |
| 亮氨酸(%) | 11.96 | 2.78 | 1.08 | 1.33 | — |
| 精氨酸(%) | 4.13 | 1.86 | 0.46 | 0.88 | — |
| 苯丙氨酸(%) | 6.05 | 1.42 | 1.27 | 0.87 | — |
| 酪氨酸(%) | 2.16 | 1.40 | 0.35 | 0.62 | — |
| 甘氨酸(%) | 4.12 | 1.85 | 0.69 | 0.86 | — |
| 丝氨酸(%) | 3.64 | 1.98 | 1.66 | 0.89 | — |

续表 5-2

| 饲料名称 | 蛋壳粉 | 贝壳粉 | 石粉 | 植物油 | 动物油 |
|---|---|---|---|---|---|
| 干物质(%) | — | — | — | 99.5 | 99.5 |
| 代谢能(Mcal/kg) | — | — | — | 8.80 | 7.70 |
| 代谢能(MJ/kg) | — | — | — | 36.82 | 32.22 |
| 粗蛋白(%) | — | — | — | — | — |
| 粗脂肪(%) | — | — | — | 99.4 | 99.4 |
| 粗纤维(%) | — | — | — | — | — |
| 无氮浸出物(%) | — | — | — | — | — |
| 粗灰分(%) | — | — | — | — | — |
| 钙(%) | 37.0 | 33.4 | 35.0 | — | — |
| 总磷(%) | 0.15 | 0.14 | 35.0 | — | — |
| 有效磷(%) | 0.15 | 0.14 | — | — | — |

**表 5-3　常用矿物质化合物的元素含量(纯度为 100%时)**

| 元素 | 化合物名称 | 化学式 | 矿物质元素含量(%) |
|---|---|---|---|
| 钙 | 碳酸钙 | $CaCO_3$ | Ca=40 |
| | 石灰石粉 | | Ca=34～38 |
| | | | Ca=31～32 |
| | 蒸骨粉 | | P=31～32 |
| 钙、磷 | 磷酸氢钙 | $CaHPO_4 \cdot 2H_2O$ | Ca=23.2 |
| | | | P=18 |
| | 过磷酸钙 | $Ca(HPO_4)_2 \cdot H_2O$ | Ca=15.9 |
| | | | P=24.6 |
| | 磷酸钙 | $Ca(PO_4)_2$ | Ca=38.76 |
| | | | P=19.97 |
| 钠、氯 | 氯化钠 | NaCl | Na=39.3 |
| | | | Cl=60.7 |

续表 5-3

| 元素 | 化合物名称 | 化学式 | 矿物质元素含量(%) |
|---|---|---|---|
| 铁 | 七水硫酸亚铁 | $FeSO_4 \cdot 7H_2O$ | Fe=20.1 |
| | 一水硫酸亚铁 | $FeSO_4 \cdot H_2O$ | Fe=32.9 |
| | 碳酸亚铁 | $FeCO_3 \cdot H_2O$ | Fe=41.7 |
| | 五水硫酸铜 | $CuSO_4 \cdot 5H_2O$ | Cu=25.5 |
| | 一水硫酸铜 | $CuSO_4 \cdot H_2O$ | Cu=35.8 |
| | 碳酸铜 | $CuCO_3$ | Cu=51.4 |
| 锰 | 五水硫酸锰 | $MnSO_4 \cdot 5H_2O$ | Mn=22.8 |
| | 一水硫酸锰 | $MnSO_4 \cdot H_2O$ | Mn=32.5 |
| | 碳酸锰 | $MnCO_3$ | Mn=47.8 |
| | 氧化锰 | MnO | Mn=77.4 |
| 锌 | 七水硫酸锌 | $ZnSO_4 \cdot 7H_2O$ | Zn=22.7 |
| | 一水硫酸锌 | $ZnSO_4 \cdot H_2O$ | Zn=36.45 |
| | 氧化锌 | ZnO | Zn=80.3 |
| | 碳酸锌 | $ZnCO_3$ | Zn=52.15 |
| 硒 | 亚硒酸钠 | $Na_2SeO_3$ | Se=45.6 |
| | 硒酸钠 | $Na_2SeO_4$ | Se=41.77 |
| 碘 | 碘化钾 | KI | I=76.45 |
| | 碘酸钙 | $Ca(IO_3)_2$ | I=65.1 |

**(二)饲料配合的基本原则**

①要考虑饲料的资源及成本。要尽可能地选用当地生产的质优价廉的饲料,使饲料成本降到最低限度。

②要注意饲料的品质和适口性,以保证饲料能充分满足土鸡的营养需要,同时要注意饲料的新鲜度,绝不能饲喂变质发霉的饲料。

③饲料的种类尽可能多一些,保证营养物质完善,提高饲料的消化率。

④日粮的配合应有相对的稳定性，如需变动时，必须注意逐渐改变，以免造成土鸡消化不良，影响生长和生产。

⑤饲料配合时，要依据饲养标准，但也要注意根据本地、本场的具体条件调整日粮的营养水平。

⑥各种饲料在配合时，一定要搅拌均匀，以防止营养不均。

**(三)饲料日粮调配方法**

1. 试差法

根据饲养标准，先粗略选定所用的各种饲料的大致比例，然后计算其中所含的各种养分，与饲料标准相比较，再对过多和不足的养分进行调整，最后基本达到饲养标准。现以制定 0～9 周龄土鸡的日粮配方为例，说明试差法的具体配料步骤：

第一步：根据饲养标准，确定营养需要量，查土鸡 0～9 周龄的饲养标准（从表 5-1 中查找）。

代谢能 11.92 MJ/kg，粗蛋白质 18%，钙 0.8%，磷 0.4%。

第二步：查所用饲料的营养价值（表 5-2）。例如，选用玉米、小麦、麸皮、豆饼、棉子饼、鱼粉、骨粉、石粉为原料，查得结果如表 5-4 所示。

**表 5-4　饲料营养价值**

| 饲料种类 | 代谢能(MJ/kg) | 粗蛋白(%) | 钙(%) | 磷(%) |
|---|---|---|---|---|
| 玉米 | 14.06 | 8.6 | 0.04 | 0.06 |
| 小麦 | 12.89 | 12.1 | 0.07 | 0.12 |
| 麸皮 | 6.57 | 14.4 | 0.18 | 0.23 |
| 豆饼 | 11.05 | 43 | 0.32 | 0.15 |
| 棉子饼 | 8.16 | 33.8 | 0.31 | 0.19 |
| 鱼粉(进口) | 12.13 | 62 | 3.91 | 2.90 |
| 骨粉 | — | — | 36.4 | 16.4 |
| 石粉 | — | — | 35 | — |

第三步：草拟配方，并计算能量和蛋白质含量(表5-5)。

**表5-5 草拟配方，并计算能量和蛋白质含量**

| 饲料种类 | 比例(%) | 代谢能含量(MJ/kg) | 粗蛋白含量(%) |
|---|---|---|---|
| 玉米 | 53 | 0.53×14.06 | 0.53×8.6 |
| 小麦 | 15 | 0.15×12.89 | 0.15×12.1 |
| 麸皮 | 12 | 0.12×6.57 | 0.12×14.4 |
| 豆饼 | 10 | 0.10×11.05 | 0.10×43 |
| 棉子饼 | 4 | 0.04×8.16 | 0.04×33.8 |
| 鱼粉 | 3 | 0.03×12.13 | 0.03×62 |
| 合计 | | 11.96 | 15.90 |
| 标准 | | 11.92 | 18.00 |

第四步：调整配方，和标准相比，代谢能基本合适，粗蛋白质偏低2.1%，从所用饲料来看鱼粉与小麦的代谢能基本相同。而粗蛋白相差较多，因此可用鱼粉去对换小麦，进行调整，调换数量为：

$$\frac{18-15.9}{62-12.1}\times 100\%=4.2\%$$

即：鱼粉增加4.2%，而小麦减少4.2%。调整后该日粮代谢能为11.93 MJ/kg，粗蛋白质为18%，与饲养标准相比都很接近，两项主要指标的计算基本完成。

第五步：补充矿物质，由以上配方可算出钙含量(表5-6)。

从以上计算可以看出，钙、磷均不能满足营养需要，补充方法为：先补磷，后补钙。补磷时，常用骨粉、磷酸二氢钙或磷酸氢钙。以骨粉为例，其补充需要量为：0.10÷16.4%×100%＝0.61%≈0.6%。补钙常用石粉、贝壳粉等，以石粉为例，其补充需要量为：先算骨粉及饲料中的钙含量，0.60×36.4%＋0.40%＝0.60%，与标准相比钙含量还差0.2%，需要再补充，其补充量为0.2%÷35%＝0.57%≈0.60%。则该配方中骨粉为0.6%，鱼粉为0.6%。

**表 5-6　补充矿物质,算出钙含量**

| 饲料种类 | 配比(%) | 钙(%) | 磷(%) |
|---|---|---|---|
| 玉米 | 53 | 0.53×0.04 | 0.53×0.06 |
| 小麦 | 15 | 0.15 ×0.07 | 0.15×0.12 |
| 麸皮 | 12 | 0.12 ×0.18 | 0.12 ×0.23 |
| 豆饼 | 10 | 0.10 ×0.32 | 0.10×0.015 |
| 棉子饼 | 4 | 0.04×0.31 | 0.04×0.19 |
| 进口鱼粉 | 7.2 | 0.072×3.91 | 0.072 ×2.9 |
| 合计 | | 0.38 | 0.30 |
| 标准 | | 0.8 | 0.4 |

第六步:其他项目的营养需要,亦可用以上方法进行计算和调整,如氨基酸等。另外,适当添加维生素、微量元素及保健添加剂等。

2. 对角线法

对角线法是一种简单的配料法。应用少数几种饲料配合时比较方便。

例如,用玉米和含蛋白质 40%的浓缩料配制含蛋白质 18%的混合料,具体方法如下:

第一,经查表得知玉米含粗蛋白 8.6%。

第二,作十字交叉,把混合料的粗蛋白质含量 18%放在交叉的中间,玉米和浓缩料的值分别写在交叉线的左上角和左下角;然后沿对角线用大数减小数,所得结果分别写在交叉线右下角和右上角,即为玉米和浓缩料在混合料中所占的比例。

玉米(%)　　8.6　　22

18

浓缩料(%)　　40　　9.4

第三，换算百分比含量。

玉米　22/(22+9.4)×100%=70%

浓缩料　9.4/(22+9.4)×100%=30%

即由70%的玉米和30%的浓缩料混合成混合料，其粗蛋白质含量为18%，是所要混合标准的饲料。

3.代数法

例如，用玉米、豆饼、麸皮、鱼粉、骨粉等原料给50%以下产蛋率的土鸡配制日粮。其配制方法如下：

第一步：先查出产蛋率在50%以下的土鸡的营养需要为：代谢能11.5 MJ/kg、粗蛋白质14%、钙3.0%、磷0.32%。

第二步：查饲料营养价值表5-2，得出表5-7。

**表5-7　饲料营养价值**

| 饲料种类 | 代谢能(MJ/kg) | 粗蛋白(%) | 钙(%) | 磷(%) |
|---|---|---|---|---|
| 玉米 | 14.6 | 8.6 | 0.4 | 0.06 |
| 豆饼 | 11.05 | 43 | 0.32 | 0.15 |
| 麸皮 | 6.57 | 14.4 | 0.18 | 0.23 |
| 鱼粉(进口) | 12.13 | 62 | 3.91 | 2.90 |
| 骨粉 | — | — | 36.4 | 16.4 |
| 贝壳粉 | — | — | 35 | 0.14 |

第三步：根据一般经验，土鸡日粮中食盐(0.37%)，矿物质(如骨粉占1%，贝壳粉占6.5%)及其他添加剂的比例共约占9%，则能量和蛋白质饲料约占91%。我们假定玉米60%，鱼粉3%，其余28%，用麸皮和豆饼来平衡。设麸皮、豆饼用量分别为$X\%$、$Y\%$，则可列出下式：

$$\begin{cases} X+Y=29 \\ 8.6\times60\%+62\times3\%+14.4\times X\%+43\times Y\%=14 \end{cases}$$

解得：$X=17.69$　$Y=10.31$

为配制方便，得数应取整数，即麸皮用量17.5%，豆饼用量10.5%。

第四步：验证代谢能、粗蛋白、钙、磷的含量。

代谢能：14.06×60%＋11.05×10.5%＋6.57×17.5%＋12.13×3%＝11.11

粗蛋白：8.6×60%＋62×3%＋14.4×17.5%＋43×10.5%＝14.06

钙：0.4×60%＋0.32×10.5%＋0.18×17.5%＋3.91×3%＋36.4×1%＋33.4×6.5%＝2.96

磷：0.06×60%＋0.15×10.5%＋0.23×17.5%＋2.9×3%＋16.4×1%＋0.14×6.5%＝0.35

从以上计算结果来看，除代谢能稍有欠缺外，其余均能满足需要。因此对配方稍作修改，用玉米与麸皮进行互换，调换量为：

(11.5－11.11)/(14.06－6.57)×100%＝0.39/7.49×100%
＝5.2%≈5%

则，玉米比例增加为65%，麸皮减少为12.5%。

第五步：验证调整后各营养成分含量。经计算发现，调整后除蛋白质含量不足外(粗蛋白为13.77%)，其他均可满足需要。因此需要进行再调整，用豆饼替换麸皮，调整量为：

(14－13.77)/(43－14.4)×100%＝0.23/28.6×100%
＝0.8%≈1%

即，豆饼比例增加为11.5%，麸皮减少为11.5%。调整后经验证均可达到饲养标准要求。

整个配方如下：玉米65%、麸皮11.5%、豆饼11.5%、鱼粉3%、骨粉1%、贝壳粉6.5%、食盐0.37%，其余为各类添加剂预留量。

### (四)配合饲料的分类

配合饲料按其营养成分分为添加剂预混料、浓缩饲料、混合饲料及全价配合饲料。

(1)添加剂预混料　其是营养、非营养物质的添加剂,如氨基酸、维生素、微量元素、抗生素、驱虫剂、抗氧化剂等。用玉米、麦麸或石粉为载体,按不同畜禽不同阶段的要求量进行预混而成,此料可作为添加剂直接加入基础日粮中使用,也可用来生产浓缩饲料。

预混料的添加剂应按说明的规定,否则会引起土鸡的生长发育不良或引起中毒。使用时最好现配现喂以免维生素等营养成分失效。混合时必须充分拌匀。

(2)浓缩饲料　其又称平衡用混合料。由蛋白质饲料、矿物质饲料和添加剂预混料按要求比例混合而成。使用浓缩饲料时,应按要求加入一定比例的能量饲料,如玉米、麸皮等,即成全价配合饲料。

(3)混合饲料　即初级配合饲料。由能量、蛋白质、矿物质饲料按一定比例配合组成。混合饲料能满足土鸡的能量、蛋白质、钙、磷、食盐等营养物质的需要,再搭配维生素、微量元素、氨基酸等,即可配成全价配合饲料。

(4)全价配合饲料　土鸡的全价配合饲料是按照饲养标准配制的配合饲料。包括能量饲料、蛋白质饲料、矿物质饲料及各类添加剂饲料。全价饲料营养全面,比例合适,利用率高,可满足土鸡生长、生产的全部营养需要,在规模化饲养中应用广泛。

## 五、散养土鸡的饲料种类

自然散养鸡,以食青草、树叶、草籽、各类昆虫为主,适当补饲当地农民所生产的玉米、谷子、杂粮等食物,不用农药等物质污染的饲料,不掺任何药物和添加剂。

各类青绿饲料含有丰富的胡萝卜素、维生素 $B_2$ 以及维生素 C、维生素 E、维生素 K 等，有些青绿饲料中还含有未知促生长因子。上述营养对促进蛋的形成、胚胎发育，促进雏鸡成长，保证健康等起重要作用。上述营养充分的鸡所产的蛋，蛋黄呈杏黄色，鸡的喙、爪、皮肤也呈深黄色。优质青绿饲料适口性好，易消化，营养完善，含丰富的蛋白质、矿物质、维生素等。按干物质计算，优质青绿饲料中可消化粗蛋白占 16%～23%，粗灰分（矿物质）占 6%～11%。

补饲饲料可由玉米、食盐、昆虫等组成。早晨少喂，晚上饱喂，中午酌情补喂。夏秋季节可以在鸡舍前安装灯泡诱虫，让鸡采食。遇到恶劣天气、阴雨天或冬天不能外出觅食时，要补饲一些配合饲料，补饲多少应该以野生饲料资源的多少而定。

一般来说，放养第 1 周早晚在舍内饲喂，中餐在休息棚内补饲 1 次。第 2 周开始，中餐可以免喂，饲喂量早餐由放养初期的足量减少至 7 成，6 周龄以上的大鸡可以降至 6 成甚至更低些；晚餐一定要吃饱。营养标准由 5 周龄的全价料逐步转换为谷物杂粮，6 周龄后全部换为谷物杂粮，这样人为地促使鸡在放养场中寻找食物，以增加鸡的活动量，采食更多的有机物和营养物，提高鸡的肉质。

自然散养鸡补饲饲料也可用配合饲料，只是少用动物性蛋白质饲料，如鱼粉、骨粉等，最好多用昆虫做蛋白质饲料。

1. 配合鸡饲料的使用原则

（1）必须根据鸡的营养需要和消化特点进行科学配料。

（2）充分利用本地饲料和农、林、牧、副、渔、工业的副产品。

（3）饲料种类力求多样化，应补充部分饲料添加剂。

（4）饲料要新鲜、品质良好，形状、颗粒大小适当。

（5）保证蛋白质的数量和质量。

(6)雏鸡饲料的粗纤维含量不宜超过5%。

(7)饲料种类和配合比例相对稳定。

(8)微量元素等饲料添加剂要预先和辅料混合,不少于5 kg,充分搅拌均匀。

2.饲料形状

配合鸡饲料有粒料、粉料、颗粒饲料和碎料4种。

(1)粒料是指保持原来形状的谷粒或加工打碎后的谷物饲料。

(2)粉料是指谷物磨粉后加上糠麸、鱼粉、矿物质粉末等混合而成的粉状饲料。粉料的营养完善,鸡不宜挑食。但粉料适口性差一些,容易飞散,造成浪费。

(3)颗粒饲料是将已配合好的粉料用颗粒机制成直径为2.5~5.0 mm的颗粒。颗粒饲料营养完善,适口性强,鸡无法挑选,能避免偏食,防止浪费。颗粒饲料适于仔鸡快速育肥,蛋鸡一般不宜喂颗粒饲料。

(4)碎料是将制成的颗粒再经加工破碎的饲料,适于产蛋鸡和各种周龄的雏鸡喂用。补饲饲料的大致比例为:谷物饲料(2~3种以上)75%左右,糠麸类5%~15%,昆虫蛋白质饲料5%~10%,食盐0.25%~0.4%,矿物质1%~2%。

**(一)能量饲料**

能量是生命活动不可缺少的,如鸡的生长、繁殖、运动、呼吸、血液循环、消化吸收、排泄、体液分泌和体温调节等都需要能量。

鸡对能量需要受生长发育不同阶段、品种类型、体重、产蛋率、营养水平、环境、温度等因素的影响。如果让鸡自由采食,一般在一定能量范围内,能自动调节采食量来满足其能量的需要,能量高时采食量少,能量低时采食量多。

生产实践中,产蛋鸡、育成鸡都能适应一定日粮能量范围。日粮能量水平高时,鸡的产蛋量、增重和饲料转化率提高,但经济效益不一定提高，因为鸡虽有根据日粮能量水平调节采食量的能力，但这种调节能力是有一定限度的。如日粮能量水平过高时，若鸡采食能量仍然增加，日粮成本提高，经济效益则减少。

能量饲料是指富含碳水化合物和脂肪的饲料，具体情况是：在干物质中粗纤维含量在18％以下，粗蛋白质含量在20％以下。能量饲料主要包括：玉米、高粱、小麦、碎米、粟、大麦、燕麦、块根、块茎类（甘薯、马铃薯等）、小麦麸、米糠等。详见土鸡的饲料中能量饲料一节。

**（二）动物性蛋白质饲料**

自然散养鸡，以食青草、树叶、草籽、树种、各类昆虫为主，适当补饲玉米、谷子、杂粮等食物，因此，鸡的生长发育可能缺乏蛋白质。为补充放养鸡蛋白质不足，可在养殖区附近人工养殖昆虫以供鸡采食。

傍晚补饲期间，在鸡棚附近安装几个电灯照明，这样昆虫就会从四面八方来，被等候在灯下的鸡群当夜餐吃掉。鸡吃饱以后，将电灯关闭。

养殖户要解决蛋白质饲料的不足，可人工培育黄粉虫、蚯蚓、蝇蛆、地鳖虫等直接喂鸡。

**（三）青绿饲料**

青绿饲料是指水分含量为60％以上的饲料、树叶类及非淀粉质的块根、块茎、瓜果类。青绿饲料富含胡萝卜素和B族维生素，并含有一些微量元素，适口性好，对鸡的生长、产蛋及维持健康均有良好作用。

常见的青绿饲料有白菜、甘蓝、野菜（如苦荬菜、鹅食菜、蒲公英等）、苜蓿草、洋槐叶、胡萝卜、牧草等。冬春季没有青绿饲料，同样会收到良好效果。芹菜是一种良好的喂鸡饲料，每周喂芹菜3次，每次50 g左右。用南瓜作辅料喂母鸡，产蛋量可显著增加，且蛋大、孵化率高。

放养鸡时，鸡能自由采食到青草、野菜、草芽等，若补充谷物饲料以及钙、磷、食盐等，鸡只也有较好的生产性能。

**(四)粗饲料**

我国有丰富的林业资源，树叶数量大，除少数外，大多数都可饲用。树叶营养丰富，经加工调制后，能做土鸡的饲料。树叶按特征可分为针叶、阔叶两大类。

1. 树叶的饲用价值

树叶的饲用价值决定于诸多因素：

(1)树种　树叶的营养成分因树种而异。有的树种，如豆科树种、榆树等叶子中粗蛋白含量较高，按干物质量计，均在 20%以上，而且还含有组成蛋白质的 18 种氨基酸，如松叶。而槐树、柳树、梨树、桃树、枣树等树叶的有机物质含量、消化率、能值较高，对鸡的代谢能值达 6.27 MJ/kg 干物质。树叶中维生素含量很高，据分析，柳、桦、秦、赤杨等青叶中，胡萝卜素含量为 110～132 mg/kg，针叶中的胡萝卜素含量高达 197～344 mg/kg，此外还含有大量的维生素 C、维生素 E、维生素 D、维生素 K 和维生素 $B_1$ 等。松叶粉含有土鸡所需的矿物质元素。

有的树叶含有激素，能刺激土鸡生长，或含有抑制病原菌的杀菌素等。

(2)生长期　生长着的鲜嫩叶营养价值高，青落叶次之，枯黄叶最差。

(3)树叶中所含的特殊成分　有些树叶营养成分含量较高，但因含有一些特殊成分，饲用价值降低。如有的树叶含单宁，具苦涩味。如核桃、山桃、橡、李、毛白杨等树叶，必须经加工调制后再饲喂。有的树种到秋季中单宁含量增加，如栎树、栗树、柏树等树叶，到秋季单宁含量达 3%，有的高达 5%～8%，应提前采摘饲喂或少量配合饲喂，少量饲喂还可收到收敛健胃的作用。有的树叶有剧毒，如夹竹桃等。

2. 树叶的采收

采收的方式及采收时间对树叶的营养成分影响较大。采集树叶应在不影响树木正常生长的前提下进行，切不可折枝毁树破坏绿化。

(1)采收方法

①青刈法：适宜分支多、生长快、再生能力强的灌木，如紫穗槐等。

②分期采收法：对生长繁茂的树木，如洋槐、榆、柳、桑等，可分期采收下部的嫩枝、树叶。

③树叶的采集法：适宜落叶乔木，如洋槐、榆、柳、桑等，可分期采收下部的嫩枝、树叶等。

④剪枝法：对需适时剪枝的树种或耐剪枝的树种，特别是道路两边的树和各种果树，可采用剪枝法。

(2)采收时间

树叶的采收时间依树种而定，下面介绍几种代表性树种采集树叶的时间。

①松叶：在春、秋季节松针含松脂率较低的时期采集。

②紫穗槐、洋槐叶：北方地区一般在 7 月底至 8 月初采集，最迟不要超过 9 月上旬。

③杨树叶：在秋末刚刚落叶即开始收集，而不能等落叶变枯黄再收集；还可以收集修枝时的叶子。

④橘树叶：在秋末冬初，结合修剪整枝，采集枯叶和嫩枝。

3. 针叶的加工利用

(1)针叶粉(也称维生素粉)

①饲用价值：针叶粉含有一定量的蛋白质和较高的维生素，尤

其是胡萝卜素含量很高，对土鸡的生长有明显的促进作用，并能增强土鸡的抗病力，提高饲料的利用率。据报道，在饲料中添加针叶粉喂鸡，能提高蛋黄的色泽，产蛋率可提高 13.8%；并能提高雏鸡的成活率，每只鸡在整个生长期内节省饲料 1.25 kg。

②针叶粉的生产：针叶采集后要保持其新鲜状态，含水量为 40%～50%。原料贮存时要求通风良好，不能日晒雨淋，采收到的原料应及时运至加工场地，一般从采集到加工不能超过 3 天，以保证产品质量。对树枝上的针叶，应进行脱叶处理。脱叶分手工脱叶和机械脱叶。手工脱下的针叶含水量一般为 65%左右，杂质含量(主要指枝条)不超过 35%；机械脱下的针叶含水量为 55%左右，杂质的含量不超过 45%。用切碎机将针叶切成 3～4 cm，以破坏针叶表面的蜡质层，加快干燥速度。可采用自然阴干或烘干。烘干温度为 90℃，时间为 20 min。干燥后应使针叶的含水量从 40%～50%降到 20%，以便粉碎加工和成品的贮运。用粉碎机将针叶加工成 2 mm 左右的针叶粉，针叶粉的含水量应低于 12.5%。

生产针叶粉的主要设备有：脱叶机，切碎机，厢式干燥机，粉碎机。

③针叶粉的贮存：针叶粉要用棕色的塑料袋或麻袋包装，防止阳光中紫外线对叶绿素和维生素的破坏。另外，贮存场所应保持清洁、干燥、通风，以防吸湿结块。在良好的贮存条件下，针叶粉可保存 2～6 个月。

④质量标准：针叶粉的外观为浅绿色，有针叶香味。目前，在我国评定针叶粉的质量尚无统一标准，主要借鉴的是国外标准。

⑤饲喂：针叶粉作为添加饲料适用于各类家禽，可直接饲喂或添加到混合饲料中。针叶粉应周期性地饲用，连续饲喂 15～20 天，然后间断 7～10 天，以免影响禽产品质量。松针粉中含有松脂气味和挥发性物质，在家禽饲料中的添加量不宜过高。一般在肉

鸡饲料中的添加量为3%，蛋鸡和种鸡为5%。

(2)针叶浸出液　饲喂针叶浸出液，不仅能促进土鸡的生长，而且还能降低土鸡支气管炎和肺炎的发病率，增加食欲和抗病能力。因此，又称针叶浸出液为保健剂。

①浸出液的制作：将针叶粉碎，放入桶内，加入70～80℃的温水(针叶与水的比例为1∶10)。搅拌后盖严，在室温下放置3～4小时，便得到有苦涩味的浸出液。

②饲喂：针叶浸出液可供土鸡饮用，也可与饲料混合后饲喂。土鸡对浸出液有一个适应过程，开始应少量，然后逐渐加大到所要求的量。

4.阔叶的加工利用

(1)糖化发酵　将树叶粉碎，掺入一定量的谷物粉，用40～50℃温水搅拌均匀后，压实，堆积发酵3～7天。发酵可提高阔叶的营养价值，减少树叶中单宁的含量。糖化发酵的阔叶饲料除喂鸡外，还可喂猪。

(2)叶粉　叶粉可作为配、混合饲料的原料，在鸡饲料中掺入的比例为5%～10%。据试验，在饲料中掺入紫穗槐叶粉喂鸡，产蛋率可达70%，饲料报酬为2.5∶1，还可代替一部分鱼粉。

(3)蒸煮　把阔叶放入金属筒内，用蒸汽加热(180℃左右)15 min后，树叶的组织受到破坏，利用筒内设置的旋转刀片将原料切成类似“棉花”状物。

除上述方法外，还可将阔叶进行膨化、压制成颗粒和青贮。

常用的粗饲料有：

①榆树叶粉：榆树叶粉中粗蛋白质含量达15%以上，还含有丰富的胡萝卜素和维生素E。春、夏季节采集榆树叶，于阴凉通风处晾晒干，之后磨成粉状，即可饲用。

②紫穗槐叶粉：紫穗槐叶含粗蛋白质20%～25%，还含有丰

富的胡萝卜素和维生素。一般在6～9月份采集紫穗槐叶，晾晒干后粉碎备用。

③洋槐叶粉：洋槐叶含粗蛋白质20%以上，并含有多种维生素，是鸡良好的蛋白质和维生素饲料。春、夏季节采集洋槐叶，于阴凉通风处晾晒干，磨成粉状即可饲用。洋槐叶味较苦，如添加量过大，反而会影响鸡的采食量。

④桑叶粉：桑叶粉中蛋白质含量可达20%以上，可作为鸡的蛋白质补充饲料。将夏季养完春蚕后的多余桑叶或养完秋蚕后的桑叶，采集后自然干燥，加工成粉状，即可饲用。

⑤松针叶粉：松针叶粉含有多种维生素、胡萝卜素、生长激素、粗蛋白质、粗脂肪和植物抗生素，是理想的鸡饲料添加剂。采集幼嫩松针枝叶，摊在竹帘或苇帘上，厚度5 cm，在阴凉处自然干燥后加工成粉状。加工好的叶粉须用有色塑料袋包装，阴凉保存。在雏鸡日粮中添加2%松针叶粉，可提高抗病力和成活率；在蛋鸡日粮中添加5%，可明显提高产蛋量，还可以节约饲料。

⑥苜蓿草粉：含粗蛋白质15%～20%，用量可占2%～5%。

**(五)饮水**

水也是鸡体不可缺少的养分，在生命活动中起着非常重要的作用。水直接参与养分的消化吸收、代谢产物的排泄、血液循环、体温调节、保持体液的平衡和各种器官形态等一系列生理生化过程。水在血中占有一定比例，在雏鸡体内含水约为70%，成鸡为55%，鸡蛋中含水50%。因此，水是最重要的一种营养物质。

鸡的需水量随鸡的日龄、体重、饲料类型、饲养方式、气温以及产蛋率不同而异。一般3～4周龄的雏鸡耗水量为体重的18%～20%，产蛋母鸡为14%，炎夏增至3～4倍。一般来说饮水量大约为采食量的2倍。

养鸡必须充足供水。当鸡缺水时会出现循环障碍、体温升高、代谢紊乱、消化不良，鸡的生长和产蛋均受影响；鸡体严重失水时可致死亡。试验说明，雏鸡断水10～12小时，会使采食量减少，还可能影响增重；产蛋鸡断水24小时能使产蛋下降30%，经25～30天才能恢复正常的产蛋量。

在日常管理中要注意细心观察鸡群饮水量，分析原因，及早采取措施。如疾病出现时，一般饮水减少比采食减少早1～2天。当日粮中食盐过多，鸡的饮水量会大增。饮水量可因疾病而有增减。

**(六)维生素**

维生素在鸡生长、产蛋和维持体内正常物质代谢中起重要作用。鸡对维生素需要量甚微，但大多数维生素在体内不能合成，有的虽能合成，但不能满足需要，必须从饲料中摄取。维生素缺乏时，会造成物质代谢紊乱，影响鸡的生长、产蛋、受精率、孵化率等。

比较容易缺乏的维生素有13种，其中脂溶性维生素4种，水溶性维生素9种。脂溶性维生素中以维生素A和维生素D更易缺乏；水溶性维生素中，以硫胺素（维生素$B_1$）和核黄素（维生素$B_2$）尤易缺乏。

放养鸡时，各种青绿饲料如白菜、通心菜、甘蓝等，无毒的野菜，青嫩的牧草和树叶等都是鸡维生素的主要来源。

**(七)矿物质**

矿物质是鸡生长发育必不可少的物质，缺少时鸡体质衰弱易感染疾病，尤其是产蛋鸡不能缺钙，否则易患软骨病，下软壳蛋。矿物质中钙、磷、钠等元素的作用最大，必须注意补足矿物质饲料。

常见的矿物质饲料有：

①蛋壳粉：与贝壳粉类似，但必须消毒后再饲用。

②骨粉：富含磷，饲喂量占日粮的1%～3%。

③贝壳粉：含钙较多，易被鸡吸收利用，一般占日粮的2%～4%。

④石灰粉:主要含钙元素,喂量为日粮的2%～4%。

⑤木炭粉:能吸收鸡肠道中的一些有害物质。一般在鸡拉稀时在日粮中添加2%的量饲喂,恢复正常后停喂。

⑥沙粒:主要是帮助鸡消化饲料。

⑦草木灰:对雏鸡的骨骼发育有良好作用,但不能用新鲜的草木灰饲喂,需暴露在空气中1个月后才可饲喂,用量为4%～8%。

⑧食盐:能增进食欲,有利鸡体健康。但喂量必须适量,一般用量占日粮的0.3%～0.5%,量大易中毒。

# 第六章　土鸡育雏期饲养管理

土鸡42日龄前为育雏阶段。土鸡的育雏是饲养管理中的重要一环，育雏的好坏不仅直接关系到雏鸡的生长发育状况和成活率的高低，而且还影响以后土鸡的生产性能和种用价值。因此，必须重视育雏工作，掌握好育雏技术。

## 一、土鸡育雏期的生理特点

(1)雏土鸡出壳后腹腔内还留有未被吸收的卵黄，这些卵黄可以供给雏鸡出壳后36～48小时正常生长的营养需要。因此，雏鸡出壳后1～2天是雏鸡运输的最佳时间。为便于运输，运输途中不需要供给饮水和饲喂饲料。

(2)土鸡生长发育速度慢，采食量少，对饲料中的蛋白质、能量等营养成分要求不高，耐粗饲；但是雏鸡的消化能力比较弱，育雏前期要求供给精料型、蛋白含量高、易于消化的日粮，避免饲喂有毒性的饲料。

(3)雏鸡的神经系统调节不完善，对外界的有害因素抵抗力弱，神经敏感，要求饲养环境安静、稳定，避免不良因素的刺激。

(4)消化能力弱，食物在肠道内存留时间短。雏土鸡饲喂时除给予足够的饲料，多次上料外，还应给其一定的饥饿时间，让其充分消化吸收摄入饲料，防止积食，适当的饮用白糖水或红糖水有利于卵黄的吸收。

(5)抗病能力弱。雏土鸡对疾病的抵抗力很弱，特别是鸡白痢、球虫病、新城疫对雏土鸡危害很大，应及时投药，按时免疫接种疫苗，防重于治。

(6)雏土鸡有趋向性或印记行为。雏土鸡出壳后对初次接触到的人和事物有很深的记忆能力。由于雏鸡这一特点，要求工作人员相对固定，饲养管理程序相对稳定。

(7)雏土鸡在20日龄左右开始啄斗，建立群体序列，饲养中应采用红色灯光，小群饲养，公、母分群的办法防止啄斗产生啄癖。

(8)生长发育迅速，新陈代谢旺盛。雏土鸡要求足够充分的喂料和充分的饮水，良好的空气环境，以求保证其正常的生长发育。

(9)雏土鸡的体温调节系统不完善。雏鸡的体温低于成年鸡的体温约3℃，10日龄后才达到成年鸡的正常体温，故在育雏期间要人工给温。

## 二、雏土鸡的运输

雏土鸡的运输方式依季节和路程远近而定，雏土鸡运输的押运人员应携带检疫证、身份证、合格证和种畜禽生产经营许可证、路单以及有关的行车手续。

雏土鸡的运输应防寒、防热、防闷、防压、防雨淋和防震荡。

运输雏土鸡的人员在出发前应准备好食品和饮用水，中途不能停留，远距离运输应有2位司机轮换开车，押运雏土鸡的技术人员在汽车启动后30 min检查车厢中心位置的雏土鸡的活动情况，如果雏土鸡的精神状态良好，隔1～2小时检查1次，检查间隔时间的长短应视实际情况而定。

## 三、雏土鸡的选择与公母鉴别

选择健康的雏土鸡是育雏成功的基础，由于土种鸡受健康、营养和遗传等先天因素的影响，初生雏中常出现有弱雏、畸形雏和残雏等。因此，选择健康雏土鸡是育雏成功的首要工作。要选择按时出壳、反应灵敏、精神饱满、眼睛圆睁有神、绒毛丰满洁净、脐部吸收良好、腹部大小适中富有弹性、两腿挣扎有力、两腿站立稳健、体重大小适宜的雏土鸡来饲养。选择时用手轻拍运雏盒或用口发出“噗噗噗”的声音，雏土鸡抬头向发出声的方向看或奔跑、眼睛圆睁、站立者为健雏。伏地不动、没有反应、腹部过大或过小、脐部有血痂或有血线、绒毛有黏壳的为弱雏。若用手抓住雏土鸡，四指感到雏土鸡挣扎有力为健雏。应淘汰出壳过早或过晚、脐部愈合不良、胫部干枯无光泽、瘫痪软弱无力、腿弯曲、喙畸形、瘸腿、瞎眼、无肛等畸形雏或残雏。

雏上种鸡 30 日龄前混合饲养，30 日龄以后依外貌可以区分公、母，这时可将公、母分开饲养。土公鸡的冠大而鲜红，黑色羽或深色羽的个体稍发红或为纯黑色。土母鸡的鸡冠小，黑色羽或深色羽或背部三深两浅的个体多为麻色或纯黑色。成年土公鸡多数为单冠，也有复冠的（如豆冠、桑葚冠、玫瑰冠等），冠大而鲜红，肉垂发达。全身羽毛丰满艳丽、富有光泽，颈部、腰部、尾部和背部的羽毛发亮且有墨绿色光泽（有色羽的鸡）。颈部和腰部的羽毛长而尖，尾部的羽毛长而弯曲称镰羽。胫部的后方有一个向后的距。土公鸡的体型高大雄伟，耻骨间隙小，胸骨末端到耻骨之间间距小。土母鸡的冠形与土公鸡的冠形一样，但冠小，肉垂也小，全身的羽毛紧贴身躯，显的紧凑苗条，颈部和腰部的羽毛尖部钝圆，尾部的羽毛上翘，胫部无距，腿细。成年母鸡的耻骨间隙大，胸骨末端到耻骨之间间距大，腹部容积大。

## 四、雏鸡的培育

### (一)育雏期间的条件

1. 合适的温度

温度是育雏成败的关键,必须严格、正确地掌握。育雏温度指育雏室和育雏器的温度。育雏室的温度要比育雏器边缘的温度低些,育雏器边缘的温度又比育雏器内温度低些,形成一定的温差,促使空气对流,使雏鸡能够自由选择适合自己所需的温度(表 6-1)。

表 6-1 育雏期合适的温度 ℃

| 周龄 | 育雏器温度 | 室内温度 |
| --- | --- | --- |
| 1～2 日龄 | 35 | 24 |
| 1 周 | 35～32 | 24 |
| 2 周 | 32～29 | 24～21 |
| 3 周 | 29～27 | 21～18 |
| 4 周 | 27～24 | 18～16 |
| 4 周以后 | 21 | 16 |

注:①表中所列育雏器温度是离底网 5～10 cm 高处的温度。在育雏室内这样高的位置上至少应挂一个温度计。

②32℃是指保温伞沿下的温度,离保温伞越远温度越低,雏鸡可以自由选择适宜的温度。养鸡户如果没有保温伞,可采用提高整个室内温度的办法(如用煤炉或火炕取暖),这样就不要求达到 32℃。

③每周降温幅度不能过大,一般以不要超过 3℃为宜。

衡量温度是否合适,除看温度表外,最可靠的方法是观察雏鸡的动态。温度合适时,雏鸡表现活泼好动,羽毛光滑整齐,食欲旺盛,展翅伸腿,行动敏捷,睡眠安静,睡姿伸头舒腿,雏鸡均匀地散布在热源周围;温度过低时,雏鸡表现行动迟缓,缩颈弓背,闭眼尖叫,睡眠不安,雏鸡向热源附近集中,互相挤压,层层堆积;温度过高时，鸡群远离热源，张嘴喘气，呼吸很快，时常喝水。因此，必须经常注意观察雏鸡的动态，及时调整温度。

2. 适宜的湿度

10日龄前的雏鸡，需要较高的室温，但是当室温提高后，相对湿度就会随之下降。室温提高1℃，湿度下降3.5%～4%。雏鸡生活在过于干燥的环境中，容易脱水，表现为饮水量增加，蛋黄吸收不良，脚趾干瘪，羽毛发脆脱落，发育不整齐。有的因灰尘刺激呼吸道黏膜，诱发呼吸道病。因此，对于10日龄以前的雏鸡，应注意增加室内的湿度，使相对湿度保持在60%～70%。10日龄后，雏鸡呼吸量、饮水量、排粪量相应增加，室内容易潮湿。此时要注意通风换气，勤换垫草，降低湿度，使相对湿度保持在55%～60%，避免发生球虫病和霉菌病。室内的相对湿度，常采用干湿球温度计测定。干球温度计所表示的温度是空气中的温度，用浸在水中纱布包着的湿球温度计所表示的温度为湿球温度。利用干湿两球所表示的温度差异，即显示空气中所含水分的相对饱和程度。

3. 新鲜的空气

雏鸡生长发育迅速，代谢旺盛。育雏室内鸡群密集，雏鸡呼吸快，排出大量二氧化碳。雏鸡排出的粪便，经微生物分解，不断地产生氨气和硫化氢等不良气体。如果这些气体不及时排出，则会影响雏鸡健康，致使雏鸡食欲减退、生长缓慢、体质变弱等，也可诱发其他疾病的发生。因此，育雏室内应加强通风换气，及时补充新鲜空气。一般新鲜空气中正常氧含量约20%，二氧化碳含量约0.03%。育雏室内二氧化碳的含量要求控制在0.2%左右，不应超过0.5%。氨气含量在0.01‰以下，硫化氢气体的含量在0.006 6‰以下。

通风换气的方法有自然通风和机械通风两种。密封式鸡舍或饲养密度较大的非密闭式鸡舍采用机械通风，如装排气扇或通风机等。开放式鸡舍采用开闭门窗大小来控制通风。为防止通风后室内温度降低，通风前应将室内温度升高1～2℃。自然通风应选在晴天较暖和的中午并逐渐开大门窗。为防冷风直吹舍内，可在窗口、门口加布帘子。

4.合理的密度

饲养密度指育雏室内单位面积所饲养的鸡数。雏鸡的健康生长发育同饲养密度有密切的关系。密度过大，育雏室内二氧化碳浓度过高，其他有害气体也同时增多，影响雏鸡的饮水、采食，生长发育缓慢，抗病能力下降。鸡群密度过小，栏舍及设备利用率降低，劳动利用率降低，育雏成本增大。鸡群密度安排的原则是宜小不宜大，并随着雏鸡日龄的增大而减小。冬春密度较夏、秋密度大一些。

在注意密度的同时，需考虑到鸡群的大小，一般每群的数量不要太大，小群饲养效果好。鸡群大小适中，农村养鸡及小型鸡场以每群300～500只为宜。中型以上鸡场以每群1 000～2 000只育雏效益较好。现代化养鸡，一般鸡群大小为2 500～3 000只。当然，这与管理能力和饲养设备有关，应视情况而定(表6-2)。

**表6-2 雏鸡饲养密度** 只/$m^2$

| 周龄 | 地面平养 | 网上饲养 | 笼养 |
|---|---|---|---|
| 1～2 | 30～40 | 40～50 | 50～60 |
| 3～4 | 20～30 | 30～40 | 30～40 |
| 5～6 | 15～20 | 20～25 | 25～30 |

5.正确的光照

光照对雏鸡的采食、饮水、运动、健康都有重要作用。为保证雏鸡的生长发育和以后的高产性能，合理的光照方案应从幼雏开始。光照时间过长，雏鸡会过早性成熟，影响以后成鸡的产蛋性能。光照过强，会影响雏鸡的神经机能，引起啄羽、啄肛等恶癖。光照不足，则影响雏鸡的活动、采食，使发育迟缓。另外，青光、黄光等也不宜使用，否则易促使鸡产生恶癖。

刚出壳的头3天，幼雏视力弱，为便于采食和饮水，一般采用24小时的光照，但也有使用每昼夜23小时光照，1小时黑暗，以便使鸡能适应黑暗的环境，避免万一停电时引起惊慌。

3天以后可采用自然光照。密闭鸡舍采用人工光照时，应严格控制光照时间和光照强度。每天光照时数不少于6～7小时，不超过11小时。光照强度以1英尺烛光(10.76 lx)为宜，即0.37 $m^2$有光源1 W。照度与光源高度的关系见表6-3。

**表6-3　获得1英尺烛光的照度所需光源的高度**

| 光源(W) | 光源的高度(m) | |
|---|---|---|
| | 使用灯罩 | 不使用灯罩 |
| 15 | 1.1 | 0.6～0.7 |
| 25 | 1.4 | 0.9 |
| 40 | 2.0 | 1.4 |
| 60 | 3.1 | 2.1 |

6. 严格的卫生防疫制度

雏鸡弱小，抗病力差，在群休密度饲养条件下，一旦发病，易于传播，难于控制。因此，要认真控制好环境条件，搞好舍内外的清洁卫生，保持舍内空气新鲜，勤刷洗饲槽、水槽，勤换垫草。严格执行卫生防疫消毒制度，饲具要专人专用，谢绝无关人员入舍参观。

**(二)育雏前的准备工作**

为了顺利完成育雏计划，育雏前要做好充分的准备，其内容是明确育雏人员及其分工；制定育雏计划，如育雏批次、时间、品种、数量、来源等；准备好饲料、垫料及所需药品；做好育雏舍及用具的维修；制定免疫程序等。

1. 育雏季节的选择

在人工完全控制鸡舍环境的条件下，全年各季都可育雏，但开放式鸡舍，由于人工不能完全控制环境，则应选择合适的育雏季节。季节不同，雏鸡所处环境不一样，对其生长发育和成鸡的产蛋性能均有影响。育雏可分为春雏（3～5月份）、夏雏（6～8月份）、秋雏（9～11月份）和冬雏（12月份至翌年2月份）。开放式鸡舍育雏以春季育雏效果最好，秋冬育雏次之，盛夏育雏效果最差。

春季气温逐渐回暖，白天渐长，空气干燥，疫病容易控制，因此春雏生长发育快，体质好，成活率高，而且育成期正处于夏秋季节，在室外有充分活动和采食青饲料的机会，体质结实，待9～10月份开始产蛋，第一年产蛋期长，产蛋多，蛋大，种蛋合格率高。夏季育雏，虽然可充分利用自然温度和丰盛的饲料条件，但气温高，雨水多，湿度大，如果饲养管理稍差，则雏鸡就会表现食欲不佳，易患白痢、球虫等病，发育受阻，成活率低。育成期天气变寒，舍外运动机会少，当年不易开产，第一年产蛋期短，产蛋量少。

2. 育雏设施准备

育雏前1周对鸡舍要进行全面检查和修缮，主要目的是为了保温。门、窗、墙、顶棚、屋顶等有损坏的都要及时修好。特别要严防穿堂风和漏雨。

**（三）育雏方式**

人工育雏按其占用地面和空间的不同及给温方法不同，可分为4种方式。

1. 笼育

笼育是指在特制的笼中养育雏鸡。育雏笼由笼架、笼体、食槽和承粪盘（板）组成。一般笼架长为2 m，高1.5 m，宽0.5 m，离地面30 cm，每层为40 cm，共分3层，每层4笼，每架12笼，在上下笼之间留有10 cm的空间，以放入承粪盘（或承粪板）。承粪盘（板）可以是固定的，用刮粪板刮粪；也可以是活动的，可每日或隔日定期调换清粪。实际使用以活动的较好。每个笼子制成长50 cm、宽50 cm、高30 cm的规格，笼四周用铁丝、竹或木条制成栅栏，食槽和饮水器可排列在栅栏外，雏鸡隔着栅栏将头伸出吃食、饮水。笼底可用铁丝制成不超过1.2 cm大小的网眼，使鸡粪掉入承粪盘。采用热水或暖气管加热，也可用地下烟道升温加热或室内煤炉加温，还可采用电热加温方法。上述加热方法中，以地下烟道加热的方法为优，主要可使上下层鸡笼的温差缩小。笼育方式的优点在于能经济利用鸡舍的单位面积，节省垫料和热能，降低成本，提高劳动生产率，还可有效控制球虫病的发生和蔓延。

目前，塑料育雏笼或机械化生产的定型育雏笼产品已到处有售，如上海金山农牧机械厂生产的塑料育雏笼为层叠拼装式，可拆开消毒，另外配备加温系统。育雏时需要注意的是栅栏间隔较大，幼雏易跑出笼外，因此育雏前需用铁丝或其他材料加密，待2周龄左右时再拆去。北京市通县养鸡设备厂生产的育雏笼为组装式。每列笼子长×宽×高为400 cm×60 cm×175 cm，每组笼子长×宽×高为100 cm×60 cm×173 cm，每层笼高为32 cm，底层笼底离地高度为23 cm，食槽可调高度为1 cm，2 cm，5 cm，8 cm，14 cm，笼门采食间距调节范围为1.8～4 cm，加热器功率为250 W，控温范围为10～40℃，每平方米笼面可养雏鸡66只。在饲养中，要根据鸡体不断生长的情况经常做横向分群，即开始时用尽可能少的笼育雏，以后逐步分群到其他笼中。还要根据鸡龄及时调高食槽高度。另外，笼内各层均有控温仪，需将温度调至各笼相近为止，以减少上下层笼温差过大而影响育雏效果。

另外，中国农业科学院科技开发公司生产的电热育雏笼由加热、保温和活动笼3部分组成。这3部分可以组合在一起，也可以分开使用，活动笼数量可随便组装，分层控制温度，由6个独立结构的笼体组成1个单元。

2. 地面育雏

把雏鸡放在铺有垫料的地面上进行饲养的方法称为地面育雏。从加温方法来说大体可分为地下烟道育雏、煤炉育雏、保温伞育雏、电热板或电热毯育雏、红外线灯育雏及远红外育雏等。

(1)地下烟道育雏　地下烟道用砖或土坯砌成,其结构形式多样,要根据育雏室的大小来设计。较大的育雏室,烟道的条数要相对多些,采用长烟道;育雏室较小,可采用“田”字形环绕烟道。其原理都是通过烟道对地面和育雏室空间进行加温,以升高育雏温度。地下烟道育雏优点较多:①育雏室的实际利用面积大;②没有煤炉加温时的煤烟味,室内空气较为新鲜;③温度散发较为均匀,地面和垫料暖和,由于温度是从地面上升,雏鸡腹部受热,因此雏鸡较为舒适;④垫料干燥,空气湿度小,可避免球虫病及其他病菌繁殖,有利于雏鸡的健康;⑤一旦温度达到标准,维持温度所需要的燃料将少于其他方法,在同样的房屋和育雏条件下,地下烟道的耗煤量比煤炉育雏的耗煤量至少省 1/3。因此,烟道加温的育雏方式对中小型鸡场和较大规模的养鸡户较为适用。值得注意的是,在设计烟道时,烟道的口径进口处应大,往出烟口应逐渐变小,由进口到出口应有一定的上升坡势,烟道出烟处切不可放在北面,要按风向设计。为了提高热效率和育雏室的利用率,可采用平顶天花板加笼育的方法。在管理上,天花板要留有通风出气孔,根据室温及有害气体的浓度经常进行调节,必要时应在出气孔处安装排风扇,以便在温度过高等紧急情况下加强排气,按育雏温度标准调节室温。

(2)煤炉育雏　煤炉可用铁皮制成或用烤火炉改制而成,炉上设有铁皮制成的伞形罩或平面盖,并留有出气孔,接上通风管道,管道接至室外,以便排出煤气。煤炉下部有一进气孔,并用铁皮制成调节板,以便调节进气量和炉温。煤炉育雏的优点是:经济实用,耗煤量不大,保温性能稳定。在日常使用中,由于煤炭燃烧需要一段时间,升温较慢,因此要掌握煤炉的性能,要根据室温及时添加煤炭和调节通风量,确保温度平稳。在安装过程中,炉管由炉子到室外要逐步向上倾斜,漏烟的地方用稀泥封住,以利于煤气排出。若安装不当，煤气往往会倒流，造成室内煤气浓度大，甚至导致雏鸡煤气中毒。

在较大的育雏室内使用煤炉升温育雏时，往往要考虑辅助升温设备，因为单靠煤炉升温，要达到所需的温度，需消耗较多的煤炭，但在早春很难达到理想的温度。在具体应用中，用煤炉将室温升高到15℃以上，再考虑使用电热伞或煤气保温伞以及其他辅助加温设备，这样既节省燃料和能源成本，也能预防煤炉熄灭、温度下降而无法及时补偿的缺陷。

(3)保温伞育雏　保温伞可用铁皮、铝皮、木板或纤维板制成，也可用钢筋和布料制成，热源可用电热丝或电热板，也可用石油液化气燃烧供热。伞内附有微动开关或电子继电器与水银导电表组成的控温系统。在使用过程中，可按雏鸡不同日龄对温度需要来调整调节器的旋钮。保温伞的优点是：可以人工控制和调节温度，升温较快而平衡，室内清洁，管理较为方便，节省劳力，育雏效果好。问题是要有相当的室温来保证，一般说来，室温应在15℃以上。这样保温伞才有工作和休息的间隔，如果保温伞一直保持运转状态，会烧坏保温伞，缩短使用寿命；另外，如遇停电，在没有一定室温情况下，温度会急剧下降，影响育雏效果。通常情况下，在中小规模的鸡场中，可采用煤炉维持室温，采用保温伞供给雏鸡所需的温度，炉温高时，室温也较高，保温伞可停止工作，炉温低时，室温相对降低，保温伞自动开启。这样在整个育雏过程中，不会因温度过高过低而影响雏鸡健康。同时，也可以获得较为理想的饲料报酬。

(4)电热板或电热毯育雏　电热板或电热毯育雏原理是利用电热加温，雏鸡直接在电热板或电热毯上取得热量，电热板和电热毯配有电子控温系统以调节温度。

(5)红外线灯育雏　指用红外线灯发的热量育雏。市售的红外线灯为250 W，红外线灯一般悬挂在离地面35～40 cm的高度。

在使用中,红外线灯的高度应根据具体情况来调节。雏鸡可自由选择离灯较远处或较近处活动。红外线灯育雏的优点是:温度均匀,室内清洁。但是,一般也只作辅助加温,不能单独使用,否则,灯泡易损,耗电量也大,热效果不如保温伞好,成本也较大,一盏红外线灯使用 24 小时耗电 6 度,费用昂贵。停电时温度下降快。

(6)远红外育雏　采用远红外板散发的热量来育雏。根据育雏室面积大小和育雏温度的需要,选择不同规格的远红外板,安装自动控温装置进行保温育雏。使用时,一般悬挂在离地面 1 m 左右的高度。也可直立地面,但四周需用隔网隔开,避免雏鸡直接接触而烫伤。每块 1 000 W 的远红外板的保暖空间可达 10.9 $m^3$,其热效果和用电成本优于红外线灯,并且具有其他电热育雏设备共同的优点。

(7)地下暖管升温育雏　其方法是在鸡舍建筑时,于育雏室地面下埋入循环管道,管道上铺盖导热材料。管道的循环长度和管道间隔可根据需要进行设计。其热源可用暖气或工业废热水循环散热加温。这种方法的优点是:热量散发均匀,地面和垫料干燥,差不多所有的雏鸡都有舒适的生活环境,可获得比较理想的育雏效果。如果利用工业废水循环加热,则可节省能源和育雏成本,比较适用于工矿企业的鸡场。

3. 网上育雏

网上育雏是把雏鸡饲养在铁丝网、特制的塑料网或竹帘上,网眼大小一般不超过 1.2 厘米见方。加温方法可采用热水、热气管或地下烟道等方法。网上育雏的优点是:可节省大量垫料,鸡粪可落入网下,全部收集和利用,增加效益。

此外,由于雏鸡不接触鸡粪和地面,环境卫生能得到较好的改善,减少了球虫病及其他疾病传播的机会。还由于雏鸡不直接接触地面的寒、湿气,降低了发病率,育雏成活率较高。但要注意日粮中营养物质的平衡,满足雏鸡对各种营养物质的需要,达到既节省成本,又提高育雏效果的目的。

4. 自温育雏

在农村中,大多数养鸡户因没有条件建造有保温和加温系统的育雏室,因此往往采用多种方法自温育雏,用具简单,各有特色。

(1)稻草窝育雏　其方法是用稻草编成草窝,上口直径为50～60 cm,底面直径为80～100 cm,可养100只鸡至2周龄。在稻草窝底用10 cm左右厚度的短稻草或稻壳或锯木屑作为垫料,在窝的上口盖棉被、棉毯以保温,进雏前可在垫料下放3或4个装满热水的盐水瓶,完全靠雏鸡散发的温度维持环境温度。每隔2小时,将雏鸡放出窝外喂食、饮水、运动半小时左右,再捉回窝内。要经常检查窝内的温度是否适宜雏鸡的生长发育,如果温度较高,则可掀去厚的覆盖物,换上较薄的覆盖物,或掀开一些覆盖物以散发热量,或疏散鸡群密度以降温;如果温度偏低,则可将布毯换成棉衣、棉被等盖上,或加大鸡群密度来提高窝内温度。值得注意的是,在温度偏低而加盖棉被时,要注意不可盖得太严实,以防闷死雏鸡;反之,在窝内温度偏高,雏鸡羽毛潮湿时,不能马上掀去布毯或棉被,要掀开部分,让窝内温度慢慢下降,使雏鸡羽毛逐渐干燥。

(2)笆斗、纸箱和箩筐育雏　其方法和注意事项同稻草窝育雏。

自温育雏的方法很多,但都是利用自然物体加盖覆盖物的保温性,以及调整鸡群密度来调节体温的。其优点是:节约能源,降低饲养成本。但管理上比较严格,要避免雏鸡堆死和闷死,要做到早上看鸡的精神,晚上看鸡的食欲,休息时看鸡的睡眠,掌握好温度。自温育雏是比较原始的饲养方法,只适于小群饲养,有条件时尽可能采用如上所述各种人工给温育雏的方法,这样才会获得更好的饲养效果。

**(四)雏鸡的饲养**

进雏时应将舍内的灯全部打开,用60 W的灯泡,将雏土鸡均匀地分布在每个保温器或雏土鸡笼内。认真巡视鸡舍,观察每只雏土鸡的精神状态,确定喂水、喂料时间。若笼养是多层笼养,最上面两层放置雏土鸡,下面一层或两层暂时空闲。随着日龄的增加,减少饲养密度时再分散到下边一层或两层内。

雏土鸡进入育雏舍后管理人员应认真观察雏土鸡的活动状态。若雏土鸡均匀分布在保温箱内,趴在垫布上睡觉、站立、四处张望鸣叫、四处奔跑,说明温度正常,土鸡质量好。若土鸡往一起挤,羽毛湿,轻声鸣叫,有的瘫痪、拉稀粪,说明温度偏低或有弱雏,弱雏应拿出放入弱雏笼内单独饲养。雏鸡休息 2 小时后管理人员轻拍手使雏鸡站起活动,观察有 10%的雏鸡找食吃,啄食垫布、笼网,啄食其他器具时说明到了饮水喂料的时间,应先饮水,再喂料。

雏土鸡放进育雏舍的育雏笼或育雏栏上或地面上,先让其休息 2 小时,再开始喂水。可购买饮水器,也可自制雏鸡饮水器。用 1 根烧热的直径 35 mm 的铁丝在距塑料杯上边缘 3 mm 处烫 1 个孔,装满配置好的饮水,扣上醋碟倒过来即成为最佳的饮水器具。这种饮水器水深 2～3 mm,最深处 7 mm,不会将雏土鸡淹死,也不会将其羽毛淋湿,可使其安全度过饮水关。

1～7 日龄的饮水采用凉开水,100 kg 凉开水、50 g 速溶多维、30 g 维生素 C,10 kg 白糖或葡萄糖配制成的保健水可供饮用;8～14 日龄饮水方法与 1～7 日龄相同,但糖的添加量减少 1/2 即可。为防止疫病的发生,1～7 日龄每天饮用氟哌酸或恩诺沙星 2 次;8～14 日龄每天饮用强力霉素或泰乐菌素 2 次。

雏土鸡首次饮水关系到它的生死存亡,因此首次加水时要少(水在杯中高度为 5 cm),每 50 只雏土鸡一个饮水器,管理人员站在笼旁观察,每只雏土鸡都应喝到水,对没有喝上水的要用手抓起来将喙放在饮水器内蘸一下,让其将水咽下学会饮水,对于没有饮水欲望的个别雏土鸡用滴管向口中滴水。总之,要保证每只雏鸡都喝上水,开始喂水后的前 3 天要加强管理,饮水器中不断水,让雏鸡自由饮水。如果发现抢水喝说明曾经断水，让其喝一会儿水后将饮水器移走，等雏土鸡安定后再放入饮水器，这样反复多次，直到饮水正常为止。15 日龄后即可使用 1 kg 的饮水器喂水，自由饮水。30 日龄后可饮用自来水或深井水，饮水器具可用饮水器，也可用水槽，而现代土肉鸡生产中大多采用杯式或普拉松自动饮水器，30 日龄以后的雏土鸡采用自由饮水。饮水器具应经常保持清洁卫生，每天要清洗、冲洗和消毒饮水器具。也可在饮水中加入百毒杀、抗毒威等消毒剂消毒饮水。接种疫苗的前一天、当天和后一天应停止饮用消毒过的饮水。

雏土鸡进入育雏笼或保温箱后应先休息 2 小时左右，观察有10%左右的育雏鸡有啄食底网的采食行为时喂第 1 次水，然后将事先准备好的饲料加到小型料桶或料盘中，用手指点料桶或料盘，诱导雏土鸡学会采食，2 小时后要检查雏土鸡嗉囊内是否有料，对于嗉囊内无料的要单独照顾其学会采食。7～15 日龄后逐渐过渡到以大料槽或大型料桶喂料，15 日龄以后全部采用成年鸡料槽喂料。

开食料用全价配合饲料，最好用全价颗粒饲料(俗称鸡花料)，不宜用小米或玉米糁。饲料中应添加 0.4%的土霉素等药物防病，也可在饲料中添加痢特灵、氟哌酸、复方新诺明等。雏土鸡出壳后 36～48 小时开始饮水，饮水 2 小时后开食，开食饲料由高品质、易于消化的饲料配合而成，粗蛋白质含量 21%～22%，代谢能 11.7 MJ/kg，钙 1.0%，磷 0.8%；7～42 日龄使用雏土鸡料，粗蛋白质含量 19.0%，代谢能 12.55 MJ/kg，钙 1.0%，磷 0.65%。

雏土鸡正确开食后的喂料方法一般采用自由采食和定时饲喂 2 种。自由采食是指将饲料加入到饲喂器具内任其自由采食，每天停止光照前 1 小时饲料全部吃完，说明喂料量适宜。如果提前 1 小时以上说明喂料量少，反之喂料量多，定时饲喂是第一周每天喂料 6 次，第二周每天喂料 5 次，第三周每天喂料 4 次，每次加料量不宜超过料槽高度的1/3，每次喂料前料槽应空0.5小时，以保持雏鸡有旺盛的食欲。

饲料中添加药物时，应先称好需要加药的饲料和药物，再取饲料少许，加入药物拌10次；用已拌有药物的饲料中再加入一部分未掺药的饲料拌10次，最后将药物拌入所称量好的饲料中拌10次方可饲喂，也可用饲料搅拌机拌均匀后使用。

饲料中添加药物要搅拌均匀，药物使用剂量要充足，用药时间为5～7天，但不能超量。土鸡饲养过程中禁止使用药物残留量高对人体有害的药物。土肉鸡上市前20天停止使用药物。

### (五)雏鸡的管理

#### 1. 温度管理

雏鸡个体小，绒毛稀，特别是刚出壳的雏鸡，周身毛孔还张开着，不能适应天气的变化。温度过低，雏鸡容易发生打堆，着凉拉稀；温度过高，容易引起食欲下降或呼吸器官疾病。因此，要按适当的温度标准，随时调节温度，以维持雏鸡正常生长发育所需的温度。如果限于条件，达不到育雏所需温度时，略低于1～2℃也不要紧，但必须做到温度恒定，切忌温度忽高忽低，因为在忽冷忽热的育雏环境中，雏鸡最容易发生疾病，造成死亡。

管理雏鸡第一周是关键时期，尤其前3天最为重要。必须昼夜有人值班，细心照料。切不可麻痹大意，避免造成不可挽回的经济损失。

#### 2. 实行“全进全出”的饲养制度

现代肉鸡生产几乎都采用“全进全出”的饲养制度。所谓“全进全出”制度是指同一栋鸡舍在同一时间里只饲养同一日龄的鸡，又在同一天出栏。这种饲养制度简单易行，优点很多：在饲养期内管理方便，易于控制适当的温度，便于机械作业；出场以后便于彻底打扫、清洗、消毒，切断病原的循环感染。熏蒸消毒后密闭1周，再养下一批雏鸡，这样又能保持鸡舍卫生与鸡群的健康。这种“全进全出”的饲养制度比在同一栋鸡舍里几种不同日龄的鸡同时存在的连续生产制增重快、用饲料少、死亡率低。

3.做好优选及淘汰工作

为了保持鸡群整齐度，生产出优质产品，提高经济效益，必须对鸡群实行优选。淘汰时应注意以下5点：①死亡率高度集中期间每天进行淘汰；②前3周进行严格淘汰，因为此时淘汰经济损失较小；③对于离群病雏，应经周密检查进一步证实无发展前途后进行淘汰；④雏鸡一旦出现跗关节扭曲或瘫痪，就将其淘汰，避免消耗大量饲料，因为这些鸡只通常发展成囊肿，使胴体几乎降低两个等级；⑤患有慢性病的鸡只是传染的根源，它影响其他鸡体的健康，必须淘汰。对于并不离群独居的慢性病鸡，应进一步检查，这些鸡只通过与其他健康鸡比较，表现为抑郁、嗜睡等症状，以及脚部冰凉、脚和喙缺少色素、眼睛迟钝、冠髯苍白等。

4.公母分群饲养

根据公、母雏鸡的不同生理特点，随着自别雌雄商品鸡种的培育和初生雏鸡雌雄鉴别技术的提高，近年来许多优质商品土鸡的生产者采用公母分群的饲养制度。

(1)公母分群饲养的优越性　公母分群后，同一群体中个体间的差异较小，均匀度提高，便于机械化屠宰加工，可提高产品的规模化水平。由于公、母鸡在生长速度和饲料转化率方面的差异，可确定不同的上市日龄，以适应不同的市场需求。如母鸡做快餐炸鸡用，公鸡作分割加工，这样既可以提高生产效率，也可使产品更规格化。另外，公、母鸡分群饲养比混养时的增重快；分群饲养比混群饲养节省饲料，每千克体重耗料可减少1.5%左右。

(2)公母分群饲养的科学依据　公、母雏鸡性别不同，其生理基础有所不同，因而对生活环境、营养条件的要求和反应也不同。主要表现为：生长速度不同，公鸡生长快，母鸡生长慢，6周龄时公鸡体重比母鸡体重重20%；沉积脂肪的能力不同，母鸡比公鸡沉积脂肪的能力强得多，反映出对饲料要求不同；羽毛生长速度不同，公鸡长羽慢，母鸡长羽快；表现出胸囊肿的严重程度不同；对温度的要求也不同。

(3)公、母鸡分群后的饲养管理措施 主要有以下4个方面：

①按经济效益分期出场。根据优质商品土鸡的生长发育规律，一般公鸡最佳出场日龄为90天左右，母鸡为120天左右。

②按公母调整日粮营养水平。公鸡能更有效地利用高蛋白日粮。饲喂高蛋白饲料能加快公鸡的生长速度，而且在体内主要是增加蛋白质。公鸡前期日粮可以把蛋白质水平提高到22%。母鸡不能有效地利用高蛋白饲料，而且多余的蛋白质在体内转化为能量，沉积脂肪，很不经济。在饲料中添加人工生产的赖氨酸后公鸡反应迅速，生长速度和饲料报酬都有明显提高，而母鸡反应很慢。饲喂金霉素可提高母鸡的饲料效率，而对公鸡无效。

③按公母提供适宜的环境条件。公鸡羽毛生长慢、体型大、胸部囊肿比母鸡严重，应提供松软的垫料，并增加垫料厚度，加强垫料管理。公鸡前期长羽速度慢，要求室温稍高些，后期公鸡比母鸡怕热，室温以低些为宜。

④分群饲养要注意防疫卫生，防止意外事故。要彻底搞好鸡舍及舍内设备消毒；厚垫料饲养应特别重视对厚垫料的管理，不能忽视鸡只一直生活在垫料上这一基本情况；注意观察接种疫苗的实际效果，免疫后最好进行血清检测，以证明免疫的实际效果；重视舍外环境消毒。

5.适时断喙

断喙就是切去一部分“鸡嘴”。土鸡生性好斗，在育雏过程中，由于密度过大，光照太强，通气不良，饲料配合不当，某些氨基酸或微量元素缺乏，致使鸡群发生啄癖(雏鸡和中大鸡阶段主要是啄羽、啄趾，开产以后主要是啄肛)。啄癖发生后鸡群骚乱不安，互啄出血，追逐不舍，如不及时采取措施，则会造成严重损失。断喙能有效地防治啄癖的发生，使鸡喙失去啄破能力而又不影响采食。另外，断喙可避免挑食，还能减少部分饲料粮费。

断喙的时间、方法和工具：一般情况下雏鸡在 10 日龄前后断喙，种用鸡在育成期 14～16 周龄尚需进行第二次断喙。方法是，上喙断去 1/2，下喙断去 1/3。断喙工具要用断喙器，也可用 200 W 烙铁，连切带烫，防治出血，同样能取得良好效果。

断喙应注意事项：断喙器有一定的热度，切面要整齐；断喙后鸡嘴上短下长，才符合要求；断喙过长不易止血，一定要止血后才能放手；断喙前后 2～3 天在饲料和饮水中补充维生素 K；鸡群患病或免疫接种时不进行断喙，以减少应激。

6. 环境卫生及防疫

搞好环境卫生、疫苗接种及药物防治工作，是养好优质土鸡的重要保证。鸡舍的入口处要设消毒池，垫料要保持干燥，饲喂用具要经常刷洗，并定期用 0.2％的高锰酸钾溶液浸泡消毒。

对于鸡白痢病，在 1～7 日龄鸡饲料中应加土霉素或恩诺沙星加以控制，从 15 日龄起饲料中加入抑制球虫病的药物，如饲料中加入速丹或优素精（又称盐霉素），以控制球虫病的发生。

# 第七章　土鸡育成期饲养管理

土鸡 7～18 周龄为育成期。该阶段采用限饲控制体重增长，使鸡的骨骼生长达标。通过光照管理，使母鸡适时开产，以发挥良好的生产性能。

## 一、土鸡育成期生理特点

(1)脱离人工给温，体温调节及神经系统的调节机能日趋完善，对外界的适应力和抗逆性增强。

(2)消化系统机能完善，采食量增加。自身对钙的利用从第 7 周开始增强，对蛋白质的需求量无育雏期多。

(3)肌肉、骨骼的生长处于旺盛时期。肌肉的生长最快，依次为骨骼、皮肤、羽毛等。因此，应防体重过大、过肥，否则影响种鸡的种用价值和产蛋力。目前，主要采用限制饲养的方法来控制。

(4)生殖系统发育迅速，至 20～22 周龄开始产蛋。光照和饲料中的蛋白质水平均能影响家禽的性成熟，因此要控制光照，降低日粮中的蛋白质水平，以控制开产日龄。

(5)饲养管理不善时，易出现生长不良，不能达到标准体重的要求，因此应定时称重，决定饲料喂量的增减。

(6)育成鸡体格比较强壮，抗病力强，但易惊群，对应激因素的刺激敏感。

## 二、育成鸡的营养特点

土鸡育成期生长缓慢,羽毛发育迅速,生长周期长。因此,土鸡育成期日粮中的粗蛋白质含量低,代谢能水平较低,粗纤维含量稍高。维生素、钙、磷、蛋氨酸和各种微量元素含量应充足,防止啄癖、瘫痪等营养缺乏症的发生。

## 三、育成鸡的饲养方式

土鸡育成期的主要饲养方式是集约化笼养或放牧散养。笼养不影响土种鸡和土蛋鸡的经济价值,又便于管理,提高劳动生产率,减轻劳动量,提高房舍利用率,提高育成年鸡的整齐度,降低生产成本。因此,土鸡育成期多采用集约化笼养,经济条件差的地区可以采用网上平养和现代放牧饲养模式。

## 四、育成鸡的饲养管理要点

### (一)育成期前的准备工作

与育雏前的准备工作基本相同。育成舍的温度没有育雏舍的要求高。育成鸡舍的鸡笼调整、维修与育雏舍也有一定的差异,育成鸡舍应该调整饮水器具和喂料器具的高度和数量。

### (二)转群

土鸡由雏土鸡舍转到产蛋鸡舍和土种鸡舍称转群。转群前将产蛋土鸡舍和土种鸡舍彻底消毒。转群时应做好下列工作:①转群前后1周应在饲料中添加速溶多维、维生素C和活力健等抗应激药物和添加剂。同时,也可以在饲料中或饮水中添加氟哌酸、土霉素、金霉素、左旋咪唑等抗菌药物和驱虫药,预防因转群应激引起鸡群抵抗力下降而发病。②转群前后应断喙、接种疫苗。③应在开产前1～2周转群。种公鸡应提前转入种公鸡笼或种鸡舍内,以便公母合群后种公鸡能保持优势地位。转群的同时称重分群,以便根据体重发育情况决定饲养管理方案。转群应在夜间进行,转出鸡舍应将灯光调暗或者关灯,转入鸡舍则应整夜开灯,以防止鸡转入到一个新的环境中不适应而造成挤堆死亡。④转群前断料3小时、断水2小时。转群时用转群笼和转群车转鸡,轻拿轻放,防止损伤鸡。若用机动车转群避免开灯和喇叭响,可打开相邻舍的灯。产蛋土鸡舍内和土种鸡舍内应添料、添水,转群后1～3天勤观察鸡,保证每只鸡都能吃上饲料和饮水。⑤转群后要及时清理和消毒育雏舍,空置育雏舍2周,隔断微生物的垂直传播,以利于下次接雏。

**(三)日常管理**

鸡的日常管理程序和方法:①在30 min内加料,加料的同时观察鸡群。加料完毕洗涤水槽,加足清水。加料加水完毕应立即观察鸡群,挑出病鸡和死鸡交兽医诊断。清晨观察鸡群首先要观察采食和饮水行为。首次加料后鸡争先恐后吃料,食欲旺盛,从料槽处看到一排吃料,说明鸡群健康。发现有的鸡吃几口料站立或不吃料站立、卧伏在笼内,肯定是病鸡,应及时挑出。其次要看粪便的颜色和形态。粪便成形、颜色正常、有白色泡沫样便属健康鸡排出的正常粪便;如果粪便稀、绿、黄,说明鸡群有病,应请兽医进一步诊断。第三观察鸡眼是否流泪,头部有无臌胀或囊肿,有无伸颈张口或神经症状,反应是否灵敏。②定期清扫粪便,保持鸡舍内空气新鲜。每次清粪结束应清扫和消毒地面。③夜间观察鸡群。晚上关灯后20～30 min进入鸡舍,仔细听声音,检查呼吸是否正常。发现异常声音,说明有病鸡。挑出病鸡诊断观察确定是传染病还是普通病。个别鸡发病，若是传染病，立即确诊和治疗。若是普通病，应淘汰病鸡。

(四)控制饲养，适时换料

43～70日龄雏土鸡使用土鸡育成前期料(土肉鸡是用土肉鸡育肥中期料。日粮的营养水平为粗蛋白质16.0%，代谢能11.5 MJ/kg，钙1.0%，磷0.65%)，日粮的营养水平为粗蛋白质14.0%，代谢能11.0 MJ/kg，钙1.0%，磷0.65%；71～126日龄(71日龄至上市土肉鸡使用育肥后期料，日粮的营养水平为粗蛋白质18.0%，代谢能12.0 MJ/kg，钙1.0%，磷0.65%)，使用土鸡育成后期料，日粮的营养水平为粗蛋白质16.0%，代谢能11.5 MJ/kg，钙1.0%，磷0.65%。

(五)科学的配合饲料，适时更换饲料

根据土鸡育成期的生理特点和营养特点，选择适宜的饲料原料，科学调制饲料，依据生长状况适时更换饲料。土鸡育成期的饲料中可以适当添加些优质牧草干粉、红薯叶粉、槐叶粉、花生秧粉等干草粉和大米粉等原料，也可以添喂青菜或青草。正常条件下在43日龄、90日龄、135日龄更换饲料。每次更换饲料时逐步更换，防止突然换料引起啄癖和厌食。具体做法是第1～2天，老料2/3加新料1/3混合饲喂；第3～4天，老料1/2加新料1/2混合饲喂；第5～6天，老料1/3加新料2/3混合饲喂。最后全部更换成新料。饲料更换结束后要观察鸡群的食欲、采食量、饮水量、羽毛形态、精神状态和粪便有无异常，如果发现异常现象应立即查明原因，及时采取措施，避免造成经济损失。

(六)加强饲养管理

定期称重，保持鸡群体重均衡生长。土鸡育成期每2周抽测1次平均体重，具体方法是在每双周末的第2天早晨空腹随机抽取5%的个体逐个称取平均体重，群体小最少应抽样30只；群体大，最少应抽取100只。抽测平均体重后，应把测量值与品种参考体重对照，决定增加喂料量或减少喂料量，提高饲料的营养水平还是降低饲料的营养水平。

土鸡育成期体重要均衡生长。生长速度快浪费饲料，增加饲养成本；生长速度慢，影响体重的正常生长，开产日龄推迟，全年产蛋量低。土鸡生长速度慢，没有必要采用限制饲养方法。

**（七）精心管理，提高均匀度**

土鸡育成期的饲养目的是培育高产鸡群。土鸡育成期的体重均衡增加是培育高产土鸡种（蛋）鸡的前提。每周龄的体重固然重要，但28日龄、77日龄和126日龄的体重更重要。28日龄、77日龄体重达不到要求，我们采取调整饲养密度、增加采食和饮水位置、增加喂料量或提高饲料营养浓度的措施还可以补救其发育不良的结果。126日龄的体重测定结果对于培育高产土种（蛋）鸡群已经没有意义。但是，对126日龄达到标准体重的鸡群，按时更换预产期饲料，增加光照时间；126日龄体重低于标准体重，应推迟饲料更换和光照增加，等到全群的平均体重达到126日龄标准体重时再更换预产期饲料，增加光照时间；126日龄体重超重，则应采用控制饲料喂量、增加光照时间的方法饲喂土种（蛋）鸡。饲养实践中很少出现126日龄平均体重超过标准体重的现象。126日龄鸡群的均匀度差时应严格分群，分群管理。126日龄鸡群均匀度差，开产后产蛋率上升速度缓慢，产蛋期最高产蛋率低，饲养成本高，因此要严格分群。具体做法是体重达到标准体重±10%范围内的个体分为一群，采用正常更换预产期饲料和延长光照时间的方法管理。体重超过标准体重10%的个体分为一群，体重低于标准体重10%的个体分为一群。

鸡群的平均体重是否达到标准体重很重要，但鸡群的整齐度（或均匀度）则更重要，鸡群发育是否整齐，直接影响鸡群一生的产蛋性能。提高鸡群整齐度，保持均衡生长的措施如下：

(1)按时称重　根据称重结果及时调整饲料饲喂量或提高饲料的营养浓度。根据称重结果计算均匀度，视均匀度情况采取调整饲养密度、采食和饮水位置。

采食和饮水时的情况，决定是否更换料桶(料槽)和饮水器，保证每只鸡有自己的采食和饮水位置。自由采食条件下，鸡群 3/4 的鸡有采食位置和饮水位置，只有这样才能做到均匀喂料，保证每只鸡采食基本相同。

(2)适宜的饲养密度　笼养条件下三门笼每笼养 6～7 只，两门笼每笼养 10～15 只。平养条件下每平方米 43～77 日龄 30～25 只，78～120 日龄 20～15 只，饲料密度是否适应根据称重结果计算出的均匀度为依据。均匀度好，饲养密度适宜；均匀度差，饲养密度偏大，应及时调整。

及时调整笼养鸡群的笼网间隔和饮水器、料槽的位置。随着鸡群日龄和体重的增加，经常观察鸡群采食和饮水情况，及时调整笼网的调整网位置，调整网调到最大间距时，如果鸡采食饮水困难应及时转笼。根据日龄和体重的增加及时调整饮水器具和喂料器具的高度。更换饮水器具和加料器具的型号，增加或减少饮水器具和喂料器具的数量。

(3)合理分群　土种(蛋)鸡的体重大小差异较大，随着日龄的增加及时进行大小分群。30 日龄时公、母分群，严格淘汰无饲养价值的病鸡、残鸡、弱鸡和僵鸡。合理分群后平均喂料量不变，壮鸡相对采食量减少，弱鸡相对采食量增加。

### (八)促性成熟

育成期采用促进生长和增加光照的方法促进性成熟。土鸡性成熟较晚，要使其性成熟相对提前应适当延长光照时间。整个育成期光照时间控制在 8～12 小时，126 日龄时每天增加光照时间

10 min,直至 16 小时保持相对稳定。育成后期采用高蛋白和高能量饲料自由采食,促进提前开产。采取这样的饲养方法后,土鸡的开产日龄提前至 135 日龄。

**(九)充足饮水**

水在养鸡生产中是最廉价的一种物质,但缺水会严重影响土鸡的采食量和生长。自动饮水系统的广泛应用,使工人的劳动强度降低,但由于自动饮水系统供水故障或堵塞,导致缺水、断水,给养鸡生产造成巨大的经济损失。饲养人员应经常观察每个杯式饮水器内是否有水,用手点动乳头观察是否出水,观察水槽每个位置是否有水或鸡是否能喝上水,观察水箱内水位是否达到要求。平养土鸡要定期添加水。

**(十)创造良好的小气候环境**

影响土鸡正常生长的环境因素包括温度、相对湿度、空气质量、通风、光照、舍内粉尘、饲养密度、饲料营养、微生物、饮水、噪声等其他因素。这里重点介绍以下几项:

(1)温度。育成前期温度不宜低于 18℃。随着日龄增长,土鸡对低温的适应性和耐受力增强一般不低于 5～12℃,不影响鸡群健康。温度超过 30℃以上,鸡张口呼吸,采食量减少,生长速度减慢。

(2)相对湿度。土鸡育成期对相对湿度的适应性比较强,一般相对湿度在 60%比较适宜。冬季保温通风量减少,夏季湿帘降温、喷雾降温会导致舍内相对湿度超过 90%。高温高湿、低温低湿对鸡体不利,使鸡的抗逆性减弱,免疫能力下降,易患呼吸道病或大肠杆菌病。

(3)通风换气。通风换气排出舍内有害气体和粉尘,供给舍内新鲜空气,使舍内有充足的氧气。氨气浓度下降到 20 mg/kg 以下,硫化氢气体含量下降到 6.6 mg/kg 以下。通风换气可以减少舍内空气中悬浮的粉尘，降低舍内微生物含量，有利于鸡群健康。实践证明，通风良好，舍内空气新鲜的鸡群发生大肠杆菌病、慢性呼吸道病的概率下降，鸡冠鲜红，鸡群精神状态好。

(4)微生物的控制。加强通风，排出舍内粉尘，减少舍内微生物。定期喷雾消毒，杀灭悬在空气中的微生物和舍内笼、墙壁、地面上的微生物。

(5)保持环境安静、降低噪声污染。

# 第八章　土种鸡产蛋期饲养管理

土种鸡的产蛋率低，平均蛋重小，产蛋期饲养的目的是提高产蛋率和种蛋的合格率、种蛋受精率。为了提高种蛋受精率，采用舍内补饲和放牧饲养相结合的方式饲养。

## 一、土种鸡产蛋期的生理特点

(1)鸡虽已开产，但在产蛋初期，身体和羽毛还在生长，为达到体成熟，还需要一定量的营养物质供给，随着产蛋率和产蛋重的增加，产蛋的营养物质需要也逐渐增加。总之，虽然开产标志着性腺已经成熟，但体成熟并未达到，羽毛的生长也未结束。

(2)产蛋期鸡的新陈代谢很旺盛，代谢强度大，母鸡性器官的生长还未完全结束，因此，需供给全价的营养物质。产蛋期日粮中的蛋白质代谢能水平比育成鸡高。

(3)鸡的性成熟是新的生活阶段的开始，初产鸡精神亢奋，高度神经质，因此，要创造一个安静的环境。

(4)产蛋鸡对日粮中钙的需要量比任何时期都多，因此，要求日粮中要有足够的钙，钙、磷比例适宜。

(5)对光照的反应比较敏感。光照时间的长短、强度的大小，直接影响着产蛋率，要求有一个适当的光照制度。

(6)产蛋鸡对外界环境的变化很敏感，如光照、饲料变动、疾病的侵袭、应激因素的影响等都可造成产蛋量下降。

(7)高峰期及产蛋前期抗病力降低，需用保健药。

## 二、土种鸡产蛋期营养特点

土种鸡开产以后体重、羽毛和骨骼还继续生长，随着产蛋率的上升采食量逐步增大，对钙的需要量和蛋白质的需要量增大。由于其产蛋率和蛋重均比现代商品蛋鸡低、个小，因此，对日粮中蛋白质的含量要求不严格，根据鸡以代谢能为标准采食，我们配制与商品蛋鸡料相同营养的饲料同样可以获得最高峰产蛋率85%。土种鸡饲料中的维生素主要来源依靠添加补充。为了保证土种鸡蛋优质无公害的优点，减少非营养添加剂和对人体有害的添加剂的用量，可用中草药添加剂预防鸡病。土种鸡放牧饲养条件下主要补充维生素A、维生素D、维生素E、维生素K等脂溶性维生素和微量元素等。

休产期的土种鸡饲料中添加一定量的米糠、草粉等粗饲料，适量补充蛋氨酸，使其安全渡过休产期，第二年正常产蛋。

## 三、土种鸡产蛋期饲养方式

现代土鸡产蛋期的饲养方式分笼养和半舍饲半放牧饲养两种饲养方式。

(1)笼养。土种鸡适于笼养，笼养有生产成本低、饲料利用率高、便于饲养管理和消毒防疫等特点。土种鸡一般采用三层全阶梯式笼养，笼养土鸡易惊群。

(2)半舍半放牧饲养。半舍饲半放牧饲养是指休息、早晚补饲、饮水和产蛋都在舍内。

## 四、土种鸡产蛋期转群前的准备工作

(1)清扫,维修产蛋舍、产蛋鸡笼、喂料器具、饮水器具、照明和通风系统。平养放牧舍应维修地网、产蛋箱,清理放牧场等工作。笼养舍应清洗,粉刷,喷雾、火焰消毒等,最后密封鸡舍熏蒸消毒。平养放牧舍不采用熏蒸消毒的方法,场地消毒采用喷雾消毒方法,有些放牧地也可采用深翻土地方式更新牧地。

(2)预防鸡病。首先接种鸡新城疫、减蛋综合征、传染性气管炎、法氏囊和鸡痘等疫苗;其次是用左旋咪唑、苯丙硫咪唑驱虫;用溴氰菊酯水溶液喷洒鸡舍杀灭体外寄生虫;饲料中添加抗菌药物预防细菌性疾病。

(3)第 1 次和第 2 次断喙不合理或不彻底的鸡应补断和修喙。

(4)分群。根据体重发育情况分群,准确记录入舍母鸡数,严格淘汰鉴别的公鸡和无利用价值的母鸡。

(5)平养鸡舍应准备好产蛋箱、栖架、场地围栏饲养设备。

(6)转群应注意的事项与育成期转群方法相同,特点如下:①转群时准确填写记录表中的各项指标;②转入舍内应加料加水,鸡转入舍的位置应与转出舍的位置相对应最佳;③种公鸡应提前 2 周转入到平养种鸡舍,使其建立优势地位,有利于提高受精率,减少种公鸡的伤残;④转群时应严格淘汰病、残、弱、小和瞎眼的个体;⑤鸡群发病时不能转群,转群后的几天应加强管理。

## 五、土种鸡产蛋期的日常管理

土种鸡的日常管理是每天进行的工作,有利于提高其生产性能。土种鸡的日常管理基本同育成期一样,特点有以下几点。

(1)喂料、喂水。每天喂料 2 次,早 1 次,晚 1 次,中午填料 1

次。饲槽中料的高度不超过料槽高度的 1/3，加料均匀，关灯前 5 小时最后 1 次喂料，关灯前 1 小时吃完料。保证全天自由饮水。

(2)观察鸡群。每天早晨要巡视鸡群，拣出病、死鸡。观察每只鸡的采食情况，加料时所有的鸡都应争先恐后的采食，加料完 10 min 后鸡还应正常采食，如果此时有鸡离开食槽停止采食证明有病。中午 11 时左右检查料槽中的料存留状况，观察鸡头部的精神状态和鸡冠颜色，如果鸡打瞌睡、闭眼、缩头、伸颈说明鸡有病；如果鸡冠发紫、变萎缩变薄或倒向一侧说明有病或停产。观察粪的形状、颜色，正常粪便为圆棒形，质地稍软，上有白色尿酸盐沉积；另一种粪便似巧克力如油状，称“糖尿粪”。正常粪便颜色为灰白色、黑色、黄褐色，上附白色、纯白色、灰白色、绿色、浅黄色均为有病的鸡排出的粪便。观察产蛋量、蛋壳颜色和蛋壳质量，有无软壳蛋、无黄蛋、沙壳蛋等不合格蛋。巡视鸡群时应轻、稳、静。观察有无“夹”、“挂头”、“上吊”、“别颈”、“扎翅”等机械损伤，应及时解救。防止发生鸡病，晚上关灯后 1 小时听取鸡群呼吸声音是否正常，发现呼吸道异常应挑出及时治疗。

(3)鸡群及设备管理。要防止鸡逃跑到笼外、掉到粪坑、逃窜。经常检查维修鸡笼、供水系统、供电系统、供料系统，消毒系统、围栏和天网等。

(4)捡蛋和种蛋挑选。每天 10 时、11 时 30 分、14 时 30 分和 17 时捡蛋 4 次。捡到蛋箱内的蛋应加盖防尘布，防止污染。种蛋应及时放入消毒柜内消毒后装箱。每天应及时捡蛋，降低破损率，捡蛋时要把破蛋、裂纹蛋、软皮蛋拣出单独存放计数；要把选择符合品种特征的合格种蛋装入种蛋消毒柜消毒。严格淘汰畸形蛋、双黄蛋、过大或过小蛋、过长或过圆的蛋、沙壳蛋、脏蛋、破蛋、裂纹蛋等不合格蛋。每天收蛋后认真记录产蛋数和产蛋重量。

## 六、土种鸡产蛋前期的饲养管理

土种鸡一般126～160日龄开产，产蛋前应提前2周更换成产蛋初期饲料，使其能有储备能量和储备钙质及营养的时间，有利于开产后产蛋率的上升。开产前是否需要换饲料，还要根据鸡群的日龄、平均体重和均匀度而定，不能只看日龄这一条件，如果鸡群已达到开产日龄，均匀度好，但平均体重偏小，应推迟更换饲料；如果鸡群已达到开产日龄和开产体重，但均匀度差，应该分群饲养，将体重低于开产体重的个体放在一起推迟换料，当平均体重达到开产体重时再正常换料，这样可以保证土种鸡的高产。饲养管理要点：

(1)分群饲养。以开产体重为标准分群饲养，体重过大的进行限食，体重过小的推迟蛋鸡料的喂给，检查免疫接种记录。

(2)及时转群和断喙。

(3)选择淘汰无饲养价值的鸡，如体重偏小畸形、病鸡和弱鸡。

(4)检查接种和投药的记录，做好免疫，两批以上的鸡必须有生产记录。

(5)土鸡产蛋期，可出现抗病力下降，适应力、产蛋量、生长速度下降，采食量下降或增多等，因此，产蛋期要保证饲养人员和饲养环境的相对稳定。

(6)高产期抗病能力下降，因此在开产前要连续使用3～5天的药，保证鸡群健康。当高产期持续到1个月时，也要使用不影响产蛋率的药物。

(7)对光照反应敏感，突然增加光照强度或减少光照时间会引起产蛋率的下降，易引起啄癖。

## 七、土种鸡产蛋高峰期的饲养管理

产蛋高峰期的饲养管理要点是相对稳定鸡群、饲料、人员和饲养管理程序，根据高峰期产蛋持续时间长短，应做到以下几点：

### （一）稳定鸡群

鸡群的安全、健康无病是保证高产的重要保证，因此，育成后期的防疫工作要准确无误的做好。

（1）随着季节的变化要预防季节性疾病的发生，如多雨季节防曲霉菌病；新玉米上市和外界多雨湿度较高时，防曲霉菌病；蚊虫、蛔虫、绦虫滋生季节防白细胞原虫病；气温变化剧烈时防传染性喉气管炎、传染性支气管炎等。

（2）定期抽检抗体水平，监测鸡新城疫、鸡传染性支气管炎。

（3）定期消毒和隔离，定期检测水中氯的含量。

（4）定期对水进行消毒，防止肠道疾病的发生。对于产蛋舍每周消毒 1 次。

（5）定期在饲料和饮水中添加抗生素，也可添加抗病毒物。禁止添加对人体有害的药物。

### （二）稳定饲料

稳定饲料质量应该从以下几个方面着手：

（1）饲料配方要稳定。

（2）稳定饲料原料的来源。

（3）蛋鸡饲料中维生素添加量要稳定，若饲料中维生素稍微少一点产蛋量即迅速下降。

（4）稳定配合饲料的人员。

（5）饲料的粒度要均匀稳定。饲料腐败引起拉稀、肠道疾病，饲料发霉引起曲霉菌病；夏季饲料中的脂肪易酸败，引起土鸡拉稀，食欲下降或不吃饲料，从而影响料蛋比。

**(三)增加捡蛋次数**

增加捡蛋次数可减少破蛋率,减少环境对蛋的污染。

**(四)均匀喂料**

做到搅拌均匀,饲料粒度均匀,添料均匀,采食量均匀。

**(五)其他**

随着日龄、产蛋率、体重的增加逐渐增加喂料量,稳定光照强度,光照时间稳定在16小时。产蛋后期增加光照,稳定日常管理程序。环境因素对于高产鸡来说非常重要。

(1)温度。当温度为12～25℃时,产蛋率保持在90%以上;当温度超过27℃时,产蛋率下降,蛋重变轻,蛋白变稀,蛋壳变薄,鸡的呼吸频率加大,饮水量增加,粪便变稀;温度为15～16.5℃,产蛋率高,产蛋量也高,但在生产上行不通,因此在生产上以12～20℃为最适宜。

(2)湿度。高温高湿、低温高湿对成年鸡生产影响较大。

(3)通风。合理通风。

(4)光照时间不低于16小时,强度10～13 lx。红色和普通光交叉设置,减少刚开始产蛋鸡啄癖。

(5)密度。最大密度每平方米16～18只。

(6)噪声。抓鸡,外来人员的进入,接种疫苗,饲料中投放药物,调整鸡笼都影响产蛋。

(7)营养。保证充足的营养供给是保证正常产蛋的关键。

## 八、土种鸡产蛋后期的饲养管理

土种鸡产蛋期饲养管理的重点是延缓产蛋率下降的速度,维持高峰期持续的时间,适时变化饲料配方和饲养管理程序。一般应注意以下几个问题:

(1)采用后向饲养方法。即饲料的更换走在产蛋率下降的后面以延缓产蛋高峰下降的速度，维持产蛋高峰持续时间。及时调整日粮中钙、磷、蛋白质水平，适时调整日粮。适当降低能量和蛋氨酸含量，降到鸡群发生啄癖时不能再降。

(2)试探性减少喂料量，为了节约饲料和不使土鸡过肥影响产蛋，要适时减少饲料喂量，每天每只5 g。

(3)饲料中适时添加氯化胆碱，预防脂肪肝出血综合征。适当添加维生素含量，降低破蛋率，提高商品蛋和种蛋的合格率。

(4)适当延长光照时间到18小时，挖掘最后的产蛋潜力，若种鸡还要利用1年，不应该增加光照，而应该考虑强制换羽。

(5)产蛋后期抗体水平下降，因此，应该及时接种鸡新城疫疫苗。

(6)及时淘汰停产、低产、换羽的母鸡和精液品质下降的及有腿病的公鸡。

## 九、土种鸡休产期的管理

土种鸡根据育种和生产需要可以饲养3年以上，我们将第1个产蛋期结束到第2个产蛋期开始这一段时间称休产期。休产期的鸡经1个产蛋期后体质下降，羽毛残缺不全，抗病能力下降，停产。因此，休产期的土种鸡应做好如下工作：

(1)驱虫。用药物驱除体内外寄生虫，通常用盐酸左旋咪唑、丙硫苯咪唑等驱除蛔虫、绦虫，用阿维菌素、依维菌素等驱除疥螨。

(2)补种疫苗。重点补种鸡新城疫、减蛋综合征和传染性支气管炎疫苗。

(3)药物预防。饲料中添加0.1%～0.2%土霉素粉，连用5天。

(4)强制换羽。鸡群通过驱虫、药物预防和接种疫苗后14天，鸡群健康状况良好时可以施行强制换羽的方法促使其更换羽毛。强制换羽一般有饥饿法和化学法两种。饥饿法强制换羽的方法是断光、断水，绝食5～7天，鸡开始蜕换主翼羽或用手轻拔主翼羽时恢复光照和饮水；有时断水2～3天，然后逐渐恢复喂料，光照时间保持在6～8小时，从控制光照第40天开始，每天延长10 min或1小时光照至16小时维持不变，促进第2个产蛋期的到来。

(5)休产期鸡群对营养物质的需求量少。所需的营养物质能满足其正常的维持需要和更换羽毛的需要即可，日粮蛋白质含量12%～14%，蛋氨酸添加量1.5 g/kg，代谢能11.0 MJ/ kg，钙0.8%～1.0%，磷0.65%，每天喂料2次，自由饮水即可。

(6)休产鸡群停产60天或有个别鸡开始产蛋时，逐步增加光照，将饲料更换为产蛋料，促使鸡群重新产蛋。

## 十、放牧饲养条件下土种鸡产蛋期的饲养管理要点

土种鸡在放牧条件下产蛋期饲养管理方法和笼养土鸡产蛋期饲养管理方法基本相同，但也有不同的地方。这里重点介绍土种鸡产蛋期放牧饲养管理的要点。

(1)场舍管理。鸡舍的维修、消毒和笼养土鸡的方法相同。进鸡前应对放牧场地清理和分区，发生过疫情的地方不宜作为牧地，牧场应与鸡舍相连，便于管理。鸡舍与牧场之间应有便于鸡出入的洞或门，早晨放牧时开启，晚上收鸡时关闭。放牧前15～30天，应对牧场灌溉促进牧草生长，净化地面，牧场面积小时，能让太阳光直射效果最好，但在牧场周围应植树遮阳。

(2)建立稳定的条件反射后可撤去护网。放牧面积有限，人口密度高的地区要用塑料网、尼龙网、篱笆铁丝网等材料把牧场分区放牧，场地上应植树，特别是灌木类果树，树木均匀分布在牧场内作为天然护网。当鹰等天敌危害鸡群时鸡可逃至灌木丛或树林内躲避敌害。

(3)产蛋箱的设置。产蛋箱应设置在舍内光线较暗的地方，内垫干燥清洁的垫草或蛋鸡笼底网，产蛋箱以4～6只鸡配制一个产

蛋箱，地面平养时应设置栖架。

(4)调教训练。首先应调教其返舍，具体做法是：早晨添料时给鸡一个信号（如吹口哨、敲食盆），晚上补料时用早晨相同的信号，这样反复训练 7～14 天，当发出哨声食槽中无料鸡也返舍时即训练成功。

(5)牧犬的训练。用牧犬保护鸡群是一种有效可行的方法。犬既可以防飞禽，也可以防黄鼠狼对鸡群的危害。牧犬应从小和鸡相处，禁止用鸡或鸡蛋喂犬，以免犬养成咬鸡或偷食鸡和鸡蛋的坏习惯，训练犬追赶或捕捉鸡的天敌。

(6)补饲。补饲的时间最好设在早晨放牧前 1 次、产蛋后 1 次和晚归时 1 次，最重要的是晚归时，补饲用全价配合饲料，补饲日粮中应添加足够的矿物质和蛋氨酸等。补饲石粉也可以在牧场上设置石粉堆，让鸡自由采食，青草短缺时，可以将廉价的白菜挂在牧场上让鸡啄食。牧场上应设置饮水器、饮水盘，使鸡有充足的饮水。

(7)牧场轮饲与牧场建设。放牧场地可以利用天然草场改良牧场。若在一块牧场上长期放养鸡可使牧场过载，会引起植被破坏或死亡，因此应定期轮换使用，给牧场上的植被恢复的机会，一般全天放牧以每 10 平方米 2～3 只鸡为宜。

(8)捡蛋。每天捡蛋 4 次，平养鸡每 4 只鸡配置一个产蛋箱，如不及时捡蛋就会有窝外蛋，使蛋的破损率升高。捡蛋时间一般为 10 时、11 时、14 时、17 时，每天 16 时到牧场上巡视，捡回窝外蛋。土鸡有一定的野性，应防止飞跃逃跑。

(9)定期接种疫苗、预防用药和驱虫。接种疫苗的方法和程序与其他鸡基本相同，预防用药要选择对人体无害的药物，定期添加到饲料中。放牧饲养的鸡易患蛔虫、绦虫等病，每 2 个月应驱虫 1 次。

# 第九章　商品土肉鸡的饲养管理

商品土肉鸡的饲养管理方法与其他类型鸡的饲料管理方法有相同的地方,也有不同的地方。养鸡前的准备工作,育雏笼的管理与准备、饲料管理、雏鸡的选择与运输、养鸡结束后的清理消毒等工作与前文所述相同,这里不再赘述。以下重点介绍商品土肉鸡与其他类型鸡饲养管理方法上的不同点。

## 一、商品土肉鸡的生理特点和生产特点

商品土肉鸡的生理特点与土种鸡育雏、育成期的生理特点基本相同,现介绍其不同的地方。

(1)生长发育速度慢,饲养周期长,鸡舍年周转率低,一般饲养周期为 84～134 天。

(2)饲料利用率低,对饲料中的营养物质含量要求低,饲料成本低,耐粗饲,适合于放牧和平面散养。因为饲料比较廉价,因此饲养成本低。

(3)羽毛生长速度较慢,需要在饲料中添加蛋氨酸促进羽毛生长,防止啄癖发生。公鸡羽毛在 70 日龄后发亮,70～90 日龄屠宰有利于拔毛;84 日龄屠宰拔羽效果很好,无折羽残留毛根,屠体美观。

(4)公鸡鸡冠发育早,红润,肉垂发达。由于性腺活动,公鸡 70 日龄左右打鸣,颈羽、蓑羽和尾羽毛成年羽毛基本长出,羽毛亮,富有光泽。

(5)舍内笼养和舍外散放式饲养相结合,土肉鸡的饲养以笼养

结合平养饲养效果最佳。

(6)疫病的防疫程序与土蛋鸡的免疫程序基本相同。

(7)适合于生产安全型绿色肉鸡，其生长速度缓慢，限制了许多促生长添加剂在土肉鸡生产中的应用。抗病力强，减少了药物的使用量。土肉鸡适合于偏远落后的农村、山区自然条件无污染或污染轻的地区产业化饲养，生产安全型绿色保健鸡肉。

(8)土肉鸡生产有较强的季节性和消费区域性，土肉鸡规模化饲养最佳上市季节在每年的2～10月份，每年的11月至翌年1月份，农村土鸡上市销售价格偏低。

## 二、商品土肉鸡生长阶段划分

商品土肉鸡据其生长发育特点分为育雏前期(0～21日龄)、育雏后期(22～42日龄)、育肥前期(43～73日龄)、育肥后期(74日龄至上市)4个阶段。

## 三、商品土肉鸡的饲养方式

商品土肉鸡的主要饲养方式有三层全阶段式笼养、平面饲养、舍外补饲与舍外放牧结合3种方式。

### 1. 三层全阶梯式笼养

几年来的实践证明，这种方式最适合于雏鸡出壳后到脱离人工供温阶段的饲养管理，便于防疫和供温，饲养密度大，饲养成本低，是商品土肉鸡产业化经营集中育雏的最佳方式。

### 2. 平面饲养

由于市场对土肉鸡羽毛完整性、体型紧凑性、胫细等方面的特殊要求，土肉鸡50～110日龄羽毛更换的旺盛时期必须平面饲养。笼养土肉鸡羽毛蓬松似丝状，没有光泽，羽毛羽片残缺不全，尾羽发育不良，胫粗，消费者误认为是笼养的商品杂交鸡，售价偏低。平面饲养包括网上饲养、垫料饲养和舍外运动场散养等方式，平面饲养适合于育肥期土肉鸡的饲养管理，平面饲养不便于防疫，因此不适于土肉鸡育雏期的饲养。

3. 放牧饲养

放牧饲养是舍内补饲和舍外放牧相结合的一种饲养方式，最适合土肉鸡育肥期使用，放牧饲养的土肉鸡鸡冠鲜红、羽毛紧贴身躯、羽毛完整、羽色鲜丽富有光泽、体型紧凑、胫细、尾羽丰满上翘、形态优美，是消费者最欢迎的鲜活鸡。土肉鸡售价高，经济效益佳，但生长速度慢，饲养周期长，饲养量少。这种使用方式使鸡能充分利用自然界的鲜嫩牧草和鲜活昆虫，减少了饲料的消耗量，降低了生产成本。放牧饲养是土肉鸡生产的最佳饲养方式。

## 四、商品土肉鸡饲养管理的基本条件

(1)用保温性良好的育雏舍。商品土肉鸡的育雏舍最好是利用水泥预制板建成的平面屋顶结构，密封保温性能良好，便于冲洗和熏蒸消毒，便于升温的房屋，饲养成本最低。

(2)育肥期使用的平养育肥舍。平养育肥舍内铺好网床，网床上安装料槽、普拉松饮水器、塔式饮水器、料桶等设备，育肥期平养育肥舍可以用塑料薄膜或编织袋布或用水泥瓦建成简易鸡舍。

(3)用三层全阶三开门育雏、育成两用笼。该种笼每个单笼配备小料桶、小饮水器、双杯式饮水器和成年鸡料槽，用网孔的面积为 1 $cm^2$ 的塑料底网。

(4)放牧地。适合于放牧饲养的果园、草山和草坡等要设置围网、喂料点和饮水点，饮水器要用栅栏保护，防止鸡弄脏水。料桶放在比料桶稍大的塑料盆内或把盛放饲料的塑料盆放在废旧的汽车轮胎中间，可以防止浪费饲料和污染饲料。放牧地要选择背风向阳、高燥、能防止水淹的地方。在放牧地上建立简易鸡舍，便于晚上或风雨天遮风和避雨。

(5)有充足的供电设施。放牧饲养可用太阳能发电设备或三轮车带动的简易发电机发电，便于夜间照明、收鸡入舍和诱虫喂鸡。

(6)供温设施。大型育雏舍采用火道供温，小型育雏舍采用火炉供温。

(7)学习知识。饲养商品土肉鸡的养鸡户要学习掌握有关土肉鸡饲养知识，掌握土肉鸡饲养管理技术和免疫技术。

## 五、商品土肉鸡的饲养管理要点

1. 土肉鸡饲养工艺

商品土肉鸡育雏期采用笼养，育肥期采用平养或放牧饲养。

2. 育雏期的基本条件

温度、相对湿度、通风、饲养密度和卫生等基本条件与土种鸡育雏期的基本条件相同。

商品土肉鸡的光照时间 1～15 日龄 24 小时光照，从第 16 天开始每天缩短 1 小时光照时间直至 16 小时稳定不变。

3. 商品土肉鸡饲料配合特点

30～42 日龄内采用高营养日粮饲喂，保证雏鸡正常的生长发育，防止出现僵鸡；30～40 日龄至 73 日龄采用低营养水平日粮，添加足量的蛋氨酸，促进羽毛和骨骼生长；育肥后期(73 日龄至上市)采用较高营养水平的日粮催肥，使其肌肉快速生长，使商品土肉鸡上市时胸肌、腿肌丰满。

4. 商品土肉鸡笼养育雏期的饲养管理

(1)进雏前对育雏舍要清扫、维修和消毒。进雏前 2 周对供温系统检查后试温，使育雏舍的温度达到 34～36℃。进雏前 2 天把温度升至育雏期最高适宜温度 34～36℃。

育雏舍冲洗消毒后，应将一切育雏用具放入育雏舍，再封闭育雏舍采用熏蒸消毒方法消毒 24 小时以上，进雏前一天开风机排气。

(2)育雏温度的控制。因为商品土肉鸡出壳体重小，对低温的抵抗能力差，因此要保证育雏温度正常。第 1 周育雏温度为 34～36℃，从第 2 周开始每周下降 2～3℃。冬季、早春温度下降到 18℃保持稳定，其他季节下降至室温。

(3)饮水。雏鸡进舍后用小饮水器饮水。先向饮水器底盘中加入少量保健用水使每只雏鸡都喝到水。对没有喝到水的鸡应该用滴管滴水让其饮水。1～15 日龄饮用凉开水，15 日龄后可换成深井水或自来水。整个饲养期采用自由饮水，雏鸡能使用杯式饮水器时撤走塔式饮水器换成杯式饮水器。

(4)喂料。第 1 次饮水后 2 小时将肉鸡碎裂料加入到料盘或料桶中，用食指敲击料盘或料桶底盘引诱雏鸡采食。用肉鸡花料喂 7 天后换成商品土肉鸡粉状全价配合雏鸡料。从第 15 天开始逐渐过渡到料槽喂料，等到所有的鸡都学会到料槽中采食后再撤走料桶。商品土肉鸡的喂料方法采用自由采食或定时饲喂的方法，随着鸡日龄的增加逐渐增大饲料的颗粒度和喂料量。

(5)调整网孔。随着鸡日龄的增大，逐渐调整鸡笼网铁丝间的距离，去掉笼底塑料网。

(6)分群。根据雏鸡生长发育状况及时分群降低饲养密度。30 日龄时要公、母分群饲养，转群时要大小分群，强弱分群，保证鸡群的正常发育。

(7)科学接种疫苗。笼养鸡便于接种疫苗，接种疫苗时先将一笼雏鸡转空，然后逐笼防疫做到不漏防一只鸡。正确稀释疫苗，准确接种疫苗，杜绝传染病的发生。

(8)抽测体重。根据体重抽测结果及时调整饲料的营养水平、喂料量，加强饲养管理工作。

(9)加强通风、定期清粪。雏鸡舍的空气环境直接影响慢性呼吸道病和大肠杆菌病的发病率,应加强通风,排出舍内的有害气体供给新鲜的空气,防止以上两种条件鸡病的发生,定期清粪是减少舍内有害气体、苍蝇的有效措施。

5.平养和放牧饲养商品肉鸡的一般饲养管理

(1)清理牧场。放牧饲养前要清理放牧用地上的塑料袋、铁丝、铁钉、麻绳等杂物,防止鸡啄食后引起软嗉、硬嗉或食道堵塞。

(2)围网管理。放牧前牧场周围用尼龙网围起来,防止鸡在放牧时逃跑。

(3)足够的采食位置和饮水位置。每只鸡应设5～10 cm的饮水位置和采食位置,保证采食均匀,充足饮水。为了节约饲料,应该将料桶放在比料桶底直径稍大的塑料盘或废弃的汽车外胎中间,每天喂料2～4次。

放牧饲养时,在饲草地上均匀设置补料和饮水点。

(4)适宜的饲养密度。平养鸡的饲养密度直接影响鸡群的整齐度,进而影响生长速度和料肉比,适宜的饲养密度每平方米为15～17只,放牧饲养时牧场放牧鸡的数量与牧草、昆虫多少有关。放牧为主,补饲为辅时,每1/15 $hm^2$(每亩)草地以150只为宜;补饲料为主,放牧为辅时,每1/15 $hm^2$(每亩)草地可放养300～600只。

(5)调教。鸡群放牧前喂料时给鸡一种信号、晚上补料时开灯等方法,使鸡建立稳定的条件反射后把鸡放养到牧场,晚上让鸡返舍时用同样的信号,鸡就可以返舍。

(6)沙浴。放牧饲养时运动场上要设置沙浴坑,内设石粉,既可以满足鸡的沙浴行为,又可以补钙。

(7)定期驱虫。平面饲养易感染蛔虫和绦虫。因此,每批鸡应该驱虫1次。

(8)轮牧。放牧饲养时,为了防止鸡群对草地的损坏和污染,应采用分块放牧的方法，这种方法可以使草地有一个恢复的时间和草地净化的时间。

## 六、商品土肉鸡的几种放牧方法

土肉鸡饲养方法对其肉的品质有很大的影响，作为生产优质禽肉的土肉鸡采用合适的饲养方式获得良好的鸡肉品质则更为重要。现代土肉鸡生产中通常采用保温育雏期集约化笼养和育肥期放牧饲养相结合的饲养方式。土肉鸡散养的方式主要有以下几种。

1. 果园放牧饲养

果园放牧饲养是利用果园的自然条件放牧饲养的一种方法。面积比较大的果园可以设一个与果园放牧饲养相配套的保温育雏舍，然后在果园的旁边或果园的中间用水泥瓦、稻草、麦秆和塑料薄膜搭建一个或几个简易棚舍供鸡群补饲、饮水和休息。白天鸡群在果园中自由采食青草、昆虫、草籽等天然饲料，早晨适当补饲育肥期全价配合饲料，傍晚放牧归来后根据鸡的采食情况适当补饲精料或打开果园内的电灯诱虫让鸡再采食一段时间。这种饲养方式不仅可以节约成本，还能为果园消灭害虫和根除杂草，保证良好的鸡肉品质。另外，鸡粪还可以增强果园土壤的肥力，因此，果园放牧饲养是目前一种很好的仿古饲养方法。

(1)果园放牧饲养土肉鸡的设施：①有围墙的果园利用原有围墙，没有围墙的果园可以在果园的四周设置隔离设施。隔离设施可以建造围墙、设置篱笆、种植花椒树和刺槐，最简单易行的方法是利用塑料网将果园分割分区放牧，其目的是防止鸡跑到果园以外活动而丢失，同时也可以避免有人进入园内偷鸡。②育雏舍或放牧饲养的简易舍的旁边设置看管人的住宅，其作用是在育雏鸡阶段便于管理，放牧饲养时让鸡在晚上和风雨天到舍内活动、采食、饮水和休息。③喂料供水具可以用废旧汽车轮胎从横切面切为两半，将切开的轮胎凹面朝上，用塑料盆放入汽车轮胎的中心，再将竹竿做成圆锥形插在塑料盆的周围即可。这样制作的饮水喂料器既节约饲料，也可避免撒在地上发霉变质，被鸡采食后出现曲霉菌病。

(2)果园放牧饲养土肉鸡的饲养管理。果园放牧饲养土肉鸡的育雏阶段在育雏舍内进行，管理方法与笼养土肉鸡育雏期的方法相同。果园放牧饲养的关键技术之一是由育雏舍转到放牧饲养区的转群工作。具体转群时间应该安排在主要防疫工作结束以后。一般在32日龄以后，转入放牧饲养区的时间还要根据外界最低气温情况来决定，当外界最低气温与育雏舍育雏温度相同时即可转群进入放牧阶段。果园放牧饲养应该从每年的4月份开始到秋季结束，具体放牧季节要根据当地的气候情况而定，早春放牧时由于天气变化无常，因此，每天要注意收看天气预报。如果天气变冷，应该做好放牧的保温工作，或者不放牧让鸡在舍内饲喂和饮水。开始放牧饲养前要选择天气晴朗无风，在中午前后，让鸡到鸡舍附近活动，以适应外界环境，在晚上和风雨天气时应该开灯防止鸡打堆而死亡。

早春果园放牧时要避开果树开花的季节，防止土肉鸡跳到树上毁坏果树上的花，一般情况下果园养鸡可以防止果树的病虫害，但有时鸡不能控制的病虫害还要用药物进行预防，喷洒药物治病期间应该暂停放牧，等到农药失去药效时再开始放牧。果园放牧应该避开果实成熟的季节以防鸡损坏果实。这时可以把撒落的果实捡回来喂鸡。放养时间较长的果园一般有桃园、杏园、核桃园和石榴园等。

为了使果园内卫生清洁、青草再生，应该将果园分为不同的小区轮牧，休牧时将土壤清理或翻土、浇水，促使土壤净化和青草再生。搞好卫生防疫，定期消毒，按时接种疫苗，适时喂驱虫药物，病鸡及时检查和焚烧处理。

果园放牧饲养时，每天早上放牧前应该适量的补饲，晚上也应该补饲一定量的饲料。补饲的地方应该设在舍内，但适应性饲喂在放牧前1周可以在鸡舍附近的地面上撒一些配合饲料和青绿饲料，诱导雏鸡在地面觅食，以适应放牧时鸡在果园内采食野生饲料。

放牧饲养饮水采用自由饮水，除在舍内设置饮水器外，还要在放牧的地方分散放置适量的饮水器供鸡在外采食时饮水。饮水器要经常清洗消毒。

放牧饲养光照管理主要利用自然光。在放牧地里需要悬挂若干个带罩的灯泡，夜间补充光照让鸡在生长后期采食昆虫，也可以防止外来动物袭击鸡群，保证鸡群安全。每天要观察鸡群表现，早晨把鸡放出鸡舍的时候，看鸡是否争先恐后地向鸡舍外跑，若有个别鸡行动迟缓或呆在鸡舍不愿出走，说明这些鸡的健康状况出了问题，需要及时进行诊断和治疗。每天傍晚，当鸡群回到鸡舍的时候，一方面观察鸡只的数量有无明显减少以决定是否到果园内寻找，另一方面看鸡的嗉囊内是否充满食物以决定补食量。每天早上把鸡放出后检查鸡舍内的粪便是否正常。

放牧饲养时应该避免不同日龄的鸡群混养，最好是分批饲养便于防疫和管理，减少疾病的发生。一个果园内最好只养一批同日龄的土鸡，以便在饲养管理和卫生防疫方面的要求一致。若不同日龄的鸡群混养，则相互之间因为争斗、争食造成不必要的伤亡。同时，因为鸡病传播，生产措施不便于实施，若想养两批鸡，最好用尼龙网或篱笆把果园分割成两部分，并有一定距离隔离，减少相互之间的影响。

(3)减少意外伤亡。①防止野生动物的危害。果园一般都在野外，可能进入果园内的野生动物很多，如黄鼠狼、老鼠、蛇、鹰、野狗等，这些野生动物对不同日龄的土鸡都有可能造成危害，或造成一定的损失。防止野生动物危害可以在鸡舍外面悬挂几个灯泡，使鸡舍外面通夜比较明亮；在鸡舍外面搭个小棚，养几只鹅可以防止黄鼠狼对鸡群的危害。当有动静的时候，鹅会鸣叫，饲养人员可以及时起来查看；管理人员住在鸡舍旁边也有助于防止野生动物靠近。饲养猎狗也是一种可行的方法。②防止鸡群受惊吓。土鸡易受惊，鸡群受惊四处逃散，有的鸡会飞蹿到果园外面，或晚上不回鸡舍，在园外栖息。③防止农药中毒。果园为防止病虫害需要在一定时期喷洒药物。在喷洒对鸡有危害作用的农药时，要把鸡圈在鸡舍内饲养，而且在喷药后的果园内不能采集青绿色饲料喂鸡。④防止偷窃。这主要靠加强防范措施来保障。

2.滩涂地放牧饲养

滩涂地放牧饲养在每年的4～6月份气温比较高、降雨量比较少的季节。在河滩的荒地中间用塑料编织布或水泥瓦搭建一个简陋的棚子，将可以放牧的土鸡放养在其中，让其自由采食青草、昆虫、杂草种子等野生饲料。

我国许多地方每年的3～6月份是降雨量比较少的季节，在一些较大河流的两岸出现大面积的滩涂地，尤其是黄河滩涂面积最大。一些没有种植农作物的地方杂草丛生，昆虫很多，尤其是比较干旱的季节滋生大量的蝗虫，对附近的农作物也造成严重的危害。蝗虫危害时，沿黄河滩及其两岸需要用飞机喷洒大量的农药控制蝗虫灾害，这种灭蝗的方法虽然在短时间内能控制蝗灾，但要花费大量人力和财力。农药杀死了益虫和蝗虫的天敌，污染了土壤，对该区的生态环境造成不良影响。利用滩涂地的自然饲养资源放养土鸡不仅可以生产大量优质的鸡肉，还可以控制蝗虫的发生，并能节约大量的人力、财力，有效地保护生态环境。

(1)设施。滩涂地放牧饲养的鸡舍应该设置在地势高燥、通风良好的地方，以便防止洪水袭击和蚊、虫对鸡和管理人员的危害。准备一辆三轮拖拉机和一台备用发电机便于夜间补充光照，延长鸡的采食时间，要挖水井以供鸡群饮水，其他的饲养管理设施和果园放牧饲养方法相同。放牧场地选择时考虑到夏季太阳炎热时的遮阳问题，防止鸡在放牧时患有热射病。

(2)饲养管理。放牧的时间中原地区一般应该选择3～4月份，4月份以后气温温和，滩区内的野生饲料资源丰富，可以为鸡群提供充足的食物。滩涂地放牧饲养的密度根据当地的气候和野生饲料的丰富程度每100 $m^2$ 可以放养土鸡10只左右，最好的办法是让鸡群在一片滩涂地放牧7天后再换到另一片滩涂地进行轮牧。采用太阳能蓄电池或发电机发电作为照明的光源，既可防止野生动物侵害鸡群，又可引诱各种昆虫，让鸡在晚上捕食，还可防止鸡的意外伤亡和丢失。

3.林间的放牧饲养

在村庄的周围、河堤湖畔等许多地方都有成片的树林，林地中有许多杂草和昆虫，把鸡群放养在林地中可以充分利用野生的饲料资源，降低饲料成本。对于已经生产多年的树木来说。放养鸡群的饲养管理要求与果园养鸡基本相同，但与果园不同的是林地中一般很少喷洒药物，可以防止土鸡农药中毒。大片林地中野生动物多，可能危及土鸡的安全，需要给予更多的关注。

有的地方在苗圃中放养土鸡，需要注意的是春天树苗刚刚萌发的阶段不能让鸡群到苗圃中活动，以免损坏幼苗。当树苗生长的高度达到1 m左右的时候，才能考虑放养土鸡。

4.玉米地放牧饲养

玉米地放牧饲养的方法与以上的饲养方法基本相同。在放牧饲养的玉米地中间搭建一个简易鸡舍供鸡在晚上和风雨天喂料和饮水。早晚补饲适量的饲料，其余时间让鸡在玉米地里自由采食，饲养密度为0.15～0.23只/$m^2$。这种饲养方法鸡可以捕食玉米地里的杂草、害虫，既节约农药又节约劳力。

5.棉花地放牧饲养

棉花地放牧饲养的设施方法和以上几种放牧饲养相同。饲养密度为0.15～0.23只/$m^2$，用简易塑料网把棉田围起来防止鸡跑到外面。放养季节应该在棉花生长到30 cm以上时进行。棉花地放牧饲养时要防止农药中毒，虽然放牧饲养的棉花地不需要喷洒农药。

6.荒山荒坡地放牧饲养

我国的荒山荒坡面积很大，长期以来闲置浪费，不但使生态平衡破坏，水土流失严重，而且浪费了大面积的土地资源。利用荒山荒地放牧饲养既有利于国家退耕还草、退耕还林政策，又有利于土鸡的生产。放牧饲养的方法与以上几种方法基本相同。鸡舍应该建立在背风向阳、地势较为平缓的坡地上，既可以防止北风对鸡群的袭击又可以防止洪水的危害。牧场上应该先种苜蓿等优质豆科牧草，在草地上种植杏树，杏树可以起到遮阳的目的，杏树的树叶又是优质的饲料。

7.草山草坡草原放牧饲养

草山草坡草原放牧饲养是利用草山草坡草原这一自然资源，进行放牧饲养家禽，生产绿色家禽产品和防治蝗灾。南方的草山草坡草原植被覆盖面积大，植物茂盛，昆虫丰富，一年的放牧时间比较长。北方的草山草坡草原返青比较晚，青草期较短，放牧时间主要在6～9月份，放牧季节短，一年放牧一次，是防治蝗灾的有效措施之一。草山草坡草原放牧饲养在南方地区应该在牧场上种植树木，在夏季树木可以遮阳乘凉，防止鸡患热射病。简易禽舍的建造应该便于移动迁移。其他饲养管理方法与以上几种方法相同。

8.庭院散养

在农户的庭院内用尼龙网或篱笆围一片空地，将土鸡散养在院内。所喂饲料以配合饲料为主，补饲青绿饲料。这种形式的饲养量比较少，通常为200～500只，但是管理方便，生产速度较快，值得推广。庭院散养土鸡在管理上基本同以上几种方法相同。在管理方面应该注意从舍内放养到舍外的适应过程保持温度的平稳过渡，在32日龄的放牧温度为26℃左右，随着鸡日龄的增加对外界气温的适应能力也增强。注意当地天气预报，如果未来天气将出现大的变化就需要及早采取有效措施尽可能缓解温度骤变对鸡群的不良影响。庭院散养鸡在舍内活动的时间也比较长，因此保持鸡舍内干燥，在鸡舍内铺设干净、干燥、无霉变的刨花、锯末、稻糠、麦秸等做垫料，让鸡群在垫料上生活，也可用网上饲养的方法使鸡离开地面，离开粪便，保持适宜的饲养密度对鸡群的生长发育、健康、均匀度都有利。一般饲养密度为1～2周龄时饲养35～45只/$m^2$，3周龄时饲养20～30只/$m^2$，6～7周龄时饲养15～20只/$m^2$，8周龄时饲养10～15只/$m^2$。白天自然光照和人工补充光照相结合，每天光照16小时。保持鸡群生活环境的卫生，鸡舍要定期清理，将脏污的垫料清理出来后，在离鸡舍较远的地方堆积进行发酵处理。运动场要经常清扫，含有鸡粪、草茎、饲料的垃圾要堆放在固定的地方。鸡舍内外要定期进行消毒处理。把环境中有害微生物控制在最低水平，以保证鸡群的安全。鸡在夜间休息的时候喜欢卧在树枝、木棒上，在鸡舍内放置栖架可以让鸡在夜间栖息在其上。其优点是可以减少相对饲养密度，减少与粪便直接接触，栖架用几根半圆形的木棒钉在2根木棒上像梯子一样即可。

庭院散养鸡主要用饲料饲养，饲料是影响土鸡生长速度和肉品质的主要原因。养土鸡也可以通过人工育虫为鸡提供动物性饲料。

青绿饲料要多样搭配，放在用木棒搭成的架子上，让鸡自由采食。各种青绿饲料中的营养成分能够互补，长时间喂饲单一的某种青绿饲料对鸡的生长发育和健康有不良影响。有的青绿饲料中含有某些抗营养因素，影响其他营养成分的吸收或出现慢性中毒。

## 七、适时上市

商品土肉鸡的最佳上市体重为900～1 600 g，超过1 600 g不易销售。商品土肉鸡养殖户根据市场价格的落涨和鸡的体重，选择最佳上市时机。运输鲜活商品鸡到外地销售时，冬季应防寒，用塑料薄膜遮挡前面、两侧和顶部；夏季要防闷防热，装车时中间留通风道，开车前应用凉水浇湿鸡，运输中也应定时浇水，这样可以减少运输过程中鸡群的伤亡。

# 第十章 土鸡的疾病防治

相对于一些高生产能力的品种鸡来说,土鸡对某些疫病的抵抗力要高一些。因此被大多数人认为土鸡是一个抗病的鸡种,而往往忽视了疾病的防治工作,那是非常错误的。因为他们所见到的只是每户饲养几只的散养鸡,它们的活动范围和空间相对是较大的,有些病还不能对其构成致命的危害。鸡只饲养数量的多少和密度的大小,对鸡病的传播扩散起决定性作用。饲养数量越大,密度越高,疫病就越易发生和传播扩散,造成疫病流行。而现代养鸡生产多实行大群体高密度饲养,大群体和高密度本身就是一种应激因素,为疾病传播提供了有利的环境条件,就是某些原来在小群条件下危害不大的疾病,也可能造成巨大的经济损失。随着我国土鸡生产的迅猛发展,规模生产饲养越来越普遍,鸡病(特别是鸡的传染病)防治形势越来越严峻,鸡群发生疾病的可能性和严重性大大增加。因此,不管是土鸡还是品种鸡,随着养殖数量的增加和饲养密度的增大,所有疫病都可能在鸡群中随时发生。疾病防治工作的好坏是养鸡成败的关键,必须引起养殖者的高度重视。在整个疾病防治过程中,必须贯彻预防为主、防治结合、防重于治的方针,加强饲养管理,搞好饲养环境卫生,采取预防接种、检疫、隔离、消毒、尸体处理和及时治疗等综合性防治措施。本章将重点介绍土鸡的综合性卫生与防疫措施以及常见的病毒性疾病、细菌性疾病、寄生虫病、营养缺乏症及某些烈性传染病的病原、传播、症状、病理变化、诊断要点和防治措施。

## 一、综合卫生防疫措施

土鸡一般采用网上平养或地面散养等方式饲养，鸡与粪便接触较多，造成病原微生物感染的机会就多。如果饲养卫生环境很差，受到污染，病原滋生繁殖，疫病流行，土鸡的生产性能必然下降，死亡率会急剧上升，将造成很大的经济损失。良好的卫生与防疫工作是土鸡生产得以正常进行的基本保证。因此，土鸡养殖场必须高度重视和认真做好卫生与防疫工作。综合性卫生防疫措施是鸡场的安全屏障，每一项措施都必须严格执行，始终做好。只有这样才能安全和顺利地进行生产，防止发生非常惨重的经济损失。综合性卫生防疫措施在建场前就必须周密考虑，否则投产后将会为此长期付出代价。

### （一）综合性卫生防疫措施的总原则和基本内容

1. 综合卫生防疫措施的总原则

建立安全的隔离条件，防止外界病原传入场内，防止各种传染媒介与鸡体接触造成传播、感染或伤害；实行程序化接种，减少敏感鸡；加强消毒工作，消灭可能存在于鸡场内的病原；加强饲养管理，提高鸡体的抗病能力，保持鸡群健康。

2. 综合性卫生防疫措施的基本内容

主要包括场地的选择，生产制度的确定，对工作人员的要求，良好卫生环境，检疫、防疫、消毒，主要传染病的监测，病鸡、死鸡的隔离与销毁，鸡粪及污水的处理等。

（1）场址选择　场址选择和防疫与土鸡的肉质、蛋质都有很大的关系。在土鸡场选址上要考虑到以下几点：一是城市里的废气、废水、废弃物的“三废”对鸡的危害；二是鸡场中的“三废”也会形成公害招致社会的反对；三是土鸡适于平养或散养，鸡场建设占地面积较大；四是场址应选在地势高燥、背风向阳、有一定缓坡的地方，以利于光照、通风和排水。低洼潮湿的地方,空气污浊,影响鸡只生产性能,致使病原微生物滋生繁殖,鸡群易发生疾病。因此,鸡场应建立在远离城市与居民点、铁路、公路干线、运输河道、与其他养殖场有相当距离,低价便宜,交通又相对便利的荒山、野坡为好。

(2)采用科学的生产制度　在筹划建场之时,必须确定采用何种生产制度。目前生产制度主要分为"连续饲养"制或称"循环饲养"制和"全进全出"制两类。最好选用"全进全出"制。但由于目前土鸡规模化种鸡场较少,实行"全进全出"制还有一定难度。现将两种生产制度的利弊介绍如下:

①"连续饲养"制。即在一座鸡场内饲养有不同日龄的几批或十几批鸡同时存在的"多日龄"鸡,或是饲养有雏鸡、蛋鸡甚至种鸡的综合性养鸡场。这种生产制度能充分利用饲养措施,但由于连续饲养,不能彻底消毒,使传入场内的传染病在不同日龄鸡群中循环感染,死淘率升高。在实行"连续饲养"制的土鸡场至少要做到整栋鸡舍的"全进全出",人员不得互串。

②"全进全出"制。是指一座饲养场或一个养鸡专业户只饲养一批同日龄的鸡,饲养期满后,全群一起出场,场内一只不留。空场后对房舍、场地、设备、用具等进行彻底的清扫、冲刷、消毒,空闲2周以上再进另一批。这种生产制度最大的优点:一是能最大限度地消灭场内的病原体;二是能防止各种传染病的循环感染;三是有利于防疫和管理;四是有利于消灭蚊、蝇、鼠害等卫生工作;五是可以对鸡场进行全面的维修。

(3)对土鸡场人员的要求　所有人员进入鸡场必须经过消毒池,非生产人员未经许可不得进入养鸡生产区,工作人员进入鸡舍前应更衣,有条件的要淋浴,不允许在各鸡舍或鸡场之间随意走动。不得将场外活鸡、鲜蛋带入场内。职工不得在场内饲养其他家禽、鸟类、家畜和动物。饲养人员每天必须对鸡群的精神、活动、采食、饮水、排粪、是否有死亡等情况进行详细观察,发现异常及时汇报。

(4)良好的饲养管理 良好的饲养管理能保证鸡体强壮,对疫病的抵抗力亦会增强。一是要引进不带致病菌的雏鸡。规模土鸡场要从卫生条件较好、且无疫病的正规土鸡场引进雏鸡。且不可引进从社会散养鸡中收取种蛋孵化的雏鸡,那样会使鸡场带进许多病原微生物,而且抗体水平不一,很难确定防疫程序。二是育雏室内应保持最适当的温度、湿度和通风。三是鸡群密度应适当,群体不宜过大,从育成期开始,应将公、母鸡分开饲养。四是供给全价的饲料和合格的饮水。五是及时清扫鸡舍、鸡场及鸡场周围,保持环境卫生。六是鸡场上方应设置网具,夏天加遮荫网,防止野鸟进入。同时做好灭鼠、灭蚊蝇工作,防止其他动物进入。七是鸡粪应有专门的场地集中堆集、发酵,污水应流入沉淀池,有条件的应建立沼气池,防止鸡粪、污水横流,造成疫病传播,污染环境。

(5)制定良好的免疫、驱虫程序 有效地进行疫苗接种,场地彻底地冲刷、消毒,严格处理废弃物及病死鸡,对疫病及时做出确诊和合理使用药物。这些将在下面作详细介绍。

**(二)鸡场的消毒**

消毒是在鸡体外彻底消灭病原体或使其失去活性。消毒的目的是消灭外界环境、鸡体表面及用具等上面的病原体,消灭传染源。消毒的方法分为物理的、化学的、生物的3种。物理消毒方法包括清扫、日晒、紫外线辐射、风干及高温处理等。化学消毒法是用化学药品即消毒剂进行消毒。生物消毒方法主要是对粪便、污水或其他废弃物的发酵处理。

消毒的对象不同,选用的消毒方法和消毒药品不同。下面主要介绍消毒剂的选择、保证消毒效果的措施、鸡舍的消毒、运动场及环境消毒、设备用具的消毒和鸡体消毒。

1.消毒剂的选择

消毒的对象不同,选用的消毒药品不同。如鸡体消毒要考虑其毒性、刺激性和腐蚀性,环境消毒要考虑其消毒效果和价格,鸡舍消毒要考虑空间消毒。

优质消毒剂应符合下列要求:

(1)低毒高效,消毒力强,对人、畜安全。药效作用迅速,能在较短时间内达到预定的消毒目标,且无臭、无毒、无刺激性、无腐蚀性。

(2)消毒广谱,经济实惠。可杀灭病毒、细菌、霉菌等多种有害微生物,且价格较低。

(3)便于使用,易溶于水,渗透力强。溶解迅速,能渗透于尘土、鸡粪等各种有机物内杀灭病原体。

(4)性质稳定,效力持久。不受光、热、水质硬度、环境中酸碱影响,作用时间长,长期保存药效不减。

2.保证消毒效果的措施

消毒的效果与污物(特别是有机物)的多少、消毒剂的效力、消毒剂的浓度、作用时间和消毒时的温度有关。大多数消毒剂的消毒效果与浓度、作用时间和温度成正比。

(1)清除污物　在消毒之前,应将鸡粪、尘土、蜘蛛网等打扫干净,并将房顶、墙壁、地面冲刷干净。

(2)消毒剂浓度要适当　如果浓度太小则达不到理想的效果,如果浓度太大会伤害鸡只或造成浪费。

(3)要有足够的使用量　如果使用量不够,消毒剂不能与病原体充分接触或接触时间不够,起不到应有的消毒效果。使用气雾消毒剂时要将鸡舍密封好。

(4)要有一定的温度　大多数消毒剂在温度相对较高时具有较强杀灭病原体作用,特别是熏蒸消毒,消毒的环境温度尤为重要。一般情况下20℃以上为好。在气温较低的季节应将鸡舍先升温后消毒。

3. 鸡舍的消毒

鸡舍特别是育雏舍的消毒是非常重要的，鸡舍的消毒必须按一定程序进行，方能取得良好的消毒效果。

(1)喷洒消毒　家禽全部出舍后，先用消毒剂将鸡舍及运动场等进行消毒，以防在清扫、运输等过程中污染其他鸡舍和鸡场。

喷洒消毒后，将鸡舍、运动场的鸡粪、垫草、尘土，顶棚上的蜘蛛网打扫干净。没吃完的残存饲料最好销毁，而不应拿到另外的鸡舍喂鸡。鸡舍内可移动的设备要移出并充分清洗、消毒或经日光照射。

(2)冲刷　冲刷前应先切断电源，灯头用塑料薄膜包严。将天花板、墙壁、剩余笼具、地面等彻底冲刷干净。必要时可使用洗涤剂，洗净后再用清水冲刷。高压水枪冲刷可获得较好的效果，设备需要擦拭的地方要擦拭。

(3)药物消毒　喷洒消毒药物一定要在冲刷并充分干燥后再进行。有水或潮湿会使消毒剂浓度降低，影响消毒效果。消毒药物种类较多。在一般情况下提倡使用刺激性、腐蚀性较小的药物。如过氧乙酸、季铵盐类(双链季铵盐类效果更佳)、碘制剂、氯制剂等。如使用有刺激性、腐蚀性的消毒剂，消毒后应使用清水清洗干净。

(4)熏蒸消毒　熏蒸消毒时要紧闭门窗，鸡舍内所有孔、洞、缝隙用纸糊严，使整个鸡舍不透气。气温较低时应先升温再熏蒸。常用40%甲醛溶液熏蒸，一般情况下，每1 $m^3$ 空间用40%甲醛溶液18 mL，高锰酸钾9 g，密闭24小时，熏蒸后应在进雏前2～3天打开门窗通风换气。熏蒸时要注意人身安全。

4. 运动场及环境消毒

(1)消毒池　放2%苛性钠，池液每天换1次；或放0.2%新洁尔灭，池液每3天换1次。

(2)鸡舍场地及运动场　可用季铵盐类、次氯酸钠、过氧乙酸等每周1～2次消毒。

(3)生产道路和鸡舍间的隙地　可用苛性钠或次氯酸钠消毒。生产道路最好每天1次，鸡舍间的隙地可每月1～2次消毒。

5.设备用具的消毒

(1)料槽、水槽、蛋箱、蛋托等塑料制品，可先用水冲刷干净，晾干后再用季铵盐类药物消毒。蛋箱、蛋托最好选用塑料制品，如选用纸制品不好消毒，返回时很容易将病原带入场内。

(2)车辆、运鸡笼在进场前进行彻底冲刷，用季铵盐类消毒剂消毒后再进场。

6.鸡体消毒

鸡体消毒应按上述优质消毒剂的标准选择消毒剂，一般结合鸡舍场地和运动场消毒进行，当鸡群发生传染病时应每大消毒1～2次，连续消毒3～5天。鸡体消毒应提高鸡舍温度3～4℃或在一天中气温较高时进行。

**(三)免疫程序**

预防疾病的发生是养鸡场取得经济效益的保证，是养鸡业成败的关键，疫苗接种使鸡免疫力增强，又是预防某些特异性疾病的手段，为保证鸡场的安全无疫，必须制定适应的免疫程序，并严格执行。

1.土鸡免疫程序的建立

土鸡以散养鸡为主，鸡只之间互相接触较多，疫病相互传播的机会较多，应加强免疫。

(1)建立一个基本的免疫程序。根据本地区、本场疫病发生情况(疫病流行的种类、感染强度、发病季节、易感日龄等)，在有关专家的指导下，制定基本的免疫程序，作为本场免疫的参考。

(2)适时免疫。根据鸡群抗体水平，确定免疫的时机，有条件的可开展抗体监测，是适时免疫的依据。根据抗体水平高低提前或推后免疫。

(3)活苗和油乳剂灭活苗的结合使用。在疫病流行严重的地区,要考虑活苗和油乳剂灭活苗的结合使用,利用其各自特长和互补性,增强免疫能力。

(4)免疫时间的间隔和疫苗间的相互干扰。疫苗连续多次免疫能产生免疫麻痹,导致免疫失败。间隔时间过长也易产生免疫空白,形成易感鸡群。因此,免疫的间隔时间要适当。各疫苗之间也有互相干扰作用,特别是多种疫苗同时使用。有些疫苗,如法氏囊病,对免疫系统有一定的破坏作用,因此其他疫苗免疫时应与这类疫苗有一定的间隔时间。

(5)要根据鸡体的健康状况确定免疫时间。鸡体健壮免疫效果好;如机体较差,免疫效果亦差,下次免疫要提前,如有其他疾病发生时,要考虑免疫的途径和方法。

2.免疫接种的途径和方法

鸡免疫接种常用的方法有:滴眼、滴鼻、刺种、皮下或肌肉注射、饮水、气雾、擦肛等。在生产中采用哪一种方法,应根据疫苗及鸡场的具体情况,既考虑工作方便,又要考虑免疫效果。但由于疫苗的种类、性质和作用不同,免疫的方法不同,起的免疫作用也不同。该滴眼的滴眼、该注射的注射、该刺种的刺种。如鸡新城疫弱毒苗,滴眼比滴鼻效果好,滴鼻又比饮水效果好。鸡传染性喉炎疫苗只能点眼或涂肛。鸡痘疫苗只能刺种或皮内注射。鸡新城疫Ⅰ系苗、油乳剂灭活苗最好进行肌肉注射。因鸡只过小肌肉较少时,可进行颈部皮下注射。肌肉注射要防止刺伤肝脏、心脏及针头引起某些疫病传播。针头不要连续使用,若连续使用时针头要消毒。鸡霉形体、传染性支气管炎等病感染时,采用气雾免疫和滴眼、滴鼻免疫时易造成暴发或加重病情。

3.免疫失败的原因

造成免疫失败的原因很多,主要有以下几方面的原因:①母源抗体的影响;②疫苗质量;③疫苗选择不当;④疫苗使用不当;⑤免疫抑制病的存在；⑥早期感染；⑦应激及鸡体体质和个体差异；⑧血清型不同；⑨超强毒感；⑩免疫时机和免疫方法选择不当。

### (四)鸡病的治疗原则

治疗鸡病的总原则是预防为主，对病用药，先急后缓，统筹兼顾。

(1)预防为主原则　许多鸡病的发病日龄有一定的规律性，如沙门氏菌病，多在5～10日龄发病死亡，鸡球虫病多在15日龄后发病。对这些疾病要提前用药预防。发现鸡只发病也要及早用药，以防蔓延扩散。

(2)对病治疗原则　鸡只发病首先要查清病因，弄清楚是病毒病、细菌病、寄生虫病、营养性病还是其他疾病。要对病治疗，对症就有效，对病是良药。在治疗过程中要先选择敏感性药物，有条件的在治疗细菌病时应做药敏实验，且忌乱用药，不仅耽误了最佳治疗时机，还增加治疗成本。在用药过程中，应采用脉冲式用药，减少药量，增加治疗效果。

(3)先急后缓原则　在治疗鸡病过程中，往往出现几种疾病同时发生的事情，在治疗中不可能用多种药对几种病同时治疗，在这种情况下，应先治疗发病急、危害大的，后治疗发病慢、危害小的。

(4)统筹兼顾的原则　鸡群发生混合感染时，如果一种药物能同时治疗几种鸡病时应优先考虑采用。同时在治疗过程中要考虑到继发感染和后遗症，要提前用药预防。

## 二、病毒性疾病

【鸡新城疫】

鸡新城疫(ND)也叫亚洲鸡瘟、伪鸡瘟和鸡肺脑炎，是由鸡新城疫病毒(副黏液病毒)引起的鸡和火鸡高度接触性和高度毁灭性的急性败血性传染病。本病于1926年首先发现于印度尼西亚的爪哇岛，同年在英国的新城(New castle)也发现了本病，并从鸡急性致死性传染病分离到了病原性病毒，援引发病的地名将本病命名为"新城疫"。其主要特征为呼吸困难、腹泻、神经症状、黏膜和浆膜出血。近几年来，也出现了症状和病变都不典型的"非典型鸡新城疫"。

该病呈世界范围分布，从其呈现强烈的传染性和致死性以及对产卵率的影响上看，是危害养鸡业的主要传染病之一。

**病原**

鸡新城疫病毒属于副黏病毒科副黏病毒属，核酸是单链RNA，病毒粒子呈球形，螺旋形的核衣壳外面包有囊膜，囊膜外面有突起结构。病毒直径为120～160 nm。该病毒存在于病鸡的所有组织器官，其中以脑、脾、肺含量最高，以骨髓含毒时间最长。本病毒含有血凝素和溶血素，具有凝集性和溶解红细胞能力。对鸡、人、山羊、绵羊、犬、豚鼠、小白鼠的红细胞具有凝集性(HA)。根据这一特性而建立的血凝试验和血凝抑制试验，常用于新城疫的诊断和免疫监测。本病毒在22℃可存活7天以上，在37℃可存活2～3天，在56℃可存活30～90 min，在4℃可存活1～2年，－20℃能存活10年以上。对一般消毒剂的抵抗力弱，数分钟内可被灭活。

**流行情况**

鸡新城疫病毒主要侵害鸡，在自然条件下，珠鸡、火鸡、野鸡、鹌鹑及孔雀也可被感染，也从鸽、麻雀、鹦鹉、体内分离到病毒。水禽和海鸟有抵抗力，但它们可以携带病毒，哺育动物对本病有较强的抵抗力，但人可偶尔感染，表现为结膜炎或类似流感症状。

本病的主要传染源是病鸡以及流行间歇期的带毒鸡，但对鸟类不可忽视。易感的野禽、外寄生虫、人、畜均可机械地传播病原。病鸡在出现症状前24小时，口、鼻分泌物和粪便中就会有大量病毒。康复鸡多在症状消失后5～7天停止排毒，但有的康复鸡在症状消失后2～3个月仍然带毒、排毒。带毒鸡与携带病毒的人员流动对传播本病起到重要作用。

在自然条件下，病毒主要经呼吸道或眼结膜感染，也可经消化道感染。病鸡的分泌物、排泄物和尸体是病毒的主要传染媒介。病毒通过被病毒污染的垫料、饲料、饮水、水槽和用具传播给健康鸡。

自然界存在的鸡新城疫病毒的毒力有很大的差异。鸡群感染后表现出的临床症状与鸡群的免疫状况和引起流行毒株的毒力有关。

非典型鸡新城疫的流行特点是：多发生在用疫苗免疫过的鸡群，死亡率不高。非典型新城疫容易成为持久性感染，造成疫病的连续传播，特别是同群鸡舍的鸡。

**临床症状**

本病的潜伏期为2～15天或更长。根据病程长短和病势缓急，可分为最急性、急性、亚急性或慢性。也可按病性和病变部位分为急性致死性（通称亚洲型、败血型、胃肠炎型、内脏型）和慢性型（通称美国型）。

最急性：只见病鸡精神稍显委顿，无明显症状，突然死亡。

急性：先出现呼吸道症状，时间稍长又出现神经症状。病鸡高热（43～44℃），食欲废绝，精神沉郁，闭目缩颈，羽毛蓬松，嗜睡，鸡冠和肉髯呈紫黑色，张口呼吸，喉部常发咯咯声。嗉囊内常充满液体和气体，口腔和鼻腔分泌物增多，流涎。病鸡下痢，排出黄绿色、黄白色恶臭稀粪，呈急剧死亡的经过，死亡率较高。

亚急性或慢性：病初与急性大致相似，但症状较轻，随着病程延长，出现神经症状。病鸡一腿或两腿或翅膀麻痹，运动失调，常出现伏地旋转、弯颈等神经症状，死亡率较高。非典型新城疫主要表现为呼吸道和神经症状，病鸡张口伸颈，气喘咳嗽，气管发出“呼噜”声等呼吸道症状，继而出现歪头、扭颈、站立不稳等神经症状。

在成年鸡群中主要出现产蛋量下降，出现畸形蛋、软壳蛋、褐壳蛋蛋色变浅，很少出现神经症状，非典型新城疫的死亡率不高。

**剖检变化**

(1)典型鸡新城疫 本病的特征性变化表现为败血性的全身性出血，特别是消化道的出血乃至坏死。

消化道的病变最为突出。腺胃黏膜肿胀，表面多附着有多量透明或脓样黏液，腺胃乳头或乳头间出血，甚至坏死和溃疡。腺胃与食道交界处有点状出血，腺胃与肌胃交界处常有出血带，肌胃角质层下有出血斑点。肠黏膜出现卡他性或卡他性出血性炎症，在外部可见到病变，在病变相一致的黏膜部位，可见严重的出血和表面覆盖有纤维性坏死性病理产物的溃疡灶，病变部位多发生在淋巴组织发达部位，即十二指肠起始部，十二指肠靠近小肠端 3/4 部位，小肠游离部前半部分，十二指肠憩室前数厘米部位，十二指肠憩室，十二指肠后方 3～5 cm 处，盲肠扁桃体数厘米前、盲肠顶部间、盲肠扁桃体等处。泄殖腔黏膜充血和出血。

呼吸道主要见于喉头、气管充血及出血，黏液增多。肺出血，有时伴发肺炎。气囊膜增厚，混浊。

肝轻度肿胀，偶见小坏死灶。胰、脾、胸腺、腔上囊，可见小坏死灶。肾肿胀、色淡。皮下、脂肪组织、心冠部、内脏的浆膜面有出血点。产蛋鸡的卵黄膜极易破碎以致卵黄流入腹腔引起卵黄性腹膜炎。这些病变是伴随急性感染症的病变，不是新城疫的特征性病变。

(2)非典型鸡新城疫 非典型鸡新城疫很难见到典型的病变。发病初期一般能见到上呼气道的渗出性病变，即在鼻腔、喉头、气管内可见到卡他性炎。心冠脂肪有针尖大出血小点，腺胃肿胀，小肠卡他性炎，盲肠扁桃体普遍肿胀出血，泄殖腔呈片状出血。产蛋鸡除上述病变外，还常见卵黄性腹膜炎，输卵管萎缩。

**诊断要点**

本病的诊断，应根据发病情况，流行状况，临床症状，剖检观察作为辅助手段，以病死鸡分离ND病毒和证明抗原为直接手段，以恢复鸡检出抗体为间接手段。

典型鸡新城疫根据流行情况，临床症状，剖检病变即可得到高程度确诊，但非典型鸡新城疫根据上述情况很难确诊，常常要进行实验室检验才能确诊。

在临床诊断中，鸡新城疫应与传染性支气管炎、传染性喉气管炎、传染性鼻炎、支原体、黏膜型鸡痘、马立克氏病、鸡脑脊髓炎、鸡脑软化症、维生素$B_1$及维生素$B_2$缺乏症、锰及钙缺乏症及中毒症等进行鉴别诊断。

总之，对本病进行正确诊断时，需要做病毒分离、抗原证明，以及检出抗体等直接或间接的实验室检查。在这些方法中，一般采用病毒分离与抗体检出。

实验室检查需一定的仪器设备、实验材料和技术人员。在此不作详细介绍。

**防制措施**

(1)预防措施　采用传染病预防的共同原则，通过进行卫生管理和疫苗预防接种两种手段来防制新城疫的发生。卫生管理（前面已介绍）以控制病原侵入鸡群为目的，以疫苗预防接种的目的是万一病原侵入到鸡群内，使受害控制在最小的范围内。

(2)预防接种

①疫苗的种类。鸡新城疫疫苗有活疫苗和灭活苗两大类。

活疫苗分为弱毒及中毒两类，弱毒株在世界上作为疫苗株体现有实际应用成效的代表株有$B_1$、F、lasota株，以及近年研制成功的克隆85、克隆86-10和克隆N-79。虽然$B_1$、F株具有大致相同的性质，但lasota株的病原性要强一些。弱毒株疫苗接种有点眼、滴鼻、饮水、喷雾等各种方法。这些方法各有优缺点，从省时省力上看，饮水、喷雾法受欢迎，但从能获得确切免疫观点出发，则是以点眼、滴鼻为最优越。应该强调的是，点眼、滴鼻不应盲目追求速度，应待鸡完全吸入后才能将鸡放开。喷雾接种能将疫苗病毒吸入到呼吸道深部，给机体以坚强的免疫，但给鸡带来的副反应也最强，不适合雏鸡的初免。常用的中等毒力 Muktewar 株（Ⅰ系），用于 2 月龄以上鸡的加强免疫，肌肉注射。中等毒力疫苗给幼雏接种会引起发病死亡。另外，给产蛋鸡初次接种也能引起产蛋下降。

灭活苗常采用 lasota 株制成油乳剂灭活苗。免疫力坚强持久，适用于任何日龄的鸡，然而，单独使用灭活苗，不具有产生局部免疫机能，且起作用较慢。

总之，活毒疫苗具有活毒疫苗的特性，灭活苗具有灭活苗的特性，必须按如何发挥其各自的和两者的协同作用特性来应用。

②免疫程序。鸡群选用哪种疫苗，何时应用，取决于鸡的日龄、品种、母源抗体水平高低，鸡群的健康状态，当地新城疫流行情况等具体情况制定出合适的免疫程序。有条件的鸡场最好根据抗体血凝抑制效价监测结果来确定免疫的最适时间。

下面根据土鸡的饲养特点，制定一个基本的免疫程序，仅供参考。

蛋鸡 7～10 日龄，用Ⅳ系或克隆-30 点眼、滴鼻首免；25～30 日龄用Ⅳ系或克隆-30 点眼、滴鼻，同时注射半剂量(0.25 mL)油乳剂灭活苗二免；60～70 日龄用Ⅰ系苗肌肉注射三免，120 日龄左右用Ⅰ系苗肌肉注射，同时肌肉注射油乳剂灭活苗四免；产蛋后每隔 2～3 个月，用Ⅳ系苗饮水加强免疫 1 次。

肉用鸡，根据饲养时间长短采用首免、二免或三免。

(3)新城疫爆发时的紧急措施

①紧急免疫接种雏鸡和青年鸡用弱毒苗点眼、滴鼻，剂量为常量的 2 倍，2 月龄以上的鸡用Ⅰ系苗肌肉注射，Ⅰ系苗的用量不宜

超过 2 倍。也可采用新城疫 lasota 苗实施喷雾免疫。接种顺序，假定健康群—可疑感染群—发病群。肌肉注射疫苗时应注意更换针头。

②紧急被动免疫。注射高免卵黄液或高免血清。使用量按厂家说明。病重者可重复注射。但注意Ⅰ系苗紧急注射不能与高免卵黄液或高免血清同时使用，以免相互中和降低效果。由于卵黄抗体或高免血清仅维持 15 天左右，因此，当鸡群稳定后，应注射油剂苗或在注射卵黄抗体的同时注射油剂苗，刺激免疫系统产生持久免疫力。

【禽流感】

禽流感又称真性鸡瘟、欧洲鸡瘟，是由 A 型流感病毒引起的禽类全身性或呼吸器官病症的传染病。本病的表现多种多样，其中有通过检出抗体或分离病毒才能确诊的隐性感染，属致死率比较低的呼吸道感染，及致死率很高的急性出血性感染等类型。

**病原**

禽流感病毒属于正黏病毒科、正黏病毒属的 A 型流感病毒。病毒粒子一般呈球形，直径 80～120 nm，但有时也呈现 400～800 nm 的线状。核衣壳呈螺旋状对称。病毒核酸类型为单链 RNA，有 8 个节段，有囊膜，上有两种不同形状的表面呈丁状物，分别是红细胞凝集素（HA，棒形三聚体）和神经氨酸酶（NA）。

流感病毒由于其 H、N 抗原性不同，还可分为多个亚型。H 抗原现分为 16 个亚型，其中有 9 个来源于禽流感病毒。N 抗原又可分为 10 个亚型，其中 6 个来自禽流感病毒。

禽流感病毒的抗原变异的频率很高，主要以抗原漂移和抗原转变两种方式进行，发生变异的主要原因是病毒的基因重组。

**流行情况**

(1)多种家禽和野禽均可感染，家禽中以鸡和火鸡最易感，其次是雉鸡和孔雀。鸭、鹅和鸽子则感染较少，但可以成为带毒者。

在人工试验中，猪、雪貂、猴和人都能被来自禽类的流感病毒感染。

(2)本病可通过消化道、呼吸道、损伤的皮肤和眼角膜等多种途径传播。野鸟特别是迁徙的水鸟在本病的传播上有重要意义。

(3)禽流感是一种对养鸡业危害严重的疾病，每一次严重的暴发都给养鸡业造成巨大的经济损失。美洲、欧洲、亚洲、非洲、澳大利亚等世界上许多国家和地区都曾发生过本病。

(4)禽流感的发病率和死亡率同临床症状一样。受多种因素的影响，既与禽的种类和易感性有关，又与病毒的毒力有关，还与年龄、性别、环境因素、饲养状况及疾病并发情况有关。

**临床症状**

禽流感的潜伏期从几小时到几天不等，其长短与病毒的致病性的高低、感染强毒、传播途径和易感禽的种类有关。

因感染禽的种类、年龄、性别、并发感染情况及所感染毒株的毒力和其他环境因素等不同而表现出症状很不一致。症状可涉及呼吸道、消化道、生殖道及神经系统。通常表现为：

(1)病鸡体温升高，精神沉郁，采食减少，有呼吸道症状，如咳嗽、喷嚏、啰音，甚至呼吸困难。鸡冠发紫，脚鳞呈蓝紫色。

(2)病鸡肿头，流泪，流涕，眼睑周围浮肿，肉冠和肉垂肿胀、出血甚至坏死。

(3)病鸡出现头颈抽搐或震颤等神经症状。

(4)死亡率为 0～100％。

(5)有的毒株主要感染产蛋鸡群，育雏和育成鸡一般不表现临床症状。发病鸡群产蛋率下降，蛋壳粗糙，软皮蛋、褪色蛋增多。

**剖检变化**

(1)在多数病情较轻的病中，病变常常不明显，主要表现为：轻度的窦炎，气管黏膜轻度水肿，并伴有浆液性或干酪性渗出物，气囊增厚并有纤维素或干酪样渗出物附着。产蛋鸡常见卵巢退化、出血和卵子畸形、萎缩和破裂，有的伴有纤维素性腹膜炎或卵黄性腹膜炎。常见肾肿大、苍白有尿酸盐沉积和内脏痛风。

(2)在高致病力毒株感染时,常见有气管充血,有黏性分泌物。内脏浆膜、冠状脂肪、腹部脂肪有出血点。腺胃乳头出血、溃疡、黏膜上有脓性分泌物。肌胃角质层易剥离,剥离后可见褶皱处有出血斑。肠道广泛性出血和溃疡,充满脓性分泌物。产蛋鸡腹腔内有新破裂的卵黄,卵泡变形、充血、严重的卵泡变黑。输卵管内有白色黏稠分泌物。皮下有胶冻样浸润,尤以颈部皮下为甚。

**诊断要点**

禽流感的症状和病变千变万化,与本病相类似的禽病甚多,往往出现并发病和继发感染,所以病性鉴定较为困难,最后的诊断还需要做病原和血清学的诊断。在病性诊断中注意与新城疫、传染性鼻炎、肿头综合征、传染性喉炎、传染性支气管炎、其他副黏病毒病,衣原体、霉形体等以及混合感染的病症鉴别诊断。

**防制措施**

(1)加强饲养管理,及时消毒,杜绝本病传入。

(2)对高致病力毒株感染鸡应迅速做出诊断,封闭发病鸡场,销毁发病鸡群。

(3)对弱毒株发病鸡群,可用抗菌药物控制呼吸道、消化道、生殖道的感染,同时加入抗病毒药物,最好采用中西医相结合的治疗方法。

(4)本病毒具有抗原多样性,必要时可使用当地流行毒株的灭活苗进行紧急免疫,建立免疫隔离带。

【鸡传染性法氏囊病】

鸡传染性法氏囊病(IBD)是由鸡传染性法氏囊病毒引起的一种接触性传染病。突然发病,多发生于20~60日龄,特别在30日龄左右多见,主要侵害法氏囊,使法氏囊明显肿胀、坏死和萎缩。

**病原**

鸡传染性法氏囊病病毒为新建立的双链 RNA 病毒科双链

RNA 病毒属。病毒粒子呈六角形，直径 55～60 nm，无囊膜，呈二十面立体对称。

本病毒对多种理化因子的抵抗力比一般病毒要强。耐热性强是本病毒的主要特征之一，56℃ 3 小时病毒效价不受影响，56℃ 8 小时、60℃ 1.5 小时病毒不被灭活，70℃ 30 min 可灭活病毒。－58℃ 保存 18 个月。病毒耐冻融，反复冻融 5 次毒价不下降。超声波裂解病毒不被灭活，在 pH 值为 2 的环境中 60 min 仍存活，pH 值为 12 的环境中 60 min 可灭活病毒。1％的煤酚皂溶液、石炭酸溶液、福尔马林溶液、70％的酒精溶液在 30 min 内不能灭活病毒，只有 60 min 后才能灭活。3％的煤酚皂、0.2％的过氧乙酸、2％的次氯酸钠、5％的漂白粉、3％的石炭酸、3％的福尔马林、0.1％的升汞溶液可在 30 min 内灭活病毒。病毒对胰酶、氯仿、乙醚有耐受性，对热和紫外线辐射有强的抵抗力。

鸡传染性法氏囊病毒有两个血清型，血清Ⅰ型和血清Ⅱ型。鸡源的为血清Ⅰ型，火鸡源的为血清Ⅱ型。Ⅰ型在火鸡中有传染性，但无致病性；Ⅱ型对鸡无致病力。

**流行情况**

本病自美国首先报道之后，欧洲、非洲、亚洲和古巴均已有报道，现已成为全球性流行。我国 1979 年首次在广州发生，先后在北京、上海、内蒙古、东北、华南、华东及西南地区陆续发生，目前已传遍全国各地，成为养鸡业的一大灾害。

IBDV 的自然感染主要发生于鸡，各种各样的鸡都能感染，火鸡感染较罕见。1～20 周龄的鸡都是易感的，其中 3～7 周龄的鸡更易发病。产蛋鸡和 2 周龄以内雏鸡不易出现临床症状。

本病主要经水平传播，发病率可高达 80％～100％，通常在感染后第 3 天开始死亡，4～7 天死亡率达到高峰，以后逐渐下降，死亡率一般 20％～30％，有的甚至高达 60％以上。

**临床症状**

IBD的潜伏期很短，感染后2～3天即可出现临床症状。感染速度之快，传播的迅速程度比其他常见病多发病都明显。初期症状是部分鸡有自啄肛门，羽毛现象，有的会引起鸡的啄肛。其典型的症状是病鸡厌食，精神委顿，卧地不动，羽毛蓬乱，无光泽，皮肤干燥，颤抖，垂头闭眼，沉郁思眠，排出白色或黄色水样粪便，最后衰竭而死或迅速恢复，个体病程为5～7天，整个鸡群病程为10～15天。

**剖检变化**

病死鸡脱水，皮下干燥，眼球下陷。胸肌颜色发暗，胸肌和两腿外侧肌肉片状出血，呈涂刷状。腺胃与肌胃结合部黏膜可见到出血点或出血带。肾脏肿大、苍白，有尿酸盐沉积。脾脏有的肿大，表面出现不均匀的散在细小灰色病灶。胸腺和盲肠扁桃体有的肿大、出血。肝脏表面带黄色条纹，边缘常表现坏死变化。

最显著的病变表现在法氏囊，在感染早期，法氏囊由于充血、水肿稍肿大，感染后3～4天法氏囊的水肿和充血更为明显，并有出血，其体积和重量可增大到正常的2倍或2倍以上，法氏囊呈圆形，浆膜覆盖有淡黄色胶样渗出物，法氏囊由白色变为奶油黄色，有的黏膜散布点状或斑状出血和坏死灶，囊腔内蓄积胶冻样或果浆样渗出物。在急性病例可见到整个法氏囊广泛出血，呈紫葡萄状。至感染后8天以上，法氏囊出血萎缩，呈灰色，内存灰黄色干酪样坏死物。

**诊断要点**

根据鸡群的病史，疾病的发生和病程、临床症状及足够数量的剖检所见资料，基本可以做出IBD的诊断。但确诊IBD需要以感染法氏囊的病理组织学、血清学、易感鸡接种和病毒分离为依据。

IBD易与淋巴细胞白血病、马立克氏病、包涵体肝炎、球虫病、新城疫、传染性支气管炎、网状内皮组织增生病、维生素缺乏症、磺胺类药物中毒、霉菌毒素中毒等相混淆。可根据病理形态学变化、血清学反应以及病原分离及鉴定与上述各类似疫病区别开来。

**防制措施**

(1)加强饲养管理及卫生措施　加强鸡群的饲养管理，使鸡只健壮，保持进雏的适当间隔，使鸡舍有一定的空舍期，实行全进全出的饲养制，做好清洁卫生及消毒工作，减少和避免各种应激因素，昼夜鸡舍温差应保持在3℃以内。

(2)免疫接种

传染性法氏囊疫苗有活毒疫苗和灭活苗两大类。

①活毒疫苗又分为中等毒力株活苗及弱毒力株活苗。中等毒力株活苗主要有D-78、S-706、VnTvax-BC和Bursine-2等毒株，可用于有一定母源抗体的雏鸡，接种后有轻微反应，以喷雾、饮水免疫雏鸡，有良好的免疫原性，但不产生免疫抑制。弱毒力株活苗主要有Burrcsll、Bursine、CH-IM、PWG-98和BVM等毒株。雏鸡经喷雾、饮水、点眼、滴鼻等免疫，对预防法氏囊病有良好的效果。可用于无母源抗体、母源抗体水平较低或母源抗体消失后的雏鸡免疫。

②灭活苗对法氏囊病有较好的预防作用。但对幼龄雏鸡免疫力较差，且发挥效力较慢。目前主要用于种鸡在产蛋前和产蛋期进行免疫，以提高下一代的母源抗体水平。

(3)治疗措施

①改善饲养管理环境。一方面提高育雏舍在冬、春季的温度是很重要的；另一方面提高饲料中维生素的含量。饮水中可加5%的葡萄糖或加口服补液盐，充足供应饮水。要注意减少各种应激因素的刺激。

②对鸡舍及养鸡环境进行严格消毒，饲槽、水槽及时冲刷消毒，饮洁净水。

③治疗。发现传染性法氏囊病后，及时注射当地流行毒株的

高免血清或高免卵黄抗体具有良好的治疗效果。同时配以病毒灵及抗病毒、清肾等中草药效果最佳。为防止继发感染,可服用抗球虫、治疗大肠杆菌等药物。

【鸡传染性支气管炎】

鸡传染性支气管炎(IB)是由鸡传染性支气管炎病毒(IBV)引起的传染性呼吸道病。本病具有高度的传染性,传染力特强,多取急性经过。病原的血清型较多,使免疫接种更加困难和复杂化。近年来,我国鸡肾病变型和腺胃病变型传染性支气管炎严重流行,造成了严重的经济损失。鸡传染本病后,不但引起死亡,还使生长受阻,产蛋率下降,死淘率增加。

**病原**

鸡传染性支气管炎病毒属冠状病毒科冠状病毒属。该病毒大致呈球形,病毒粒子直径为 90～200 nm,有囊膜,其囊膜由约 20 nm 的棒状纤维突蛋白组成,其外观与太阳的冕相似。因此,病毒粒子呈现特征性冠状。病毒核酸的类型为单链 RNA,在胞浆中复制。病毒主要存在于病鸡呼吸道渗出物中,肝、脾、血液、肾和法氏囊中也能发现病毒,在肾和法氏囊内停留的时间可能比肺和器官中还要长。该病毒有极强的变异性,存在多个血清型,这给鸡传染性支气管炎的诊断和控制带来了很大的困难。鸡传染性支气管炎病毒经 50℃ 15 min 和 45℃ 90 min 大多数毒株被灭活,－30℃可保存几年,50％的甘油能很好地保存病毒,并可作为常温下的送检介质。不同毒株对 pH 值为 3 的稳定性不同,而对 20％乙醚、5％的氯仿敏感。在 1％来苏水、0.1％的高锰酸钾、75％的酒精、1％的福尔马林、2％的氢氧化钠中 3 min 即被灭活。病毒对外界不良条件的抵抗力较弱,用紫外线也很容易使其灭活。

传染性支气管的病毒很容易导致鸡的呼吸道的感染,并可使器官产生特征性病变,还可以与大肠杆菌、支原体等混合感染引起气管炎,有些毒株可导致肾损伤和消化道、生殖道病变。

**流行情况**

本病1931年在美国最早报道发生。日本1951年于东京和神奈川县发生了急性呼吸道病的流行，从该流行病例里分离到得病毒，1955年鉴定为鸡传染性支气管炎病毒。

本病只发生于鸡，其中以雏鸡最为严重。传染源主要是病鸡，主要传播方式是病鸡从呼吸道排出病毒，经空气飞沫传染给易感鸡，除此之外，被病毒及飞沫污染的饲料、饮水、养鸡器具或与外来人员（携带病毒者）的接触，甚至通过污染空气也能传播。

本病全年都可发生，但一般以秋季到早春寒冷季节多发。影响发病和死亡的因素包括：感染毒株的毒力、发病鸡群的年龄、免疫状态、应激因素和是否有继发感染等。肾病变型和腺胃病变型死亡率较高，日龄小的鸡比日龄大的鸡死亡率高，肉鸡死亡率比蛋鸡要高。幼年鸡的肾病变型和腺胃病变死亡率可达30%，甚至更高。

**临床症状**

本病的潜伏期2～5天，甚至更短，所以传播速度快是本病的特征。

本病通常以发现有特征性呼吸道症状开始。小鸡的特征是呼吸道症状是由于气管内黏液增量而表现为喘息、打喷嚏、流鼻涕，有的眼睛湿润或窦肿胀，呼吸时可听到水泡音。发病2～3天后，病鸡羽毛逆立，精神不振，食欲减退或消失。6周龄以上及成年鸡症状与小鸡相似，但症状较轻，通常无鼻涕，常被忽略。

感染肾病变毒株的雏鸡，往往在呼吸道症状减退或恢复后，接着出现精神沉郁、羽毛蓬乱、排水样或白色水样稀粪，死亡率增高，饮水量增加，鸡腿、爪干瘦粗糙。蛋壳质量差，蛋壳变薄或下软壳蛋、畸形蛋，蛋清稀薄如水。

感染腺胃病变毒株的雏鸡，往往在呼吸道症状恢复或没有发现明显呼吸症的鸡群中出现部分鸡只精神不振、呆立，羽毛松乱、两翅下垂,极度消瘦,排消化不良、略带红色或红丝的细粪。产蛋鸡采食量稍下降,排消化不良粪便,产蛋量逐渐下降。

**剖检变化**

本病的肉眼变化,主要出现在呼吸系统、生殖系统、消化系统及肾脏。

呼吸系统主要是鸡鼻腔、喉头、气管、支气管有浆液性、卡他性或干酪样的渗出物,黏膜充血、水肿。随着时间的延长,气囊可能出现混浊或含有干酪样渗出物,肺出现水肿。然而,一般这些呼吸系统肉眼可见的变化是轻度的。

生殖系统的病变在产蛋鸡是多见的。腹腔内可见漏出的卵黄(卵坠)或液状卵黄物质,卵泡充血、出血、变型和破裂。输卵管变细,长度和重量明显减少。雏鸡阶段感染时常出现输卵管发育不全,表现为输卵管短,管腔狭小、闭塞、部分缺损、囊泡化,致使成熟期不能正常产蛋。

感染肾病变毒株时,肾肿大、苍白,输尿管扩张充满白色的尿酸盐结晶。有时在肝、心外膜、腹膜等黏膜上也沉积尿酸盐。肠管黏膜呈卡他性炎变化,全身皮肤和肌肉发绀。

感染腺胃病变毒株时。外观腺胃肿大、变圆,颜色变浅或呈半透明状,肌纹不清或消失。内部变化为有的腺胃、腺胃与肌胃交界处覆盖有大量白色黏稠胶样物、糜烂,有的腺胃乳头肿胀、呈白泡状,刮腺胃乳头不流或少流胃液或流出水样物,有的腺胃基底部出血或严重出血,有的腺胃乳头萎缩。肠道水肿变得透明,有的从外可见肠内消化不良食物。

**诊断要点**

本病如果呈现典型的症状,根据流行病学情况和剖检变化,在某种程度上有可能做出临床诊断。但要确诊本病,必须从病鸡分离并鉴定病毒,用发病初期和恢复期的双份血清进行血清学检查。

本病在临床上易与鸡传染性喉气管炎、鸡新城疫、传染性法氏囊炎病、鸡霉形体病、鸡传染性鼻炎、鸡大肠杆菌病及其他原因引起的痛风或某些中毒病相混，应注意鉴别诊断。

**防制措施**

(1)加强饲养管理 降低饲养密度，避免鸡群拥挤，注意温度、湿度变化，避免过冷、过热。加强通风，防止有害气体刺激呼吸道。合理配比饲料。防止维生素缺乏，特别是维生素 A，肾病变型传染病性支气管炎发病时应降低饲料中蛋白质的含量，腺胃型传染性支气管炎发病时应增加 B 族维生素含量。

(2)适时接种疫苗 对呼吸型传染性支气管炎，首免可在 7～10 日龄用传染性支气管炎 H120 弱毒苗点眼或滴鼻；二免可于 30 日龄用传染性支气管炎 H52 弱毒疫苗点眼或滴鼻；开产前用传染性支气管炎灭活油乳疫苗肌肉注射。对肾病变型传染性支气管炎，可于 4～5 日龄和 20～30 日龄用肾病变型传染性支气管炎弱毒苗点眼或滴鼻，或用灭活油乳疫苗于 7～9 日龄颈部皮下注射。而对传染性支气管炎毒株变异，可于 10～20 日龄、100～120 日龄皮下或肌肉注射灭活油乳疫苗。

(3)治疗措施

①治疗原则。由于目前尚无特效药物治疗，总的治疗原则是加强饲养管理，降低饲养密度，加强通风换气，提高维生素含量，中西药结合抗病毒素，实施对症治疗，防止继发感染。

②对症治疗。对呼吸型传染性支气管炎，在抗病毒的同时应加入化痰、制止渗出药物，同时服用广谱抗生素防止继发感染和增加维生素 A 的含量。对肾病变型传染性支气管炎应以清肾为主。治疗采用渗湿利水的中草药，如腹水消、爱肾得乐等取得较好的治疗效果。

【鸡传染性喉气管炎】

鸡传染性喉气管炎(ILT)是由鸡传染性喉气管炎病毒(ILTV)引起的鸡的一种急性呼吸道传染病。其典型症状是鸡呼吸困难、张口呼吸、剧烈咳嗽和咳出血样渗出物。病变主要集中在喉头和气管，表现为喉头、气管黏膜肿胀、出血并形成糜烂。病原是A型疱疹病毒。主要是发生于成年鸡，发病率较高，死亡率一般10%～20%，继发感染时死亡率增加。

**病原**

鸡传染性喉气管炎病毒属于疱疹病毒科，A型疱疹病毒属。是一种二十面体对称的双链DNA病毒。病毒粒子直径为80～100 nm，衣壳为二十面体对称，并由162个长形空心的壳粒组成。完整的成熟病毒粒子直径为180～250 nm。在衣壳的外周围绕着不规则的囊膜，囊膜的表面在分界膜上有纤突。

鸡传染性喉气管炎病毒对脂溶剂、热、各种消毒剂均敏感。因为该病毒具有被膜，所以容易被乙醚、氯仿等有机溶媒、去氧胆酸铜等表面溶剂或胰蛋白酶等酶杀灭。在冻干或－60～－20℃条件下能长期存活。病毒在呼吸道可存活数周。气管分泌物中的病毒，在37℃可活22～24小时，4～10℃存活30～60天，55℃经10～15 min可以灭活，日照7小时被灭活，5%石炭酸1 min，3%来苏水和1%苛性钠的混合液30 s可被杀死。

**流行情况**

很多养鸡国家均有本病存在。我国20世纪70年代以来，许多地区都有该病散发。

在自然条件下，本病主要侵害鸡，虽然各种年龄和品种的鸡均可感染，但以7～10周龄和初产母鸡更易感染，成年鸡的症状更为典型。

病鸡和康复后的带毒鸡是主要传染源，约有2%的康复鸡可带毒，在2年内病毒持续感染，易感鸡群与接种了疫苗的鸡作长时间接触也可感染发病，说明有些接种疫苗的鸡可在较长时间内排毒。

自然感染门户主要是上呼吸道和眼结膜。通过与含有病毒的感染鸡排泄的气管渗出物、飞沫、鼻汁、泪以及死亡鸡直接、间接地接触而发生感染。约有40%的病例是从鸡传染给鸡的，在本病毒的传播中，鸡起的作用更大。带有病毒的生物，如鼠、猫、犬、昆虫、野鸡、观赏鸟以及鸡场工作人员，非生物的风、水、车辆、养鸡器具、污染饲料、尘埃等都可传播。

本病的流行与季节无关，一年四季都可发生。在寒冷季节症状更严重。鸡舍拥挤，通风不良，维生素缺乏，特别是维生素A缺乏，寄生虫感染等，都可诱发和促进本病的传播。

**临床症状**

自然感染潜伏期6～12天，人工接种2～4天。死亡率根据病毒的病原性、饲养环境、季节等不同，而有5%～70%的差异，但一般为10%～20%。

本病的典型症状，见于中雏以上的病鸡。病鸡表现明显的呼吸困难，吸气时颈部伸长，张口呼吸，眼睛半闭或全闭，呼吸时发出“咕噜、咕噜”或“咯吱、咯吱”的怪声。当发生咳嗽痉挛时，剧烈摇头以排除气管障碍物，可在笼壁、地面、粪便上看到有咳出的血块或带血的痰液。有的眼或鼻孔有泡沫状分泌物。

亚急性型病例主要表现气喘、咳嗽或有其他呼吸道症状。发病仍很高，但死亡率相对较低。

慢性型或温和型发病率和死亡率一般都较低。病鸡一般见不到咳血，主要表现为轻微的咳嗽、啰音和流泪，流鼻液，眶下窦和眼结膜肿胀，有的病例出现眼睑粘连，甚至失明，少数病鸡由于气管或喉头形成假膜或干酪样物阻塞导致窒息而死亡。

**剖检变化**

本病的典型病变是喉头、气管黏膜肿胀、充血、出血，甚至坏死，管腔内可见大量渗出物、血样物或血块及黄白色纤维素性干酪样假膜。

在发病初期，喉头、气管黏膜肿胀、潮红，附着多量黏液，进而黏膜发生出血和坏死，管腔变窄，管腔内有条状的血样物或血块或黄白色纤维素样干酪样假膜。严重时，炎症也可波及支气管、肺和气囊等部位，甚至上行至眶下窦。在鼻腔和鼻窦中及眼结膜上，多数病例可见有黏液性、脓性或纤维素性渗出物。口腔黏膜覆盖有容易剥离的白色薄膜。肺脏充血和出血，有时在支气管内见有血凝块或纤维素性干酪样渗出物。

**诊断要点**

本病根据张口呼吸、吸气伸颈、剧烈的摇头咳嗽、咳出血样物和死亡情况等，大致可做出临床的诊断。但确切的诊断，必须进行实验室检验，包括病毒分离与鉴定、琼脂扩散实验、中和试验、荧光抗体试验、间接血凝试验、酶联免疫吸附试验等。

在临床上还有一些病与传染喉气管炎相似，如黏膜性鸡痘、传染性支气管炎、传染性鼻炎、支原体病、大肠杆病菌和新城疫等，应进行鉴别诊断。

**防制措施**

(1)坚持能严格的隔离、消毒制度是防止本病流行的有效方法。由于接种疫苗的鸡和自然感染的鸡在一定时间内能带毒和排毒，带毒鸡是本病的主要传染源之一，所以易感鸡群切不可与免疫鸡、康复鸡或来历不明鸡接触。对病鸡应进行严格隔离，执行严格的卫生制度，避免通过污染病毒的设备、用具等接触到易感鸡。鸡场最好实行“全进全出”制，保证鸡场、鸡舍的清洁卫生，做好防疫消毒工作。

(2)免疫接种。由于接种疫苗的鸡带毒和排毒，从未发生过本病的地方，最好不要进行疫苗接种。在本病流行的地区可接种疫苗，目前使用的疫苗有两种：一种是弱毒苗，最佳接种途径是点眼，但可引起轻度的结膜炎或导致暂时的盲眼，若有继发感染甚至可引起1%～2%死亡。滴鼻或肌肉注射不如点眼效果好。另一种为强毒苗，只能做擦肛用，绝对不能将疫苗接种到眼、鼻、口等部位，否则会引起疾病的暴发。擦肛后 3～4 天，泄殖腔会出现红肿反应。强毒苗效果确实，但由于会造成散毒，未确诊有此病的鸡场、地区不能用，不到万不得已不能用。鸡传染性喉气管炎一般首免在 40 日龄左右，80 日龄左右再接种一次。

(3)治疗原则。本病目前无特效疗法，可以用抗生素防止继发感染，结膜炎的鸡可用氯霉素眼药水点眼，应用平喘药可缓急呼吸困难症状，也可采用中药治疗。对呼吸高度困难鸡，张开口如果能看到喉部阻塞物，可用镊子取出，再涂点紫药水即可。

【鸡马立克病】

鸡马立克氏病是由马立克氏病疱疹病毒（MDV）引起鸡的一种淋巴组织增生性疾病。其特征为周围神经、性腺、虹膜、各内脏器官、皮肤等部位的单核淋巴细胞浸润和形成肿瘤。马立克氏病既是一种病毒性传染病，具有高度的传染性，又是一种恶性肿瘤性疾病，也就是鸡的一种癌症。

**病原**

鸡马立克氏病毒是双链 DNA 病毒，属于疱疹病毒科。病毒以两种形式存在：一种是严格的细胞结合性病毒，病毒裸露无囊膜，无感染性，直径为 150～180 nm；另一种是具有囊膜的完整病毒粒子，直径为 273～400 nm，表现为不定型结构，具有传染性，这种病毒粒子是本病传播的主要传染来源。

现已发现的马立克病毒（MDV）有 3 个血清型。血清Ⅰ型包括中等致病力（古典）MDV，强致病力（急中型）MDV，超强毒的 MDV。血清Ⅱ型病毒为非致病性的 MDV。血清Ⅲ型病毒为火鸡疱疹病毒。现在已经分离到不少 MD 病毒毒株，不同毒株的毒力差别很大，毒力强的毒株引起急性型 MD 的比较多，并且内脏器官常常发生肿瘤，毒力低的毒株一般引起周围神经病变的比较多，内脏肿瘤的发生率则往往比较低。

细胞结合病毒或不完全病毒与细胞相依存，脱离细胞后失去活力，一旦细胞死亡病毒也同时死亡。在自然条件下，从羽毛囊上皮排出的具有囊膜的完全病毒，因为外有保护性物质则有较大的抵抗力，在自然界病毒可长久存活，该病毒经反复冻融后毒力下降，超声波处理可使病毒的传染性丧失。对3%火碱、3%石炭酸都敏感，在pH值为3或pH值为11时迅速丧失活力。

**流行情况**

马立克氏病遍布世界各地，其发病率差别很大，但病死率与发病率几乎相等，雏鸡的易感比成年鸡大的多，随着年龄增大，易感性降低。未经免疫或免疫失败的鸡群患病后，其死亡率5%～30%，最高可达60%以上。

马立克氏病毒主要感染鸡，火鸡也可被感染，但使火鸡感染致病的毒株与引起鸡发病的毒株不同，其他禽类自然感染发病的较少。20世纪70年代以来，世界各地普遍使用火鸡疱疹病毒疫苗来预防本病，使得造成本病的经济损失大大降低。但近几年来，世界各地相继发现了毒力极强的超强毒力的马立克氏病毒，导致疫苗免疫失败屡屡发生，给防治本病带来了新的挑战。

本病传染来源是病鸡和带毒鸡。病鸡和带毒鸡的血液和肿瘤细胞虽然是传染性的，但它们的传染性是与细胞结合的，细胞崩解，传染性亦随之消失。病鸡及带毒鸡的羽毛囊上皮中有囊膜的病毒粒子则可以脱离细胞而存在，自病鸡脱落的毛囊细胞和羽毛碎屑，对外界有很强的抵抗力，因此是自然条件下最重要的传播因素。自然感染的雏鸡，可早在3周龄时发病。但多发生于2～5月龄。

**临床症状**

根据临床症状表现和发生病变的部位，可分为4种类型，即神经型、内脏型、眼型和皮肤型。有时几型混合发生。

(1)神经型　常见于3～4月龄的鸡，一般致死率为1%～3%，很少达到30%以上。淋巴样细胞增生侵害和破坏坐骨神经、臂神经、颈部迷走神经和视神经等外周神经。由于所侵害的神经部位不同,症状亦不同。当坐骨神经受到侵害时常引起一肢或两肢发生不全麻痹或麻痹,步态不稳,出现一个非常特征性姿势,病鸡的一腿朝前,另一腿朝后,形成一个劈叉姿势,这在诊断上具有重要意义。当臂神经受侵害时,则被侵害侧翅膀下垂。支配颈部肌肉的神经受损时,可发生头下垂和颈斜。当迷走神经受侵害时,可引起失声、嗉囊扩张以及呼吸困难。

(2)内脏型　在内脏器管中产生各种各样的肿瘤病变,如果发生体积较大的肿瘤时,通过腹腔可触诊到病变器官显著肿大,外观上类似企鹅站立姿势。

(3)眼型　当眼睛虹膜受侵害时,病鸡的视觉就会受到影响,轻者表现为对光线的强度反应迟钝,重者则视觉丧失。虹膜呈环状或斑点状褪色,以致呈弥漫的淡灰色混浊,被称为"灰眼"或"白眼病"。瞳孔初期变为不整齐,严重阶段,仅留下针尖大的一个小孔了。

(4)皮肤型　缺乏明显的临床症状,往往在宰后拔毛时发现羽毛囊肿大,形成小结节或瘤状物。

除上述症状外,还表现进行性消瘦,贫血,食欲减退和下痢。

**剖检变化**

(1)神经型　周围神经的病变最常发生在腹腔神经丛、坐骨神经丛、臂神经丛和内脏大神经。病变神经变粗大,比正常粗2～3倍,呈灰白色或黄白色,横纹消失,好像在水中浸泡过一样。病变往往是单侧性的,所以很容易与另一侧变化轻微的神经相比较。

(2)内脏型　最常被侵害的是卵巢,其次为肾、脾、肝、心、肺、胰脏、肠系膜、腺胃、肠道、肌肉等组织。在上述组织中,长出大小不等的肿瘤块,灰白色,质地坚硬而致密。有时肿瘤于组织中弥漫性增生,整个器官变得很大、肿瘤组织色泽灰白,与原有组织的色彩相间存在,形成大理石样花纹。

(3)皮肤型和眼型　主要是通过拔了毛的尸体和临床症状观察。

**诊断要点**

神经型马立克氏病,根据病鸡的特征性麻痹症状(一腿朝前,一腿朝后)及病理变化,即可确诊。但内脏型马立克氏病易与淋巴细胞性白血病混淆。为此,除应根据流行病学、临床学及剖检学进行综合诊断外,在必要的时还应做实验室检查。实验室检查主要是病理组织学检查、病毒的分离与鉴定、琼脂扩散试验、荧光抗体试验、病毒中和试验、酶联免疫吸附试验、间接血凝试验和补体结合试验等。

内脏型马立克氏病应注意与淋巴细胞性白血病、成红细胞性白血病、成骨髓细胞性白血病、网状内皮组织增殖病、卵巢病、其他肿瘤、禽结核及弧菌性肝炎等进行鉴别。

神经型马立克病应注意与鸡新城疫、鸡球虫病、禽脑脊髓炎、禽李氏杆菌病、肉毒梭菌中毒症、禽链球菌病、佝偻病、维生素 A 缺乏症、维生素 $B_1$ 缺乏症、维生素 $B_2$ 缺乏症、维生素 E 缺乏症、食盐中毒、关节感染及损伤等鉴别。

眼型马立克氏病应注意与遗传灰眼鉴别。

皮肤型马立克氏病应注意与疥癣、湿疹、皮炎等鉴别。

**防制措施**

(1)加强饲养管理　加强饲养管理防止马立克氏病野毒早期感染。加强环境消毒,尤其是种蛋消毒、出雏器和孵化室的消毒,最好采用甲醛熏蒸消毒。雏鸡出壳进行马立克氏病疫苗免疫后,需要 12～15 天时间才能建立充分的免疫作用。在此期间极易感染外界环境中的马立克氏病野毒,导致免疫失败。因此,育雏室在进雏前应彻底清扫、消毒并空舍 1～2 周。育雏前期,特别是前 2 周内最好采取封闭式饲养,以防感染。成年鸡和雏鸡要分开饲养。鸡群日龄越小,对本病易感性越高。成年鸡群尽管在早期免疫过马立克氏病疫苗，且鸡也不表现任何症状，但仍不能排除成年鸡感染马立克氏病并向外排毒的可能。因此混群饲养时，表面健康的成年鸡就有可能成为处于免疫空白期雏鸡的传染源，导致雏鸡发病。雏鸡舍与成年鸡舍相距至少 300 m 以上，并处于成年鸡舍的上风。养鸡场最好采用“全进全出”的饲养制度，以防止交叉感染。

防止早期其他病原体（如传染性法氏囊病毒、网状内皮组织增生症病毒、鸡传染性贫血因子、鸡白痢沙门氏菌等）干扰马立克氏病疫苗的免疫作用。特别是在疫苗的免疫保护力尚未建立前，这些病原体可导致马立克氏病免疫失败。

(2)免疫接种　原则上，马立克氏病的免疫应在出壳后 24 小时内接种完毕。接种时间推迟，雏鸡一旦感染野毒，则免疫就要失败。疫苗应选择蚀斑单位高，无其他病污染（尤其是能垂直传播的病原）的异源疫苗，避免母源抗体的干扰。如亲代使用血清Ⅰ型疫苗，则子代应选用血清Ⅱ型或血清Ⅲ型。在马立克氏病发病严重地区应选择二价或三价苗，并加大疫苗剂量，要做好疫苗的保存、稀释和接种。购买疫苗后应严格按照说明书上的要求保存和运输。使用时要用相应的稀释液进行稀释，现用现配。有条件的地方可将稀释好的疫苗放置在冰浴中。疫苗一经稀释应在 1 小时内用完。

【鸡减蛋综合征】

鸡减蛋综合征(EDS-76)是由腺病毒属中的 EDS-76 病毒引起鸡的以产蛋能力下降为特征的一种病毒性传染病。其临床特征是鸡群产蛋能力突然下降，大量出现薄壳蛋、软壳蛋、无壳蛋和畸形蛋，蛋壳颜色变浅。

**病原**

鸡减蛋综合征病毒属于腺病毒科，禽腺病毒Ⅲ群。病毒粒子为中等大小的病毒颗粒 76～80 nm，呈二十面体，立体对称，每边带 6 个壳粒组成，每个顶点突出一根长 25 nm 的纤突。

该病毒能凝集鸡、鸭、火鸡、鹅、鸽和孔雀的红细胞，但不能凝集大白鼠、家兔、马、绵羊、牛、山羊和猪的红细胞。

病毒对氯仿、酸、碱及 pH 值为 3～10 稳定。加热 56℃可存活 3 小时，60℃ 30 min 丧失致病性，70℃ 20 min 则完全失活，在室温条件下，至少可存活 6 个月以上。0.3%甲醛 24 小时，0.1%甲醛 48 小时，病毒可完全灭活。

**流行情况**

在英国、法国、德国、意大利、比利时、西班牙、澳大利亚、匈牙利、美国、韩国、日本等国家均发现了减蛋综合征。

本病的主要易感动物是鸡，各种年龄的鸡都易感。幼鸡感染后不表现任何临床症状，血清中也查不出抗体，只有至开产以后，血清才转为阳性。鸭、野鸭、鹅是自然宿主。珍珠鸡、野鸡、鹌鹑也可不同程度的产生抗体或排出病毒，鹌鹑只排出病毒但不产生抗体。某些野禽（白鹭、海鸥、猫头鹰、鹤、天鹅）的血清中检出了 EDS-76 抗体。

EDS-76 的传播途径，既可水平传播，又可垂直传播。病毒经受精卵垂直传播是 EDS-76 病毒的主要传播方式。EDS-76 病毒水平传播的速度较慢，且有时呈间断性，通过一栋鸡舍大约需要 11 周。

EDS-76 的流行特点是，病毒的毒力在性成熟前的鸡体内不表现出来，产蛋初期的应激反应，致使病毒活化而使产蛋鸡发病。6～8 月龄母鸡处于发病高潮。

**临床症状**

EDS-76 感染鸡群没有什么明显的临床症状，常常是 26～36 周龄产蛋鸡突然出现群体性产蛋能力下降。最初症状是有色蛋壳的色泽消失。紧接着产出薄壳蛋、软壳蛋、无壳蛋、小蛋、畸形蛋，蛋壳表面粗糙，蛋黄色淡或蛋白中混有血液、异物等。产蛋量下降可达 20%～50%，持续期为 4～10 周，产蛋量的恢复十分缓慢。

种鸡群发生 EDS-76 时，种蛋的孵化率降低，同时出现弱雏。

患病鸡群的部分鸡，可能出现精神差、厌食、羽毛蓬松、贫血、腹泻等症状，但都不具有诊断价值。

**剖检变化**

本病没有明显的特征性肉眼病理变化，有时可见卵巢静止不发育或萎缩变小和输卵管萎缩，少数病例可见子宫水肿，腔内有白色浸出物或干酪样物，卵泡有变性和出血现象。

**诊断要点**

本病由于没有明显的肉眼可见的病理变化，且造成鸡群产蛋下降和蛋质不良的因素很多，因此，在诊断中应根据发病特点、临床症状、病理变化、血清学及病原分离和鉴定等进行综合分析和鉴定。应注意与鸡传染性支气管炎、非典型鸡新城疫、低毒力毒株禽流感等及其他可能引起产蛋能力下降的疾病进行鉴别诊断。

**防制措施**

本病尚无特效药物进行治疗。只能从加强卫生管理、免疫、淘汰病鸡等多方面进行防治。

(1)加强卫生管理措施　由于 EDS-76 能垂直传播，因此，应注意不能使用来自感染鸡群的种蛋。病毒能在鸡粪中存活，具有抵抗力，应制定合理有效的卫生管理措施。严格控制外人及野鸟进入鸡舍，以防疾病水平传播。最好采取“全进全出”的饲养制度，对空鸡舍全面清洁及消毒，空置一段时间后方可进鸡。加强鸡群的饲养管理，喂给营养平衡的配合饲料，特别要保证必需氨基酸、维生素和微量元素的平衡。

(2)免疫预防　可采用 EDS-76 油乳灭活疫苗或蜂胶苗，于鸡群开产前 2～4 周注射 0.5 mL。由于本病毒的免疫原性较好，具有良好的预防效果，可保护一个产蛋周期。

【鸡痘】

鸡痘(EP)是由鸡痘病毒引起的急性病毒性传染病。在临床上以皮肤无毛处出现增生性皮肤损伤形成结节(皮肤型)或在上呼吸道、口腔和食道黏膜层引起纤维素性坏死和增生性损伤(白喉型)为特征。

**病原**

鸡痘病毒属于痘病毒科禽痘病毒属鸡痘病毒,为双链 DNA 病毒,有囊膜,病毒粒子呈桑葚状,其大小为 280 nm×330 nm。

鸡痘病毒对乙醚有抵抗力,但对氯仿敏感。该病毒对干燥具有强大的抵抗力,在脱落的病皮中可存活几个月,但在鸡粪中不超过数周。加热 50℃ 30 min,60℃ 10 min 可使其灭活,在−15℃以下多年有传染性。

该病毒主要存活在病变组织的上皮细胞内和病鸡呼吸道的分泌物中。病毒具有血凝性,可用血凝和血凝抑制试验检出。该病毒具有良好的抗原性,病愈的康复鸡可获得终生免疫,人工进行免疫预防可获得良好的免疫效果。

**流行情况**

本病在世界各地到处都有其存在。一年四季都可见到鸡痘发生,但以初夏到秋季的蚊虫出现季节多发。

各种年龄的鸡均可感染,但幼鸡病情会更严重,死亡率高。

各种年龄的鸡均能感染鸡痘,但大冠品种的鸡易感性较高。这可能是大冠的鸡易被带鸡痘病毒的蚊虫袭击而引起皮肤型鸡痘。

鸡痘病毒通过蚊虫及其他吸血昆虫传播,所以鸡痘在吸血昆虫出现的夏、秋季节多发。蚊虫吸吮病鸡的血液后,携带禽痘病毒时间一般为 10～30 天或更长时间。本病的传播不单纯是靠吸血昆虫,鸡痘病毒虽然不易由无伤的皮肤侵入,但病鸡与健康鸡的直接接触,病毒从皮肤和黏膜的损伤部侵入也是鸡痘病毒散播的主要形式之一。感染源是从发痘部脱落的痂皮、从病变部位排出的渗出物等。

**临床症状**

鸡痘的潜伏期一般为4～8天。根据发生部位分为皮肤型(痘疹型)、黏膜型(白喉型)、混合型,偶有败血症。

(1)皮肤型　主要发生于无毛部皮肤,即冠、肉垂、眼睑、口角、翼下、肛门周围、腿部皮肤等部位上可形成痘疹。发痘初期,以小型白色水疱样的隆期开始,逐渐增大,形成黄褐色疣状的丘疹。发痘中、后期呈红褐色,甚至成为黑褐色,表面凹凸不平的干燥硬结。有时结节数多,互相连接融合,严重时可达全颜面部。随着病程的进展,痘部变干燥,成为痂皮,脱落而愈。本病如与传染性鼻炎、霉形体等病合并发生,则病程延长。若遇葡萄球菌等化脓性细菌感染,则可见化脓性坏死,严重者引起死亡。

皮肤型鸡痘一般无明显的全身症状,但感染严重的病例,体质衰弱者则表现精神委顿、体重减轻、生长受阻、产蛋下降或完全停止。

(2)黏膜型　是在结膜、咽喉、气管、食道等黏膜上出现的鸡痘。如结膜受侵害,则引起结膜炎,逐渐肿胀,有细菌继发感染时,则聚积有干酪样。如鼻腔、眼窝下窦受侵害时,则排出鼻汁,颜面部肿胀。如口腔和咽喉等处的黏膜受侵害时,初呈圆形的黄色斑点,逐渐形成一层黄白色的假膜,覆盖在黏膜上,像人的“白喉”,所以称为白喉型鸡痘。随着病程进展,口腔和喉部黏膜的假膜会不断地扩大和增厚,病鸡吞咽和呼吸受到影响,表现为张口呼吸,并发出“咯、咯”的声音,严重时会窒息而死。

(3)混合型　同时具有皮肤型和黏膜型特征。

(4)败血型　此型很少,一旦发生,先出现严重的全身症状,继而发生肠炎,病鸡可迅速死亡。急性炎症消失后,转为慢性肠炎,腹泻致死。

**剖检变化**

(1)皮肤型　鸡痘以此型最多见。除在肉冠、肉垂、颜面部、腿等无毛皮肤上见有发痘之外，拔下羽毛时在翼下、肛门周围，有时在全身皮肤上见有发痘。痘疹开始为小的灰白色结节，随即增大和变黄。邻近的结节可能融合，变为表面粗糙的、灰色或暗褐色的疣状结节，与皮肤牢固相连。约经 2 周，结节的基底部发炎和出血，形成痂皮。痂皮存在 1～2 周，与变性的表皮一起脱落而自愈。

(2)黏膜型　此型病变最初是在黏膜上出现稍隆起、白色不透明结节，结节迅速增大并常常融合而变成黄色、干酪样、坏死性假膜与固膜。主要分布在舌黏膜、嘴角、腭、咽部、喉头入口，有时也见于气管、食道黏膜。

鸡痘在实质脏器内见不到变化。

**诊断要点**

皮肤型鸡痘根据流行季节和鸡痘形成的特征性痘疹，诊断鸡痘是比较容易的。黏膜型鸡痘需要与鸡传染性喉气管炎、传染性支气管炎、新城疫、传染性鼻炎、霉形体病及维生素 A 缺乏症等进行鉴别诊断。在剖检中，根据口腔、咽喉头、气管等黏膜上的痘疹和坏死性假膜，大致可以诊断为鸡痘。为了进一步确诊，可进行病毒学检查、病理形态学检查。

**防制措施**

(1)加强环境中灭蚊工作　为防止蚊及吸血昆虫侵入，可在鸡舍周围撒布杀虫药剂，但鸡对有机磷类药物敏感，应尽量不使用此类药物，以防止鸡只中毒。要及时修整鸡笼，避免损伤皮肤和黏膜从而造成鸡体感染。

(2)免疫接种　对鸡进行免疫接种是控制本病的一项非常重要的措施。鸡痘苗有两种弱毒疫苗可供使用，即鸡痘和鸽痘疫苗。鸡痘一般采用 2 次免疫。第一次在 20～30 日龄，第二次在开产前进行。各地也可根据流行情况，提前免疫。疫苗接种以针刺法进行，即在翼的里侧翼膜上穿刺。接种后 3～5 天在接种部位出现红肿，继而结痂，随后脱落，这说明接种效果确实，否则应再接种。大鸡免疫期为5个月，小鸡为2个月。

(3)对症治疗　对发病鸡可服用病毒灵等抗病毒药物或中草药。对皮肤型鸡痘可除去皮痂后，涂上高锰酸钾粉，7天后即自行脱落痊愈。对眼型鸡痘，可将眼内干酪样渗出物挤出，用2%硼酸水冲洗，滴入氯霉素或其他眼药水。对黏膜型鸡痘，除去伪膜后涂碘甘油或紫药水。

## 三、细菌性疾病

【鸡大肠杆菌病】

大肠杆菌和乳酸菌，肠球菌，梭状芽孢杆菌，拟杆菌属等，本来就是哺乳类及鸟类肠管的正常菌丛。大肠杆菌的大部分不是病原菌，但也是病原体的菌株。鸡大肠杆菌病是由不同血清型的致病性大肠杆菌引起鸡的急性或慢性疾病的总称。在集约化养鸡场，已成为危害鸡群的主要疾病之一。一般肉用品种感染发病病例多见，故对肉鸡饲养业损害更大。

**病原**

鸡大肠杆菌属于肠杆菌科埃希氏菌属。该菌为革兰氏阴性无芽孢杆菌，长1～3 μm，宽0.4～0.7 μm。有运动株和非运动株，大多数周身有鞭毛，能运动。一般不形成荚膜。

本菌为需氧及兼性厌氧菌，在15～45℃，均可生长，最适宜的pH值为7.2～7.4。在液体培养基中呈均匀混浊生长，形成菌膜，管底部出现黏性沉淀。在普通琼脂培养基上形成圆形、光滑、半透明的无色菌落。在麦康凯琼脂上形成孤立的红色菌落。在伊红美蓝琼脂上产生黑色金光的菌落。

大肠杆菌能分解葡萄糖、麦芽糖、甘露醇、木糖、甘油、鼠李糖、山梨醇和阿拉伯糖，产酸产气，虽不产生硫化氢，但产生吲哚。

大肠杆菌的抗原主要由菌体(O)抗原、鞭毛(H)抗原和荚膜

(K)抗原三部分组成。到目前为止已发现O抗原163种。K抗原99种，H抗原52种。引起大肠杆菌的血清型很多。目前国内外已报道的致病性大肠杆菌血清型有66个。其中最常见的血清型是$O_2$、$O_{78}$、$O_1$和$O_{35}$。一般来说，由禽类分离获得的大肠杆菌血清型只对禽类有致病性。

本菌具有中等抵抗力，一般能被巴氏消毒法所杀死。常用消毒药在数分钟内即能杀死病菌。在潮湿、阴暗而温暖的外界环境中，病菌的生存期不超过1周，在寒冷而干燥的环境中生存时间较长。

**流行情况**

大肠杆菌在自然环境中、饲料、饮水、鸡的体表、孵化场等各处普遍存在。正常鸡内10%～15%的大肠杆菌是潜在致病血清型。该菌在种蛋表面、鸡蛋内，孵化过程中的死胚及毛蛋中分离率较高。饲料经常被致病性大肠杆菌污染。被污染的水源也可将致病性大肠杆菌引入鸡群。

各种年龄的鸡均可感染，但因饲养管理水平、环境卫生条件、防制措施、有无继发感染等因素影响，本病的发病率和死亡率有较大的差别。初生雏鸡的感染主要是种蛋被粪便污染，细菌经蛋壳和蛋膜侵入蛋内造成。雏鸡常呈急性败血症变化。成年鸡则以亚急性和慢性感染为主，多发生于开产前期和初产母鸡，死淘率增加，生产性能不能充分发挥。种鸡则能影响孵化率、出雏率和健雏率。

本病一年四季均可发生，在多雨、闷热、潮湿季节多发。在寒冷的冬季，由于通风不良、卫生条件差、密度过大，吸入污染病原的灰尘是气囊发生感染的来源之一。鸡群感染鸡新城疫、鸡传染性法氏囊病、慢性呼吸道疾病，常常成为引起本病的主要原因。

**临床症状及剖检变化**

大肠杆菌病有多种类型，现将主要几类分述如下。

(1)鸡胚和幼雏早期死亡、脐炎 这是由于鸡蛋被粪便污染，或产蛋母鸡患有大肠杆菌性输卵管炎或卵巢炎，致使卵被感染。感染大肠杆菌的蛋孵化时出现死胚，特别是孵化后期。某些雏鸡是在出壳时死亡或出壳后不久死亡，死亡一直延续3周。卵黄囊感染的雏鸡多数发生脐炎，表现为腹部大，肚脐及周围皮肤发红水肿，病雏可能不死，仅仅是受到感染的卵黄囊滞留以及体重减轻。剖检见卵黄囊不吸收，囊壁充血、出血，内容物黄绿色、黏稠或稀薄水样、脓样甚至卵黄内为脓、血性渗出物。由于败血症而死亡，有的鸡群死亡率超过20%。

(2)大肠杆菌败血症 大肠杆菌败血症是大肠杆菌病的代表性病型。多发于寒冷季节换气不良的鸡舍。6～10周龄肉鸡多发，死亡率一般为5%～20%，本病虽没有特征性的症状，但可见精神不振，食欲丧失，羽毛逆立，呈蹲坐姿势。颜面部退色，消瘦，下痢。呼吸系统有病变者，见有打喷嚏和呼吸障碍，多与霉形体混合感染。剖检特征病变为纤维素性心包炎，心包肥厚混浊，附有多量绒毛状脓样渗出物，多与胸腔及心肌粘连。经常伴发气囊炎和肝周炎。

(3)呼吸道感染 常见于5～12周龄的鸡，或单发或伴发于传染性支气管炎、新城疫、霉形体等病变。剖检主要见气囊炎，囊壁增厚、混浊，囊腔内常含有白色的或黄色的干酪样渗出物。

(4)腹膜炎 腹腔及腹腔脏器表面附有多量黄白色渗出物，致各组织器官粘连。

(5)肝周炎、心包炎 在肝脏表面和心外膜上覆盖一层黄白色的纤维素性膜，肝肿大、褐色、脾肿大。

(6)蛋黄性腹膜炎 腹腔中弥漫浸润着破裂的蛋黄液。可见蛋黄液凝固或弥漫发生腹膜炎，使肠粘连，肠内容物易腐败，肠壁、腹壁变绿，味恶臭，肝褐色，残存的卵泡壁薄，有褶皱，卵黄液稀，淡黄白色、混浊。

(7)输卵管炎　1～2月龄雏鸡患病时，输卵管明显变粗，内积黄白色干酪样物。成年产蛋鸡发病时见输卵管局部高度扩张，内积异形蛋样渗出物，表面不光滑，切面呈轮层状。输卵管黏膜充血、粗厚。

(8)大肠杆菌肉芽肿　本病以在小肠、盲肠的肠壁和肝脏以及心外膜上出现的结节性肉芽肿为其特征。肠粘连不能分离，肝也可见大灶性、不规则形、黄色坏死灶，有时整叶肝发生坏死。

(9)滑膜炎　关节肿大(多见于跗关节)，出现瘸腿和行走困难。关节肿积黄色黏稠液，滑膜肿胀、增厚。

(10)全眼球炎　此型不常见，多侵犯一只眼，表现为眼前房积脓，眼失明。

**诊断要点**

在上述各种病症中，根据其症状和剖检变化大致可诊断本病，但由于存在着具有类似病变的其他疾病，所以确诊本病应以细菌学的检查为主，与其他类似的疾病进行鉴别，同时还必须考虑到有无其他混合感染。下面将病型及需要鉴别的其他疾病病名列举如下。

(1)大肠杆菌败血症　沙门氏菌病、霉形体病、巴氏杆菌病。

(2)鸡胚和幼雏早期死亡、脐炎　雏鸡白痢、副伤寒、其他细菌感染症。

(3)呼吸道感染　霉形体、传染性支气管炎、新城疫、传染性鼻炎等(可混合感染)。

(4)心包炎、肝周炎　腹膜炎、卵黄性腹膜炎、霉形体、沙门氏菌病。

(5)滑膜炎　霉形体、鸡白痢、链球菌症。

(6)大肠杆菌肉芽肿　鸟结核、鸡白痢、淋巴性白血病、马立克氏病。

(7)全眼球炎　沙门氏菌病、霉形体病、曲霉菌病。

**防制措施**

(1)加强卫生管理　加强卫生管理是预防大肠杆菌的关键。消除本病的发生的诱因是控制本病的首要方法。包括种蛋、孵化器、鸡舍、环境的消毒,适宜的孵化及饲养温度,改善通风条件,降低灰尘和勤于除粪,减少氨气的含量,控制霉形体、新城疫、法氏囊病等疫病的发生。

(2)免疫预防　虽然大肠杆菌的血清型众多,但接种疫苗仍为防止本病的一种有效方法。近年来国内外采用大肠杆菌多价氢氧化铝苗、蜂胶苗、多价油佐剂苗,取得了较好的预防效果。采用本地区发病鸡群的多个菌株或本场分离菌株制成的疫苗免疫效果更好。国内现用的大肠杆菌油佐剂苗,有程度不同的疫苗反应,主要表现精神沉郁,喜卧,采食减少等,一般1～2天后逐渐恢复,无须进行任何处理。

(3)治疗原则　鸡群发生大肠杆菌病后,可以用药物进行治疗,最好以饮水的方式投药。常用的药物有丁胺卡那霉素、新霉素、四环素、庆大霉素、氨苄青霉素、羟氨苄青霉素、先锋霉素Ⅱ、诺氟沙星、环丙沙星、恩诺沙星等。由于大肠杆菌极易产生抗药性。因此,在采用药物治疗时,最好进行药敏试验,或选用过去很少用过的药物进行全群治疗,且注意交替用药。要早诊断、早治疗。某些患病鸡,已发生各种实质性变化时,治疗效果极差。

【鸡沙门氏菌病】

鸡沙门氏菌病是沙门氏菌属中的一种或几种治病性沙门氏菌所引起的鸡的急性或慢性疾病的总称。包括由鸡白痢沙门氏菌所引起的鸡白痢和由鸡伤寒沙门氏菌所引起的鸡伤寒及由其他沙门氏菌所引起的鸡副伤寒。

**(一)鸡白痢**

由鸡白痢沙门氏菌引起的鸡的传染病,主要侵害雏鸡,以白痢为特征,呈急性败血症经过,引起雏鸡大批死亡。成年鸡多属隐性和慢性经过。

**病原**

鸡白痢的病原是肠杆菌科沙门氏菌属的鸡白痢沙门氏杆菌，无荚膜、芽孢和菌毛，是一种不能运动的革兰氏阴性杆菌，本菌两端稍钝圆，细长、杆状，大小为 0.3～0.5 μm×1.0～2.5 μm，为兼性厌氧菌。

本菌在肉浸液琼脂(pH 值为 7.0～7.2)上接种后，其菌落平滑、散光，均隆起、透明，形状不一，从圆形至多角形。在伊红美蓝琼脂上生长为淡蓝色菌落。能分解葡萄糖、甘露醇、木糖等，产酸和产气。部分菌株产生硫化氢。

本菌对低温抵抗力很强，−10℃可存活 4 个月，在尸体中存活 3 个月，在鸡舍中、孵化器内可存活 1 年，在污染的土壤中，能保持毒力至少 14 个月，在干燥的粪便中及其分泌物中可存活 4 年之久。本菌对热抵抗力不强，60℃经 20 min 死亡，100℃ 1 min 即可死亡。0.1%升汞、0.2%福尔马林和 3%石炭酸溶液经 15～20 min 可被杀死。

**流行情况**

本病分布于世界各地。一些养鸡业先进的国家，由于采取了严格的防制措施，几乎成功的扑灭了本病。然而，在发展中国家，还有相当程度的流行。

任何品种的鸡对本病都易感。火鸡的易感性次于鸡，其发病情况与鸡相似。鸭、雏鹅、珠鸡、野鸡、鹌鹑、麻雀和鸽也有自然发病的报告。

病鸡与带菌鸡是主要的传染源，某些有易感性的飞禽如麻雀、鸽等传播本病也不能忽视，猪也可能是带菌者。通过带菌卵而传染是最通常的传播方式，通过被污染的饲料、饮水经消化道传染是主要的传播途径，雏鸡可以通过吸入带菌的飞沫及尘埃而感染，公、母鸡交配也可互相传染。

外界环境因素不良可导致本病发病率和死亡率增高。如环境污染、卫生条件差、育雏温度变化剧烈或温度偏低、潮湿、鸡群密度过大、不分群、营养不良及有其他疾病感染等。

**临床症状**

雏鸡发病时表现精神不振、嗜睡、两翅下垂、缩颈、不愿走动、挤在一起、拉白色稀粪，甚至将肛门糊堵，由于肛门周围炎症引起疼痛，常发出尖锐的叫声。当肺部感染时出现呼吸困难。关节感染时出现关节肿胀和跛行。成年鸡感染一般不呈急性经过，常无临床症状。种鸡感染所产的蛋孵化时死胚多，出壳后为弱雏，环境条件不良或治疗不及时易造成大批死亡。

**剖检变化**

雏鸡出壳后 5 日内死亡者，一般无明显的特征病变，只见肝肿大、黄色、脾肿大，卵黄一般吸收不好，内容物呈油脂样或淡黄色混浊。10 日龄以上的病死雏鸡，易见肝、脾肿大，肝脏上有少量散在坏死点，肺可能呈褐色、实变，有坏死灶。20 日龄至 2 月龄病鸡，除肝、脾变化外，尚见肺有黄色局灶性坏死或灰白色增生灶，心肌见黄色坏死或灰白色增生结节，严重时心肌变形。

成年鸡卵巢呈椭圆形、三角形、多角形、不规则形，或有长柄，呈灰、白、黄、红、褐、灰绿等色。卵黄液油脂状、混浊稀薄或呈干酪样，有的卵泡呈充满透明液的囊泡。慢性感染鸡，常见卵泡破裂，引起广泛的腹膜炎。公鸡主要见睾丸萎缩，散在小脓肿。

**诊断要点**

雏鸡的鸡白痢，在 10 日龄前后具有高死亡率及白色下痢便，被认为是诊断上的特征。但近些年来，逐渐见不到典型的发病病例。确诊本病，需要通过细菌学检查，分离和鉴定病原菌。

本病应与大肠杆菌、葡萄球菌、绿脓杆菌、巴氏杆菌等引起的感染症，霉菌性肺炎，中毒症，日射病等进行鉴别诊断。

**防制措施**

由于鸡白痢既可垂直传播,又可水平传播,因此应采取综合性防制措施。

(1)加强种鸡场、孵化场的兽医卫生管理　种鸡场必须适时进行全群检疫。首次检疫在鸡群 140 日龄左右为宜,以后每 6 个月检疫一次。及时淘汰检出的所有阳性鸡。孵化场的兽医卫生防疫措施要规范化、制度化。做好种蛋收集,加强种蛋、孵化器、出雏器、所用器具及孵化环境的消毒。只能从无鸡白痢发生鸡群引进种蛋孵化。

(2)加强育雏期管理　鸡白痢的发生与传播主要是在育雏早期。必须进行环境控制,进行合理饲养,经常清洗水槽、食槽及用具,定期清除粪便和带鸡消毒,最好实行笼养和网上平养。

(3)对鸡白痢实行药物预防和治疗　可选用敏感药物进行预防和治疗。常用的药物有:氧氟沙星、环丙沙星、恩诺沙星、新霉素、庆大霉素、先锋霉素、卡那霉素、磺胺类药物等。

**(二)鸡伤寒**

鸡伤寒是由鸡伤寒沙门氏菌引起禽的一种败血症,呈急性或慢性经过,死亡率中等或很高。

**病原**

鸡伤寒的病原是肠杆菌科沙门氏菌属的鸡伤寒沙门氏菌,不产生芽孢及荚膜,不运动,为革兰氏阴性短小杆菌,其大小为 (0.3～0.8) μm×(1～2) μm。

本菌在一般培养基上都能生长,其最适宜温度为 37℃,pH 值为 7.0～7.2,在琼脂培养基上生长为淡黄色、湿润、圆形边缘整齐的细小菌落。在肉汤中生长均匀混浊,并有厚的沉淀。生化反应与鸡白痢沙门氏菌相似,但不能使鸟氨酸脱羟。而能利用右旋酒石酸盐,盐酸半胱氨酸明胶有利本菌生长。

本菌对热及多数消毒剂很敏感。加热至 60℃ 10 min 内可杀死本菌。对低温的抵抗力很强，10℃经10个月不死。1%的福尔马林、0.1%石炭酸、1%的高锰酸钾及0.05%的升汞等普通消毒剂都能在1～3 min杀死本菌。

**流行情况**

本病分布于世界各地，常为散发。

鸡伤寒沙门氏菌主要感染鸡，也可感染火鸡、鸭、珠鸡、孔雀、鹌鹑等鸟类，但野鸡、鹅、鸽不易感。各种年龄的鸡都易感。

病鸡和带菌鸡是主要传播源。可通过被污染的饲料、饮水、运动场等，经消化道感染，也可通过眼结膜而感染。带菌的种蛋垂直传播也是很重要的传播方式。带菌的鼠类、野鸟、蝇类和其他动物也是传播病毒的媒介。

**临床症状**

潜伏期一般为4～5天。本病常发于中鸡、成年鸡和火鸡。急性经过者突然停食，精神委顿，排黄绿色稀粪，羽毛松乱，冠和肉垂贫血、苍白。体温上升1～3℃，病鸡可迅速死亡，但通常在5～10天死亡。死亡率雏鸡与成年鸡都有差异，一般10%～50%或更高些。雏鸡症状与鸡白痢相似。

**剖检变化**

最急性病例无剖检病变或甚轻微。幼鸡多发生肝、脾和肾的红肿。在亚急性和慢性病例则肝肿大并呈铜绿色，有粟粒大灰白色或浅黄色坏死灶。胆囊肿大并充满胆汁，脾肿大1～2倍，常有粟粒大小的坏死灶。心包积水，有纤维素性渗出物，病程长时则与心外膜粘连。肾肿大充血。肠道外观贫血，肠黏膜有溃疡。卵黄变形，卵黄充血，呈灰黄或浅绿色，有时黑绿色，卵黄破裂后易引起卵黄性腹膜炎。急性败血症死亡的鸡有心外膜出血，浆膜出血，有浆液性纤维素性心包炎，出血性肠炎。

**诊断要点**

根据鸡群的病史、症状和病变能为本病提供重要的诊断线索，但要确诊本病，必须进行细菌的分离和鉴定。

**防制措施**

鸡伤寒病与鸡白痢病防治措施相同。

**(三)鸡副伤寒**

鸡副伤寒不是单一病原引起的疫病，而是沙门氏菌属中除鸡白痢和鸡伤寒沙门氏菌之外的众多血清型所引起的鸡沙门氏菌病，统称为鸡副伤寒。

**病原**

本病由沙门氏杆菌属中的多种杆菌所引起，已知有 153 个血清型的沙门氏菌能使鸡感染发病。但其中 70％以上的副伤寒病例有由大约 10 种不同的血清型的沙门氏菌所致。其中最常见的是鼠伤寒沙门氏杆菌、肠炎沙门氏杆菌。

鸡副伤寒沙门氏菌是一类血清型不同的革兰氏阴性、无芽孢、无荚膜的杆菌，大小一般为(0.4～0.6) μm×(1～3) μm，有时形成丝状，多数具有周鞭毛，在自然条件下，也偶见无鞭毛或有鞭毛不运动的变种。

本菌都是兼性厌氧菌，很易分离。在普通培养基上能生长，在琼脂平板培养基上生长 24 小时后，为圆形、光滑、微隆起、半透明、灰白色、湿润的菌落，其直径一般为 1～2 mm。在肉汤培养基中，生长均匀混浊，管底有沉淀，不形成菌膜。

本菌对热及多数常用消毒剂都很敏感。加热至 60℃ 5 min 能杀死本菌。碱、季铵盐类常用作鸡舍消毒。甲醛常用于种蛋、孵化器、出雏器的熏蒸消毒。

**流行情况**

鸡副伤寒沙门氏菌群的宿主广泛，各种家禽和野禽都能感染，以鸡和火鸡最常见，特别是幼禽。常在孵化出壳后 2 周之内感染发病，6～10 天达到高峰。呈地方性流行，其死亡率与饲养管理及卫生条件有关，一般为 2％～30％，严重者高达 80％以上。1 月龄以上的家禽有较强的抵抗力，一般不引起死亡。成年家禽往往不表现临床症状。本病的主要传播方式有：①卵巢受到感染，直接经蛋传递；②病菌经蛋壳上孔隙穿入卵黄内，经蛋传递；③孵化器、出雏器或育雏器等被病菌污染；④鸡舍环境、垫料、饲料、饮水、用具等受到病菌污染，成年鸡与雏鸡的直接或间接接触传播；⑤人和其他动物，包括其他家禽和野鸟的传播。传播途径主要是消化道，也可以通过呼吸道和眼结膜感染。

**临床症状**

鸡副伤寒感染的症状与鸡白痢、鸡伤寒极为相似。成年鸡与火鸡感染后多不表现症状，成为慢性带菌者。

**剖检变化**

雏鸡急性死亡时病变不明显，病程稍长时见有消瘦，脱水，卵黄凝固，肝、脾淤血并伴有条纹状出血或有针尖大灰白色坏死点，胆囊扩张并充满胆汁，肾脏淤血，心包炎，心包积液呈黄色，含有纤维素性渗出物。小肠有出血性炎症，盲肠膨大，内含有黄白色干酪样物质，有的盲肠盲端出血。

成年鸡发生副伤寒时，肝、脾、肾肿胀充血，出血性或坏死性肠炎，心包炎及腹膜炎，输卵管坏死性或增生性病变及卵巢坏死性病变。慢性时病鸡消瘦，肠黏膜有坏死性溃疡呈糠麸样，肝、脾及肾肿大，心脏有坏死性小结节。

**诊断要点**

根据发病症状、病理变化及流行情况即可初步诊断，进一步的确诊需要细菌的分离和鉴定。

鸡副伤寒的发病症状和病理变化与鸡白痢、鸡伤寒很相似，不易区别。同时要注意与大肠杆菌、绿脓杆菌、巴氏杆菌等感染症的区别。发生关节炎时要注意与病毒性、葡萄球菌性、大肠杆菌性、滑膜霉形体性关节炎的区别。

**防制措施**

鸡副伤寒的防治措施与鸡白痢相同。

【鸡巴氏杆菌病】

鸡巴氏杆菌病又名禽霍乱,是由多杀性巴氏杆菌引起的一种接触传染的烈性传染病。鸡、鸭、鹅和野禽都可以感染。在临床上分为急性型和慢性型两种。急性型表现为败血症,发病率和致死率都很高。慢性型表现为肉髯水肿、关节炎、发病致死率都比较低。

**病原**

鸡巴氏杆菌病的病原是巴氏杆菌属的多杀性巴氏杆菌的禽型菌株。本菌为需氧及兼性厌氧菌,可以再普通培养基上生长,但不茂盛。在加有血清或血液培养基中生长良好。最适培养温度为37℃,pH 值为 7.2～7.4。本菌在普通的肉汤中可生长,呈轻度混浊,继续培养 4～5 天,在管底可生黏稠沉淀,表面形成荚膜。在血清琼脂皿上培养 24 小时,可长成露珠样菌落,表面光滑闪光,边缘整齐,具有荧光,在血液琼脂平皿上可长成湿润的水滴样菌落。菌落周围不溶血,禽源多杀性巴氏杆菌可分解葡萄糖、果糖、半乳糖、甘露糖和蔗糖,产酸不产气。

本菌抵抗力不强,在干燥的空气中 2～3 天即可死亡,加热至60℃ 10 min 可将其杀死。本菌易自溶,在无菌蒸馏水和生理盐水中迅速死亡。常用的消毒药都能很快杀死本菌。3%石炭酸、5%石灰乳、1%漂白粉、0.02%升汞溶液作用 1 min 即可将其杀死。本菌在肉品组织中则存活较久,尸体内可存活 1～3 个月,在严冬季节,死禽体内的病原菌可存活 2～4 个月。

**流行情况**

本病在世界的许多国家呈散发性或地方性流行。我国各地都有发生,但近几年很少发生。

禽霍乱对鸡、鸭、鹅、火鸡、野鸭、海鸥、麻雀、乌鸦、燕八哥等家禽、野禽和鸟类都有易感性。鸡群多散发，产蛋鸡最易感，16 周龄以下的鸡具有较强的抵抗力。鸭群中呈流行性较为多见，1 月龄鸭发病率高，往往在几天内大批感染而死。成年鸭在收购和运输过程中，易暴发本病。

本病的主要传染源是病禽和带菌的家禽。禽霍乱慢性带菌状态的时期是终生的。带菌的家禽外表无异常表现，但经常排出病菌污染周围环境、用具、饲料和饮水，构成重要的传播因素。病禽的排泄物污染饲料、饮水，通过消化道感染健康家禽，或由于病禽的咳嗽，鼻腔分泌物排出病菌，通过飞沫经呼吸道而传染。含有病菌的尘土漂浮于空气中，家禽吸入后即引起传染。犬、飞鸟，甚至人都能成为机械带菌者。此外，一些昆虫如蝇类、蜱、鸡螨也是传播本病的媒介。

禽霍乱流行除与巴氏杆菌毒力差异有关外，还与其他一些不良因素有关：如鸡舍卫生不良，阴雨潮湿，鸡群拥挤，通风不良，气候剧烈变化，营养不良，体内外寄生虫及其他疾病等因素，均可促使本病的发生和流行。

本病一年四季均可发生，但以夏、秋和春季多发。

**临床症状**

鸡自然感染的潜伏期一般 2～9 天，有时引进病鸡后 48 小时内亦会突然发病。由于鸡的抵抗力和病菌的致病力强弱不同，在疾病流行时鸡表现的症状亦有差异。其临床症状一般分为最急性、急性和慢性 3 种病型。

(1)最急性型　常见于流行初期，特别是成年高产蛋鸡，该型往往无前期症状，晚间一切正常，次日发现死于鸡舍内。有时见病鸡精神沉郁，倒地挣扎，拍翅抽搐，迅速死亡。

(2)急性型　此型最为常见，发病急，死亡快，有的在死前数小时方出现症状。病鸡表现精神沉郁，羽毛松乱，缩颈闭目，头缩在翅下，不愿走动，离群呆立。病鸡体温升高达 43～44℃，少食或不食，饮水增多。呼吸困难，鸡冠及肉髯发绀，有的肿胀，有热痛感，口、鼻分泌物增加，常自口中流出浆液性或黏液性液体。病鸡腹泻，排黄白色或绿色稀便，产蛋鸡停止产蛋，最后衰竭昏迷而死亡。病程短，2天左右死亡。急性病例死亡率很高。

(3)慢性型　由急性病例转变而来或是由毒力较弱毒株所致。病鸡精神、食欲时好时坏，多表现局部感染。以慢性肺炎、慢性呼吸道炎、慢性肠炎较为多见。病鸡鼻孔常有黏性分泌物流出，鼻窦肿大，喉头积有分泌物而影响呼吸。病鸡经常腹泻，消瘦，精神不振，鸡冠苍白。有些病鸡一侧或两侧肉髯肿大，随后可能出现脓性干酪样物，或干结、坏死。有的翅或腿关节肿胀、疼痛，脚趾麻痹，因而发生跛行。病程可能拖至1个月以上，但生长发育和产蛋长期不能恢复。

**剖检变化**

(1)最急性型　此型往往看不到明显病理变化。

(2)急性型　其特征性变化在肝脏，表现为肝肿胀、棕黄色、质脆，在被膜下和肝实质中散在大量黄白色坏死点。心包积液，心脏扩张。心外膜、心冠脂肪、腹膜、皮下组织及腹部脂肪有出血点或出血斑。胃肠道的变化以十二指肠最突出，呈急性卡他性炎或急性出血性炎，肠腔扩张，浆膜血管极明显，散布出血点。肠内容物血样、粥状，黏膜高度充血、出血。

(3)慢性型　多见于疾病流行的晚期，零星发生。由于病原菌侵害的器官不同，所表现病理变化也有差异。可见病死鸡冠和肉髯淤血、水肿、质地变硬。病程长时，可发生坏死、结痂，甚至坏疽、腐脱。有的可见纤维素性坏死性肺炎、气囊炎、腹膜炎、心包炎、鼻窦炎和关节炎等变化。

临床呈跛行的病例，见腿、翅各关节肿大、变形，关节腔中有纤维性或化脓性渗出物，关节囊增厚。产蛋鸡可见卵泡坏死、变形或脱落。

**诊断要点**

鸡巴氏杆菌病可以根据流行病学、临床症状及剖检变化进行初步诊断，但要确诊还要结合细菌学检查来综合判定。

本病在临床上需要与鸡伤寒、中暑相鉴别。伤寒时肝脏肿大，呈青铜色，表面有弥漫性针尖大的坏死点，质地易碎，脾脏肿大。而霍乱时，肝脏呈黄褐色，坏死点较大，脾脏不肿大。中暑时家禽也会突然死亡，但这时可见胸腔淤血，呈红色。而禽霍乱无此现象。另外，中雏小肠球虫病时肠的变化与禽霍乱相似，但无心肝病变。

眼和关节感染巴氏杆菌时，应注意与葡萄球菌、链球菌、大肠杆菌、滑膜霉形体、病毒性关节炎等相区别。

慢性禽霍乱时所见的肉髯、颜面部肿胀，应注意与霉形体和传染性鼻炎相区别。

**防制措施**

(1)免疫预防　我国生产使用的禽霍乱菌苗有两大类：一类是死苗，另一类是活菌弱毒苗。这两类疫苗都存在免疫期短的共同特点，免疫接种还不能实现100%的预防作用。

(2)药物治疗　多种药物对禽霍乱都有治疗作用，但长期使用某一种药物会产生抗药性。一般连续用药应不少于5天，之后可改换另一种药物，以防复发。最好进行药敏试验来选择药物。常用的药物有：链霉素、金霉素、磺胺类药物、喹乙醇和喹诺酮类药物。

(3)加强饲养管理　健康鸡发病主要是在鸡进入鸡舍以后，由于接触病鸡或其污染物而感染的，因此，杜绝多杀性巴氏杆菌进入鸡舍对防制禽霍乱是十分重要的。新引进的鸡群应与老鸡群在完全隔离的环境中饲养，切勿混群饲养，最好实行“全进全出”制。鸡舍应彻底消毒后再引进新鸡。要防止饲料、饮水、用具等被病菌污染。禁止外人和其他动物如猪、犬、猫、野鸟等进入鸡舍或接近鸡群。一旦鸡群发生禽霍乱，要及时采取药物治疗和疫苗接种预防等措施，以减少经济损失。

【鸡葡萄球菌病】

鸡葡萄球菌病是由金黄色葡萄球菌或其他葡萄球菌引起鸡的一种传染病的总称。包括败血症、关节炎、皮肤炎、脐炎、脚垫肿、胸囊肿、眼病等。

**病原**

鸡葡萄球菌病的病原主要是由微球菌素中的金黄色葡萄球菌。典型的葡萄球菌为圆形或卵圆形。本菌易被碱性染料着色，革兰氏染色阳性。

葡萄球菌在普通培养基上生长良好，培养基中含有血液、血清或葡萄糖时生长更好。最适宜生长温度为37℃，最适 pH 值为7.4。在普通琼脂上培养18～24小时，金黄色葡萄球菌形成直径1～3 mm，圆形、不透明、光滑、隆起的菌落，在有氧条件下，菌落的颜色从白色至橙色，在室温(20℃)中产生色素良好。在普通肉汤中生长迅速，管底有少量沉淀。在甘露醇盐琼脂上，金黄色葡萄球菌落周围有一些黄晕。在结晶紫琼脂上菌苔呈一致的土黄色。

金黄色葡萄球菌是需氧菌，兼性厌氧菌，溶血，凝固酶阳性，能发酵葡萄糖和甘露醇，产酸不产气，能还原硝酸盐。

葡萄球菌毒力和致病力的强弱常与细菌产生的毒力和酶有关。致病性葡萄球菌产生的主要毒素和酶有以下几种：溶血毒素、肠毒素、凝固酶、透明质酸酶、DNA 酶和耐热核酸酶。一般认为凝固酶阳性的金黄色葡萄球菌对家禽有致病力，而凝固酶阴性的菌株没有致病性。

葡萄球菌的抵抗力极强。对干燥、热、9%氯化钠都有相当大的抵抗力。在干燥的浓汁或血液中可存活数月，反复冷冻30次仍能存活，煮沸可迅速使其死亡。3%～5%石炭酸10～15 s可杀死本菌，0.3%过氧乙酸有较好的消毒效果。

**流行情况**

金黄色葡萄球菌是鸡葡萄球菌病的主要病原菌。此病原菌在自然界分布很广，所有禽类都可感染，尤其是鸡和火鸡。鸡中以肉食鸡最易感，各种日龄的鸡都可感染，但以40～60日龄的鸡最多见。成年鸡则发病较少。创伤是主要的传染途径，但也可以通过消化道、呼吸道传播，雏脐口感染也是常见的途径。某些疾病或人为因素也是葡萄球菌病发生的诱因，如鸡痘的发生、接种免疫、笼具等刺伤引起皮肤或黏膜损伤等。传染性法氏囊病或马立克氏病等病毒感染而使免疫系统遭到破坏，容易发生败血性葡萄球菌病，并导致鸡急性死亡。

**临床症状**

(1)急性败血型　病鸡精神沉郁，两翅下垂，羽毛松乱，食欲减退或废绝。较为特征性的症状是翅、胸腹部、大腿内侧皮下浮肿，潴留数量不等的血样渗出液，外观呈紫色或紫褐色，有波动感，局部羽毛脱落，或用手一摸即可掉脱，皮肤易破。有的病鸡皮肤可自然破溃，流出液体污染羽毛。有的病鸡在翅膀背侧、翅尖、尾、脸、背部、腿外侧等不同部位的皮肤出现大小不等的出血、坏死或结痂。早期病例局部皮下湿润，暗紫红色，溶血，糜烂。病鸡多在2～5天死亡，急性者1～2天死亡。有时在急性病鸡群中也可见到关节炎症状的病鸡。

(2)关节炎型　病鸡可见多个关节肿胀，主要是跗、趾关节及邻近的腱鞘、韧带，呈紫红或紫黑色，有的破溃，并形成结痂，病鸡跛行。

(3)胸囊肿　本症一般发生于肉鸡，由于体重大，受到机械性压迫甚至挫伤，形成胸部囊肿。患病鸡胸骨于皮肤之间见明显的囊肿，手按压患部有波动感。

(4)脐炎型　孵化出壳不久的雏鸡，由于脐口闭合不全感染葡萄球菌，引起脐炎，可见脐部肿大，局部呈黄红色、紫黑色，质地稍硬，见有分泌物。

(5)眼型　主要表现为上下眼睑肿胀，闭眼，有脓性分泌物，并见有肉芽肿，病久者，眼球下陷，失明，有的眶下窦肿胀。

(6)脚垫肿　多发生于重型品种的肉鸡，脚垫及周围组织，由于局部受到压迫或损伤，被金黄色葡萄球菌、大肠杆菌等感染形成脓肿。

(7)肺型　主要表现为全身症状及呼吸障碍，有的可能与败血症混合感染。

**剖检变化**

目前最常见的是皮肤水肿、皮肤糜烂和干燥结痂的败血型葡萄球菌病，病死鸡内脏器官多无肉眼可见的病变。发生关节炎的病鸡，关节内含有浆液至干酪状渗出物、腱鞘和滑膜增厚、水肿。雏鸡脐炎的，皮下有较多红黄色渗出液，多呈胶胨样。若因呼吸道感染发病而死的病鸡，可见一侧或两侧肺呈黑紫色，质地变软如稀泥样。

**诊断要点**

本病根据发病特点、临床症状及病理变化可做出初步诊断，最后确诊还需要结合实验检查来综合诊断。

**防制措施**

(1)预防接种　国内用于鸡葡萄球菌防制的疫苗有油乳剂菌苗和氢氧化铝菌苗，一般在 25 日龄左右免疫，免疫期 2 个月左右，对鸡葡萄球菌病可起到良好的预防作用。

(2)加强卫生措施　葡萄球菌是环境中广泛存在的细菌，必须加强卫生管理来有效的预防。要防止密度过大，鸡只相互拥挤，损伤皮肤。要提供全价饲料，保持良好通风，消除鸡笼、用具等一切尖锐物品。适时断喙和接种鸡痘疫苗。加强鸡舍及环境中的消毒工作。

(3)药物治疗　许多抗生素和磺胺类药物等都会有一定治疗

效果,由于葡萄球菌也出现一些耐药菌株,用药前最好进行药敏试验。目前常用的药物有:丁胺卡那霉素、庆大霉素、先锋霉素、红霉素等。

【鸡传染性鼻炎】

鸡传染性鼻炎(IC)是由副鸡嗜血杆菌引起鸡的一种急性或亚急性传染病。其主要特征是鼻黏膜发炎、流鼻涕、眼睑水肿和打喷嚏,使育成年鸡生长停滞,开产晚,使产蛋鸡产蛋量下降,经济损失严重。

**病原**

鸡传染性鼻炎的病原体是嗜血杆菌属的副鸡嗜血杆菌。病原体为革兰氏阴性的球杆菌或短杆菌,有时形成丝状,两极染色,不形成芽孢,没有鞭毛,无运动性,新鲜的分离菌具有荚膜,大小为(1～3) μm×(0.4～0.8) μm,本菌为兼性厌氧菌,在25～45℃均可生长,最适宜温度为34～42℃。培养基一般采用血液肉汤和血液琼脂或巧克力琼脂。血液以5%鸡血最好,也可采用兔血或马血。最适宜培养基为巧克力琼脂。本菌在鸡血肉汤培养基中,呈均匀一致的混浊生长,管底有少量沉淀;在血液琼脂上可形成半透明、光滑、边缘整齐、针尖大小的菌落;在巧克力琼脂上可形成无色透明的露滴状菌落。

本菌能发酵葡萄糖、甘露糖和果糖,绝大多数菌株发酵蔗糖、麦芽糖、糊精和淀粉,少数菌株发酵甘露醇。不发酵乳糖、菊糖、木胶糖和杨苷,不产生硫化氢和靛基质,不分解尿素、不液化明胶、还原硝酸盐、过氧化氢酶。

副鸡嗜血杆菌的抵抗力很弱,常用的消毒剂及一般热力可将其灭活。该菌在22℃可存活4天,在45℃经6 min即可灭活,50℃2 min死亡。

**流行情况**

本病世界各地都有发生。鸡是宿主,偶尔也可感染火鸡、鹌鹑、珠鸡和雉。本病可发生于各种年龄的鸡，以4～12月龄的鸡最易感。病鸡及隐性带菌鸡是传染源。其传播途径主要以飞沫及尘埃经呼吸道传染，笼养鸡饮水是主要传染途径。通过消化道也可以传染。常见于秋、冬季和早春寒冷季节。鸡群饲养密度过大、鸡舍寒冷潮湿、通风不良缺乏维生素A及饲养管理不当是造成本病发生和严重经济损失的诱因。

**临床症状**

雏鸡发病初期，多呈一侧性颜面发红。个别鸡张口呼吸，精神、采食无异常。鼻孔有浆液性鼻液流出。雏鸡发病后期和成年鸡相同。

成年鸡发病初期，厌食、闭目似睡，不愿走动。鼻腔先流出清液后转为浆液性鼻液，有时打喷嚏。病程中、后期，鸡眼睑与面部出现一侧性或由一侧波及另一侧或两侧性水肿，并流泪。鼻腔有脓性分泌物，常在鼻孔处形成结痂，而堵塞鼻孔。气管内有分泌物，喉部肿胀，呼吸困难，有啰音，常摇头欲将分泌物咳出，分泌物形成凝块，最后常窒息而死。病鸡头肿胀，公鸡肉髯肿大，青年鸡下颊或咽部浮肿。病鸡腹泻和排绿色粪便，并发其他疾病时常发出一种恶臭气味。母鸡产蛋下降或中止，一般下降25%左右。病程一般4～18天，死亡率较低。

**剖检变化**

病鸡鼻、窦、喉和气管黏膜呈急性卡他性炎，充血肿胀，表面覆盖有大量黏液，窦内积有渗出物凝块或干酪样坏死物。结膜充血肿胀、卡他性炎。面部及肉髯皮下水肿。内脏一般无病变，偶见支气管肺炎和气囊炎。

产蛋鸡输卵管内有黄色干酪样分泌物，卵泡松软、血肿、坏死或萎缩，腹膜炎。公鸡睾丸萎缩。

**诊断要点**

根据流行特点、临床症状及剖检变化即可做出初步诊断，确诊需要进行细菌学检查。

本病需要与慢性呼吸道病、传染支气管炎、传染性喉气管炎、鸡白痢、大肠杆菌病、黏膜型鸡痘等进行鉴别诊断。

**防制措施**

(1)加强饲养管理 首先是防止病原菌侵入。万一病原菌侵入则设法予以清除。要注意通风,勤于除粪,避免氨气、二氧化碳等有害气体刺激呼吸道黏膜。

(2)药物治疗 许多药物对副鸡嗜血杆菌都有效。常用的药物有:磺胺类药物、链霉素、泰乐菌素、壮观霉素、先锋霉素、卡那霉素、庆大霉素、新霉素、红霉素等。

(3)预防免疫 目前国内已研制出含A型和C型鸡副嗜血杆菌的二价油乳剂苗,使用效果较好。一般采用二次免疫,第一次在30～40日龄,第二次在110～120日龄。

【鸡霉形体病】

鸡霉形体病是由鸡霉形体引起鸡的一类疾病的总称。其中对鸡危害较大的主要包括鸡败血霉形体病(鸡慢性呼吸道病)和鸡传染性滑膜炎(滑液囊霉形体病)。

鸡霉形体病分布于世界各地,鸡群一旦感染就难以清除,严重危害养鸡业常造成严重经济损失。

**(一)鸡败血霉形体病**

鸡败血霉形体是鸡的一种接触性、慢性呼吸道传染病。其特征为上呼吸道及邻近窦黏膜的炎症,常蔓延至气囊、气管等部位。表现为咳嗽、流鼻液、气喘和呼吸杂音。本病发展缓慢,病程长,所以也称为鸡慢性呼吸道病。

**病原**

鸡败血霉形体是霉形体科霉形体属的致病种。该病原体是缺少细胞壁的微小原核微生物,一般呈细小球杆状,大小为0.25～0.5 μm。在电子显微镜下形态不一,有些为圆形,有些呈丝状。

革兰氏染色不易着色，吉姆萨染色良好，呈紫红色小菌体。

本病原体可以再人工培养基上生长，但要求较高。生长发育需要胆固醇，培养基上必须含有马、猪、禽等动物血清、胰酶水解物和酵母渗液。本菌生长较缓慢，一般需要 5～6 天。在固体培养基上形成露滴状细小菌落，比一般的细菌菌落小，直径为 0.2～0.3 mm，表面光滑透明，边缘整齐，周围较深，周围有界限明显的透亮性，菌落中心致密，嵌入培养基中。

本病原体能发酵葡萄糖、麦芽糖，产酸不产气，不发酵乳糖、卫矛醇和杨苷。

鸡败血霉形体对外界环境的抵抗力不强，离体后很快失去活力。一般消毒药均能迅速将其杀死。该病原体在 18～20℃的室温下存活 6 天，20℃的鸡粪中存活 1～3 天，对热敏感，45℃加温 1 小时或 50℃经 20 min 即可灭活，在低温条件下能长期保存，经低压冻的霉形体培养物，于 4℃可存活 7 年以上。

**流行情况**

鸡败血霉形体主要感染鸡和火鸡，尤以 4～8 周龄的雏鸡和火鸡最易感。

本病一年四季均可发生，但以寒冷季节较为严重，在大群饲养的肉仔鸡群中更容易发生流行，而成年鸡多为隐性感染和散发。

本病的传染源是病鸡和隐性带菌鸡。当病鸡或隐性感染鸡与易感的健康鸡接触时，病原体通过飞沫或尘埃经呼吸道吸入而传染。也可通过被污染的饲料、饮水和用具通过消化道传染。本病也可通过卵垂直传播给下一代，是本病难以消除的主要原因。

感染霉形体后，有许多因素可能会影响霉形体病的出现及其严重程度。这些因素主要包括：家禽的年龄、免疫状况、病原体的毒力和嗜好性、污染程度、存在其他病原体等。环境因素是本病发生的诱因。如饲养密度大，卫生条件差、通风不良、氨气过浓、维生素缺乏、温度过高或过低、成年鸡与雏鸡混养、其他疫病感染等。

若无其他感染，死亡率一般在10%左右，严重时可达30%以上。

**临床症状**

典型症状主要发生于幼龄鸡中，表现为鼻孔中流出浆液性或浆液——黏液性鼻液，打喷嚏，甩鼻，窦炎，结膜炎及气囊炎。当炎症蔓延至下呼吸道时，则表现为咳嗽、气喘及啰音等。继发鼻炎、窦炎和结膜炎时，鼻腔及眶下窦蓄积多量渗出物而面部肿胀，结膜发炎，流泪，眼睑结肿，向外突出，一侧或两侧眼球受到压迫，造成萎缩或失明。

成年鸡的症状与幼鸡相似，但症状较轻，死亡率很低。产蛋鸡产蛋量下降，并维持在较低水平上。种鸡孵化率降低，弱雏增加。隐性感染鸡，其外观上与健康鸡无任何不同，仅可见鼻孔周围不洁，但很少见有鼻汁出现。

**剖检变化**

剖检时主要肉眼变化为鼻腔、眶下窦内含有大量黏液或干酪样渗出物，黏膜肿胀、充血、肥厚，气管、喉头黏膜增厚、变厚，内有少量黏液状分泌物。早期气囊轻度混浊、水肿、不透明，可见结节性病灶，随着病程延长，气囊增厚，囊腔内有干酪样渗出物，气囊粘连，有时可见肺部病变。严重病例可见心包炎、肝周炎。眼部病变，切开眼睑可挤出黄色干酪样凝块。

**诊断要点**

根据流行情况、临床症状及剖检变化可初步诊断，但进一步确诊必须进行血清学检查及病原分离。血清学检查对本病是较为可靠的诊断方法。

在诊断中应注意与传染性喉气管炎、传染性支气管炎、传染性鼻炎、大肠杆菌病、鸡痘、维生素A缺乏症等鉴别诊断。

**防制措施**

(1)加强饲养管理　切断传播途径，消除传染源。防止病鸡与健康鸡接触，降低饲养密度，注意通风，保持舍内空气新鲜，防止过热过冷，定期清粪，防止氨气、硫化氢等有害气体刺激等，均是防制本病的重要管理环节。最好实行“全进全出”制。加强消毒防范。防止其他传染病侵入而诱发或加重本病。在其他疫病防疫中，弱毒疫苗使用方法不当也可诱发和加重本病。要加强种鸡检疫净化和种蛋消毒。

(2)免疫接种　在生产中采用较多的是灭活苗，对7～15日龄雏鸡颈部皮下注射0.2 mL，成年鸡注射0.5 mL，平均预防效果在80%左右，注射灭活苗后15日开始产生免疫力，免疫期约5个月。

(3)药物治疗　一些药物对本病有一定疗效，特别是对临床症状轻微的病鸡，效果更为明显，待病程进入中、后期，器质性病变比较严重时往往疗效不佳。据一些资料介绍，抗生素只能控制病原体在体内的活动，不能根除病原体，特别是潜伏状态病原体。因此，停药后往往感染鸡仍发病。要控制本病的暴发和蔓延，必须全群投药。在治疗本病中常用的药物有：恩诺沙星、环丙沙星、氟哌酸等喹诺酮类药物以及泰乐菌素、北里霉素、强力霉素、链霉素、金霉素、罗红霉素等抗生素。

**(二)滑液囊霉形体病**

滑液囊霉形体病是由滑液囊霉形体引起的，最常发生的是亚临床型的上呼吸道感染。有时可变为全身感染，导致传染性滑液囊炎和腱鞘炎。表现为关节肿大、跛行、滑液囊及腱鞘发炎，内脏肿大。一般感染4～12周龄的鸡，传染很快，可造成一定的损失。

**病原**

滑液囊霉形体病是霉形体科霉形体属的致病种之一。该病原体为多形态的球状体，直径约为2 μm，染色特性与鸡败血霉形体相同。

本病原体培养所需的血清一般为猪血清，在固体培养基上形成隆起、圆形、略似花格状、有中心或无中心的菌落，直径小的不足1 mm，大的可到3 mm，固体培养基培养到3～7天后可见生长，培养到10～14天，琼脂面或肉汤面上生有一层结晶的薄膜。

滑液囊霉形体能发酵葡萄糖及麦芽糖，产酸不产气，不发酵乳糖、卫矛糖和杨苷等。

该病原体的抵抗力与败血霉形体相似。在pH值为6.9以下时稳定，对高温敏感，对低温有一定的抵抗力。卵黄材料中的滑液囊霉形体在－20℃能存活2年以上。

**流行情况**

本病呈世界范围分布。易感动物主要是鸡、珍珠鸡和火鸡。急性感染多发生于4～12周龄的鸡、10～24周龄的火鸡，慢性感染可见于任何年龄的鸡。

本病水平传播途径很多，呼吸道感染是主要的，吸血昆虫在本病传播上也起着重要作用，也可经卵垂直传播。环境因素可使本病发生和加重病情。如舍内有害气体浓度过高，某些疫病的发生，鸡新城疫、传染性支气管炎等活苗的免疫等。鸡的发病率通常在5%～15%，死亡率在1%～10%。火鸡发病率一般在1%～20%。

**临床症状**

病鸡表现被感染的关节、爪垫肿胀、跛行，常伴有胸骨囊肿，喜卧，饮食欲下降，生长迟缓、羽毛松乱，冠发育不良、苍白，个别鸡鸡冠呈蓝红色。病鸡表现不安，排水样稀便，其中含有多量尿酸盐，脱水和消瘦。有的鸡群表现有轻度的呼吸啰音。产蛋鸡的产蛋量和蛋的质量一般不受影响或影响很小。

**剖检变化**

在发病的关节和龙骨滑膜囊内有黏稠的、乳酪样渗出物，随着病程的延长，关节、肌肉和气囊中也可发现干酪样渗出物、关节面的溃疡。有呼吸道症状者可发现气囊炎，肝、脾肿大，肾肿大，尿酸盐沉积。

**诊断要点**

根据流行情况、临床症状、剖检变化等可做初步诊断。确诊本病应做病原体的分离鉴定和血清学试验。

本病在诊断中应与病毒性关节炎、葡萄球菌、大肠杆菌、巴氏杆菌、沙门氏菌等引起的滑膜炎相区别。

**防制措施**

参阅鸡败血霉形体病的防治方法，但对红霉素有抵抗力。

【鸡曲霉菌病】

鸡曲霉菌病又称禽曲霉菌性肺炎，是由禽曲霉菌属的烟曲霉、黄曲霉及黑曲霉等引起鸡、火鸡、鸭、鹅、鹌鹑等的一种真菌性疾病。

**流行情况**

本病呈世界分布，我国也有该病存在，特别是南方多雨、潮湿地区，常常在鸡群中暴发。本菌可感染多种禽类及哺乳动物，在幼禽中常呈急性暴发，而成年禽则多为散发。感染途径主要是吸入霉菌孢子经呼吸道感染，消化道、眼结膜、伤口也可感染。霉变饲料和发霉垫料是主要传播媒介。幼禽发病率在26%～28%，死亡率可达25%～100%。

**临床症状**

病雏以呼吸困难、气喘和呼吸加快为特征。常表现为头颈伸张，张口呼吸，一般不发出明显的咯咯声。同时有食欲不振、眼、鼻流液、腹泻、消瘦、渴欲增加等症状。有些成年鸡感染后，其症状与传染性喉气管炎患鸡的表现相似，但死亡很少，仅产蛋量暂时下降。

有些雏鸡可发生曲霉菌性眼炎，通常是一侧眼的瞬膜下形成一黄色干酪样小球，致使眼睑鼓起，有些鸡还可在角膜中央形成溃疡。有的禽类还会发生脑炎型或脑膜炎型曲霉菌病。病雏斜颈，共济失调。

**剖检变化**

主要病变在肺脏，可见针头大至米粒大或绿豆粒大小的结节。

有时气囊壁上见大小不等的结节或斑块。严重病例腹腔浆膜、肝或其他部位表面有结节或圆形灰绿色斑块。结节呈黄白色、灰白色或淡黄色，圆盘状，中间稍凹陷，切开时内容物呈干酪样，手触有针刺感，有的结节互相融合成大的团块。肺脏上有多个结节时，可使肺组织质地坚硬、弹性消失。脑炎型曲霉病其病变表现为在脑的表面有界限清楚的白色到黄色区域。皮肤感染时，感染部位的皮肤发生黄色鳞状斑点，感染部位的羽毛干燥、易折。

**诊断要点**

根据流行特征、呼吸道症状及剖检变化可做出初步诊断，但确诊需要进行实验室诊断。

**防制措施**

(1)加强饲养管理　搞好鸡舍卫生，注意通风，保持鸡舍干燥，经常检查垫料，及时清除霉变垫料，不喂霉变饲料，降低饲养密度，是预防曲霉菌病发生的最基本措施之一。

(2)药物治疗　用制霉菌素、两性霉素B治疗，并饮1∶2 000的硫酸铜溶液。硫酸铜易沉淀，要经常搅拌，少加勤添。本病用抗生素治疗无效。

## 四、寄生虫性疾病

鸡寄生虫病是由于寄生虫暂时或永久寄生于鸡体表面或体内所引起疾病的总称。根据寄生虫的寄生部位，可以分为内部寄生虫和外部寄生虫。内部寄生虫又根据其构造，区分为原虫和蠕虫。蠕虫又可分为线虫类、绦虫类、吸虫类。寄生于鸡的多数蠕虫类为线虫，绦虫类次之，吸虫类少见。

寄生虫侵入鸡体后或在其体内移行，或在寄生部位附着，常对机体造成机械性损伤。寄生虫吸取机体营养，导致鸡营养不良，消瘦，贫血，发育滞缓甚至死亡。寄生虫在其生长、发育和繁殖过程中所产生的分泌物、排泄物以及死亡崩解产物等，均对鸡具有毒性作用，使鸡出现过敏反应或神经症状。还可携带其他病原体如细菌、病毒、某些寄生虫等传播疾病，造成鸡的合并感染并产生更严重的危害。控制和消灭鸡寄生虫，必须采取消灭传染源、切断传播途径、保护易感鸡的综合性防制措施，其中以利用一切手段杀灭各个发育阶段的寄生虫最为重要。

将几种鸡的常见寄生虫病的诊断和防治措施介绍如下。

【鸡球虫病】

鸡球虫病是由一种或多种球虫寄生于鸡的肠黏膜上皮细胞而引起的一种急性流行性原虫病。鸡球虫病呈世界性分布，是鸡发病最频繁并造成养鸡重大经济损失的主要疾病之一。

**病原**

鸡球虫属原生动物门，孢子虫纲，球虫目，艾美尔科，艾美尔属。目前世界公认的有 9 种，即柔嫩艾美尔球虫、毒害艾美尔球虫、布氏艾美尔球虫、巨型艾美尔球虫、堆型艾美尔球虫、哈氏艾美尔球虫、变位艾美尔球虫、缓艾美尔球虫和早熟艾美尔球虫。其中致病作用最强的是寄生于盲肠的柔嫩艾美尔球虫和寄生于小肠的毒害艾美尔球虫，其他球虫致病性较小，均寄生于小肠。

**生活史**

球虫的生活史属直接发育型，不需要中间宿主，需经过裂殖增殖、配子生殖和孢子增殖 3 个阶段。前 2 个阶段在宿主体内进行，称内生性发育，孢子增殖在外界环境中完成，称外生性发育。

**流行情况**

鸡球虫为世界性分布，几乎凡有鸡的地方，就有球虫存在。

鸡是鸡球虫 9 个已知虫种的唯一天然宿主。各种品种和年龄的鸡都对鸡球虫具有易感性，3 月龄以内，尤其是 15～50 日龄的鸡群最易暴发球虫病，且死亡率较高，成年鸡多因前期感染过球虫获得了一定的免疫力，当再感染时不表现临床症状而成为带虫者和传染源。在自然条件下，本病均为经口感染。鸡通常因食入污染于饲料、饮水和垫料中的孢子化卵囊而受感染。卵囊容易与灰尘一起飘浮在空气中，散布到邻近区域。人、衣服、用具、某些昆虫、鼠类、野鸟等均可成为机械性传播媒介。

本病一年四季均可发生，但在温暖的雨季多发，而在户外放牧饲养的鸡春季比秋季、冬季更常发。

**临床症状**

(1)急性型　多发于雏鸡。病初精神委顿，羽毛逆立，闭眼缩颈，呆立一旁，食欲减退，肛门周围羽毛常被污染。病后期出现共济失调，翅膀下垂，贫血，鸡冠苍白，嗉囊积液，食欲废绝，排带血稀粪。柔嫩艾美尔球虫病则排血便。末期病鸡昏迷或抽搐。雏鸡自感染 4～7 天出现死亡，死亡率可达 50%～80%，甚至更高。

(2)慢性型　多见于 4～6 个月龄鸡和一般除柔嫩艾美尔和毒害艾美尔球虫以外的其他 7 种球虫引起。病程较长，可持续数周到数月。症状较轻，有间歇性下痢，逐渐消瘦，产蛋减少，很少死亡。

**剖检变化**

柔嫩艾美尔球虫引起的病变主要在盲肠，可见一侧或两侧盲肠显著肿大，可为正常的 3～5 倍，盲肠内充满新鲜的暗红色血液或凝固的血块，盲肠黏膜斑点状或弥漫性出血，盲肠黏膜上皮变厚，后期严重的糜烂甚至坏死脱落，与盲肠内容物、血凝块混合凝固，形成坚硬的栓塞。

毒害艾美尔球虫主要危害小肠中段，可见肠壁扩张、松弛、肥厚和严重的坏死。肠黏膜上有无数粟粒大的出血点和坏死灶，小肠内大量出血，有大量干酪样物，外观呈淡红色或褐红色，肠管缩短变粗。

其他 7 种鸡球虫主要侵害小肠，可见肠壁扩张、增厚、肠内充气，黏膜发炎、充血或有小的斑点状出血，病变较轻，致病力较弱。

**诊断要点**

生前用饱和盐水漂浮法或粪便涂片查到球虫卵囊，或死后取肠黏膜触片或刮取肠黏膜涂片查到裂殖体、裂殖子或配子体，均可确诊为球虫感染，但由于鸡的带虫现象极为普遍，因此，要确定是否是因球虫引起的发病和死亡，应根据流行病学、临床症状、剖检变化和病原检查结果综合诊断。

**防制措施**

(1)加强饲养管理　保持鸡舍干燥、通风和卫生，及时清除鸡粪并堆积发酵，防止粪便污染饲料及饮水，经常清洗料槽、水槽及用具，及时更换垫料或铺上新土，经常消毒或喷洒杀球虫药物。

(2)药物防治　应用药物防治鸡球虫病是目前最为有效和切实可行的方法。具有抗球虫作用的药物很多，有100多种，但防治效果较为理想，应用较为广泛的有：①聚醚类离子载体抗生素。如莫能菌素(欲可胖)、盐霉素(优素精或球虫粉)、拉沙霉素(球安)、那拉霉素(甲基盐霉素)、马杜拉霉素(加福、抗球王)、南越霉素A、海南霉素(鸡球素)等。②化学合成药物。如球痢灵(二硝基甲基苯酰胺)、尼卡巴嗪(球净)、氨丙啉(安保乐)、氯羟吡啶(可爱丹或克球粉)、氯苯胍、溴氯常山酮(速丹)、杀球灵(含0.5%氯嗪苯乙氰)、百球清等。

(3)使用药物防治应注意的事项　①面对市场众多的抗球虫药物，生产者要根据各自药物使用的情况，选择高效、低毒、广泛、价廉、耐药性差的药物，同时要注意合理使用。②连续长期使用某一种抗球虫药物会逐渐出现耐药性虫株，特别是化学合成药物，应注意轮换使用抗球虫药。由于许多药品商品名称可能不同，在选择两种或两种以上抗球虫药物时要避免重复用药造成中毒或产生拮抗作用。许多饲料厂家在育雏料中可能添加抗球虫药物，要问清楚添加何种抗球虫的药物，防止重复添加造成中毒，特别是聚醚类抗生素毒性较大，切忌超量使用和重复添加。

【鸡住白细胞原虫病】

鸡住白细胞原虫病是疟原虫科住白细胞原虫属的原虫寄生于鸡的白细胞（主要为单核细胞）和红细胞内所引起的全身出血性疾病。本病亦称鸡白冠病，呈地方性流行，对雏鸡和中鸡危害严重，可造成大批死亡，死亡率可高达91%。蛋鸡呈现贫血、绿便、产蛋量下降。其他禽类亦偶见有本病发生。

**病原**

鸡住白细胞原虫在分类上属孢子虫纲，球虫目，血孢子虫亚目，疟原虫科，住白细胞原虫属。寄生于鸡的有卡氏住白细胞原虫、沙氏住白细胞原虫、安氏住白细胞原虫和休氏住白细胞原虫4种，前两种在我国已有发现。

**生活史**

鸡住白细胞原虫的发育经裂殖增殖、配子生殖和孢子增殖3个阶段。裂殖增殖在鸡内脏器官的组织细胞内进行；配子生殖前期发生在鸡的红细胞或白细胞内；配子结合和孢子增殖在媒介昆虫（库蠓或蚋）体内完成。

**流行情况**

鸡住白细胞原虫病呈世界性分布，鸡卡氏和沙氏住白细胞原虫病主要流行于南亚和东南亚一带。在我国南方各省区本病相当普遍。住白细胞原虫病的发生及流行与季节、传播媒介（库蠓、蚋等）的活动和消长密切相关。一般气温20℃以上时，库蠓和蚋繁殖快、活动力强，本病流行也就严重，因此本病的流行有明显的季节性，南方多发生于4～10月份，北方多发生于7～9月份。各种品种、年龄和性别的鸡均有易感性。土鸡对本病有一定的抵抗力，死亡率也较低；成年鸡较雏鸡更易感，但雏鸡发病率较成年鸡高；公鸡的发病率比母鸡高。

**临床症状**

自然病例潜伏期6～12天，病初体温升高，食欲不振甚至废绝。3～6 周龄雏鸡发病严重，死亡率高。主要表现为精神沉郁，昏睡；乏力，运动失调，两肢轻瘫，行步困难；排白绿色稀粪；口流黏液，常因突然咯血，呼吸困难而死亡，死前口流鲜血是最具有特征的症状。病程数天到 2 周。中鸡和成年鸡感染后，一般死亡率不高，常呈现贫血，表现为鸡冠和肉髯苍白，排白色或绿色稀粪，中雏发育受阻，成年鸡产蛋下降或停止，软壳蛋、无壳蛋增多。后期个别鸡会出现瘫痪。

**诊断要点**

本病根据发病季节、临床症状及剖检特征可初步诊断，并以病鸡血液涂片及脏器触片中发现虫体即可确诊。

本病应注意与禽霍乱、曲霉菌病以及磺胺类药物中毒等进行鉴别诊断。

**防制措施**

(1)消灭媒介昆虫　消灭媒介昆虫是防治本病的重要环节。在库蠓、蚋活动季节，每周左右在鸡舍内外用溴氰菊酯、杀灭菊酯等菊酯类药物喷洒（切勿使用有机磷类药物），以减少昆虫的侵袭。

(2)药物防治　在本病即将流行或发生初期，可用泰灭净、乙胺嘧啶、氯羟吡啶、氯苯胍等药物防治。早期用药效果好，晚期较差。用药时可前用治疗量，后用预防量。

【组织滴虫病】

**病原**

组织滴虫病又称盲肠肝炎或黑头病，是火鸡和鸡的一种常见急性传染病。病原为火鸡组织滴虫。本病主要特征是盲肠炎、溃疡和肝表面具有特征性的坏死病灶，是严重危害养鸡业的主要寄生虫病之一。

**流行情况**

本病发生于世界各地，凡是盲肠寄生虫寄生的鸡群都易感染本病,主要感染火鸡和鸡。其他禽类如鸭、野鸡、孔雀、珠鸡和鹌鹑等有时也能感染。在自然感染中,最易感的为火鸡,尤其是3～12周龄的雏火鸡;鸡以4～6周龄雏鸡最易感。

本病通过消化道而感染。在急性暴发流行时,病鸡粪中含有大量病原,污染饲料、饮水、用具及土壤,健康鸡食后便可以感染。病鸡也是主要的传染源,火鸡组织滴虫对外界环境的抵抗力不强,不能长期存活,但当患有本病的病鸡同时有异刺线虫寄生时,此种原虫可侵入鸡异刺线虫体内,并转入其卵内随异刺线虫卵被排到外界环境中,由于得到虫卵的保护,能生存较长时间,成为本病的感染源。此外,当蚯蚓吞食土壤中的异刺线虫卵时,鸡吞食了这种蚯蚓后被感染。因此,蚯蚓在传播本病方面也具有重要作用。

**临床症状**

本病潜伏期5天以上,通常为15～21天。病鸡精神沉郁,食欲减少以至废绝,羽毛松乱,两翅下垂,嗜睡怕冷,下痢,排黄白或黄绿色稀粪,有时带血。病鸡逐渐消瘦,鸡冠、嘴角、喙、皮肤呈黄色。如不及时治疗,10天左右即可死亡。康复鸡体内仍有虫体,可带虫数周至数月。成年鸡很少出现症状。

**剖检变化**

本病的特征性病变在盲肠和肝脏。盲肠的病变多发生于两侧,剖检时可见盲肠肿大增粗,肠壁增厚变硬,如香肠样,肠壁上散布有多量直径2～3 mm的圆形溃疡灶。肠内容物干燥坚实,变成一段干酪样的凝固栓子,堵塞在肠腔内。把栓子横断切开,可见切面呈同心圆层状结构,其中心为暗红色的血凝块,外面包裹着数层灰白色或淡黄色的渗出物和坏死物。

肝脏肿大并有特征性坏死灶。这种坏死灶在肝脏表面呈圆形火山口样或不规则形,中央稍凹陷,边缘稍隆起呈锯齿状,病灶颜色为黄绿色或黄白色。坏死灶的数量和大小不一,散在或密布于肝的表面,其大小多为米粒大至黄豆大,其周边常环绕红晕。如坏死灶互相融合则可形成大片融合性坏死灶。

**诊断要点**

根据流行病学、临床症状和盲肠及肝的特征性病变可作初步诊断，同时注意盲肠内的异刺线虫感染。取新鲜盲肠内容物加温生理盐水做成悬滴标本，镜检看到组织滴虫即可确诊。

**防制措施**

(1)预防　加强饲养管理和环境卫生及消毒。成年鸡与雏鸡分开饲养。定期驱除体内的异刺线虫也是防制本病的重要措施，特别是土鸡多为散养，定期驱虫尤为重要。

(2)药物治疗　①甲硝哒唑(灭滴灵)：按 250 mg/kg 混料饲喂，并结合人工灌服 1.25%悬浮液 1 mL/只，1 天 3 次；给药 3 天为一疗程，连用 5 个疗程。②二甲硝咪唑(达美素)：为新型抗组织滴虫药，具有极强的抗组织滴虫效应。预防按火鸡雏 0.012 5%～0.015%，雏鸡 0.075%的浓度拌料，治疗均按 0.05%的浓度拌料，连用 7～14 天。③驱除异刺线虫可同时在饲料中加入左旋咪唑或丙硫苯咪唑，每千克体重 25 mg。

【鸡蛔虫病】

鸡蛔虫病是由禽蛔科禽蛔属的鸡蛔虫寄生于鸡肠道(主要是小肠)内所引起的一种线虫病。鸡蛔虫分布广，感染率高，特别是散养的土鸡，感染率更高，对雏鸡危害性很大，常影响雏鸡的生长发育，甚至造成大批死亡，严重影响着养鸡业的发展。

**病原**

鸡蛔虫是寄生在鸡体内最大的一种线虫，虫体呈淡黄色，圆筒形，体表角质层有横纹，口孔位于体前端，有 30 个唇片。雄虫长 26～70 mm，最大的宽度为 1.12～1.5 mm，尾端向腹面弯曲，有尾翼和尾乳突，在泄殖孔的前方有一个近似椭圆形的肛前吸盘，二根交合刺近等长。雌虫长 65～110 mm，最大宽度为 1.46～1.50 mm，阴门位于虫体的中部，肛门位于虫体的亚末端。虫卵呈椭圆形，大小为(73～90)μm×(45～60) μm。

**生活史**

受精后的雌虫在鸡的小肠内产卵，卵随鸡粪排出体外，刚排出体外的虫卵没有感染性，虫卵排出体外后，在潮湿的土壤上，在适当的温度下便开始发育，发育至含二期幼虫的虫卵，具有感染力，因此称为感染性(侵袭性)虫卵。鸡吞食了被感性虫卵污染的饲料或饮水而被感染，卵在鸡的消化道中孵化出幼虫，幼虫到十二指肠后段的肠腔进入肠绒毛的深处，并钻入肠黏膜内，破坏李氏分泌腺。经 1 周后，幼虫又从黏膜内逸出，自由生活于十二指肠后部的肠腔中发育为成虫。鸡从吃了感染性虫卵到鸡小肠内发育为成虫，需要 35～50 天。成虫主要寄生于鸡小肠内，感染严重时在嗉囊、肌胃、盲肠和直肠中亦有寄生。

**流行情况**

鸡蛔虫病的流行包括病原的存在、虫卵发育所需的外界条件、感染性虫卵污染饲料或饮水和宿主的易感性等 4 个环节。

鸡蛔虫产卵量大，一条雌虫一天可产 72 500 个虫卵，对环境污染严重。虫卵对外界环境因素和常用消毒药物有很强的抵抗力，在严寒冬季，经 3 个月的冻结仍能存活，但在干燥、高温和粪便堆砌等情况下很快死亡。鸡蛔虫卵在外界环境中的发育与温度、湿度、阳光等自然因素密切相关。虫卵发育所需的温度界限为 10～39℃，在 10℃以下不能发育。在适宜的温度范围内，虫卵发育时间与温度高低成正比。鸡球虫卵需要在潮湿的土壤中才能发育，在相对湿度低于 80%时则不能发育为感染性虫卵。蛔虫卵受阳光的照射极易死亡。

雏鸡在 3～4 月最易感染和发病，一年以上鸡很少感染。蛔虫在鸡体内生存时间平均约为 1 年，1 年以后便逐渐被排出体外。饲料中缺乏维生素 A 和维生素 $B_1$ 时，则能降低雏鸡对蛔虫的抵抗力。由于饲养方式不同，寄生率有明显差异，笼养或网上平养鸡寄生率低，地面平养时寄生率高。

**临床症状**

成年鸡轻度感染时不出现临床症状，而雏鸡受到感染时则临床症状较为明显，表现为精神不振，两翅下垂，羽毛松乱，鸡冠苍白，食欲减退或废绝，异食，下痢，有时粪中带血，生长发育受阻，鸡体消瘦并导致死亡。鸡感染严重时，虫体堵塞肠管甚至破裂而导致死亡。

**诊断要点**

以流行病学和症状为参考，饱和盐水漂浮法检查粪便发现大量虫卵，剖检在小肠，有时在腺胃和肌胃内发现大量虫体，又无其他病理变化可确诊。

**防制措施**

(1)搞好环境卫生　要及时清除鸡粪，并堆积发酵，杀灭虫卵，保持鸡舍干燥，实行网上平养或笼养。做好鸡群定期预防性驱虫，雏鸡自 2 月龄开始，每月 1 次，成年鸡每年 2～3 次。雏鸡与成年鸡分开饲养，防止互相感染，发现病鸡，及时用药驱虫。

(2)药物驱虫　常用的驱虫药如下：

①丙硫咪唑：每千克体重 10～15 mg，一次内服。

②左旋咪唑：每千克体重 20～30 mg，一次内服。

③丙氧咪唑：每千克体重 40 mg，一次内服。

④芬苯达唑：每千克体重 20 mg，一次内服。

⑤枸橼酸哌嗪(驱蛔灵)：每千克体重 250 mg，一次内服。

【异刺线虫病】

异刺线虫病又称盲肠虫病，是由异刺线科异刺属的异刺线虫寄生于鸡、火鸡、鸭、鹅等家禽、鸟类的盲肠内引起的一种线虫病。

**病原**

异刺线虫细小，呈白色，头端略向背面弯曲，食道末端有一个膨大的食道球，雄虫长 7～13 mm，尾直，末端尖细；两根交合刺不等长、不同形，有一个圆形泄殖腔前吸盘。雌虫长 10～15 mm，尾细长，阴门位于虫体中部稍后方。虫卵呈灰褐色，椭圆形，比蛔虫卵稍小，为(65～80) μm×(35～46) μm，卵的一端较明亮，可区别于蛔虫卵。

**生活史**

虫卵随鸡粪排到外界，在适当的温度、湿度条件下，约经 2 周发育成含幼虫的感染性虫卵，鸡吞食了感染性虫卵污染的饲料和饮水或带有感染性虫卵的蚯蚓而感染，幼虫在小肠内脱掉卵壳并移行到盲肠而发育为成虫。鸡食入感染性虫卵后，经 25～34 天，虫体发育成熟并开始产卵。成虫在鸡体内可生存 10～12 个月。异刺线虫还是鸡盲肠肝炎的传播者。

**流行情况**

异刺线虫是鸡体内很常见的一类线虫，特别是地面散养鸡，其卵在潮湿的土壤中可生存 9 个月以上。蚯蚓可充当保虫宿主，蚯蚓吞食感染性异刺线虫卵后，二期幼虫在蚯蚓体内可保持活力 1 年以上。某些昆虫也能机械性传播。

**临床症状**

病鸡食欲不振或废绝，下痢，贫血。雏鸡发育停滞，消瘦甚至死亡。成年鸡产蛋量下降或停止。

**剖检变化**

剖检病、死鸡，可见尸体消瘦，盲肠肿大，肠壁发炎和增厚，有时出现溃疡灶，盲肠中见到虫体，特别是盲肠末端虫体最多。

**诊断要点**

用粪便直接涂片或饱和盐水漂浮法做粪便检查发现异刺线虫虫卵，或剖检在盲肠内发现虫体可确诊。应注意与蛔虫卵相区别。

**防制措施**

可参照鸡蛔虫病防制方法进行防治，但尚需注意杀灭鸡舍内及运动场中的蚯蚓和昆虫。

【绦虫病】

寄生于家禽肠道中的绦虫有40多种。现将其常见的绦虫的形态、寄生部位、生活史、流行情况、症状及病理变化、诊断要点、防制措施等叙述如下。

**生活史**

(1)形态　绦虫体扁平。先端头节，像大头针头那样大。虫体由多数节片构成，向后逐渐变宽，随着成长，后端老熟的节片排到粪中。

(2)寄生部位　全部寄生在小肠。

(3)发育史　绦虫发育需要有中间宿主，在昆虫活动频繁的夏、秋季多发。绦虫的繁育不像蛔虫那样一个个产卵。绦虫长成后，逐渐变长，末端的节片每天都有断离，随同粪便一起排出体外，每个节片中都含有很多受精的绦虫卵。节片排出体外之后呈白色、芝麻粒样肉状物，进行伸缩运动，节片及虫卵被中间宿主的昆虫(蚂蚁、甲虫等)采食后，在其体内出现袋状的小幼虫(囊虫)。这样的昆虫被鸡采食后而感染。感染后2～3周成为成虫。土地平养鸡多见，笼养鸡亦常见。

**临床症状及剖检变化**

在轻度感染时症状不明显，多数虫体感染时，可见食欲减退，羽毛蓬乱，下痢或排出有黏液及至泡沫的粪便，粪便表面有白色芝麻大肉状物和粪尖带血是本病的特征性病症。蛋鸡产蛋率下降。剖检可见小肠内有面条状多根虫体，较多时积满整个肠腔，肠道充血、点状出血、卡他性肠炎等。

**诊断要点**

如系大形绦虫，在粪便表面见到白色芝麻大小的脱离节片或在小肠内见到面条状扁平节片状虫体即可确诊。

**防制措施**

(1)搞好环境卫生　消灭中间宿主昆虫(蚂蚁、甲虫)、防止宿主昆虫进入饲料中被吞食。

(2)药物治疗

①丙硫苯咪唑:按每千克体重 20 mg 拌料,一次内服。

②吡喹酮:按每千克体重 10 mg 拌料,一次内服。

药物治疗隔 2～3 天再用一次效果更好。

【鸡虱】

虱是鸡常见的外寄生虫,它们寄生于鸡的体表或附于羽毛、绒毛上,严重影响鸡群健康和生产性能,造成很大的经济损失。

虱的一生均在鸡体上度过,属永久性寄生虫,所产的卵常簇结成团,黏附于羽毛上,卵经 5～8 天孵化为稚虫,在 2～3 周经 3～5 次蜕皮变为成虫,虱的寿命只有几个月,一旦离开鸡体,它们只能存活数天。

鸡虱以鸡的羽毛和皮屑为食,有时也吞食皮肤,造成局部血液循环障碍。寄生量多时,鸡体奇痒,因啄痒造成羽毛断折、脱落,影响休息,病鸡瘦弱,生长受阻,产蛋下降,皮肤上有损伤,有时皮下可见有出血块。

发生鸡虱时,可用菊酯类药物杀虱。如 20%杀灭菊酯乳油按 3 000～4 000 倍用水稀释,或 2.5%溴氰菊酯按 400～500 倍用水稀释,或 10%二氰苯醚菊酯乳油按 4 000～5 000 倍用水稀释,直接向鸡体上喷洒或药浴,同时向鸡舍内外喷洒,可取得良好效果。间隔 7～10 天再用药一次,效果更好。

## 五、营养缺乏性疾病

【维生素缺乏症】

维生素是维持动物体正常生理功能所必需的一类微量有机化合物。其主要生理功能是参与各种酶的辅酶和辅基的组成、催化、控制和调节蛋白质、脂肪和碳水化合物及核酸的代谢过程。维生素分为脂溶性和水溶性两种，鸡所需要的主要有如下14种维生素：脂溶性维生素有维生素A、维生素D、维生素E和维生素K 4种；水溶性维生素有维生素$B_1$、维生素$B_2$、维生素$B_3$、维生素$B_6$、维生素$B_{11}$、维生素$B_{12}$、维生素PP、生物素、胆碱和维生素C 10种。有几种维生素可以在鸡体内合成，但除维生素C外，合成量都不能有效满足需要，必须由饲料供给。脂溶性维生素可以在体内储存，对短期供给不足问题不大；水溶性维生素几乎不能储存（维生素$B_{12}$除外），短期供给不足即影响正常代谢机能。日粮中某些维生素若长期缺乏，就会引起机体代谢过程紊乱，呈现特有的临床症状，这些病症称为维生素缺乏症。在鸡的配合日粮中，最容易缺乏的是维生素A、维生素D、维生素$B_2$。动物机体缺乏维生素的原因主要是饲料中供给不足，此外，维生素在体内吸收受阻、破坏增强或生理需要增多，均能引起维生素的缺乏。现将鸡几种主要常见维生素缺乏症的临床症状及剖检变化和防制措施等介绍如下。

**（一）维生素A缺乏症**

维生素A主要是保护鸡的生长、发育，维持上皮组织的完整性，参与合成眼底感光物质，提高繁殖力，促进性激素的形成，维持骨骼的正常生长和修补，且与免疫抗病密切相关。

**临床症状**

本病发生于各种年龄的鸡。当饲料中维生素A严重缺乏时，成年鸡一般2～3个月，雏鸡6～7周出现明显症状。成年鸡维生素A缺乏时病鸡逐渐消瘦，产蛋量下降，种鸡种蛋受精率和孵化率降低，抗病力减弱，随着时间的延长，病鸡精神不振，冠不红，腿脚不灵，羽毛不鲜，最后出现眼病。起初眼、鼻流出水样液体，眼睑常被粘着在一起，继而眼内可见乳白色干酪样物蓄积，影响鸡的视力，眼球被压迫变形，以致失明。死亡率不高。雏鸡维生素A缺乏症的特征为生长停滞，精神不振，运动失调，消瘦，羽毛蓬乱，鼻、眼发炎等，如不及时补充维生素A会造成大批死亡。干眼病虽然是维生素A缺乏的典型病变，但不是所有病雏都可见到这种病变。因为雏鸡在眼睛受到侵害之前便死于其他原因，临床上只能见到流泪，眼内见不到干酪样物。种鸡维生素A缺乏时，孵化后的雏鸡表现出明显的临床症状。

**防制措施**

(1)在日粮中搭配动物性饲料，有条件的可适当饲喂一些青绿饲料。

(2)适当增加饲料中多种维生素的含量，每1 000 kg饲料多种维生素由34 g增至50～100 g。并现用现配，防止氧化失效。

(3)在应激或发生疾病的情况下，维生素A的需要量增加，饲料中要适当提高维生素A的含量。

(4)对发病鸡群，可在每千克饲料中添加鱼肝油5 mL，连用10～15天，对病重者可口服鱼肝油每只0.1～0.5 mL或经口投服鱼肝油丸，每日3次，连用数天，同时注意球虫病的发生。由于维生素A吸收较快，经过一段时间的治疗，只要眼部病变未到失明程度，大多数病鸡可以很快恢复健康。

**(二)维生素D缺乏症**

维生素D又称为钙化醇，种类很多，均系类固醇衍生物，其中以维生素$D_2$和维生素$D_3$较为重要。其主要作用是调节血钙浓度，促进骨骼正常钙化。如果维生素D缺乏，即使钙、磷充足而且比例恰当，鸡也会出现一系列缺钙、缺磷症状。

**临床症状**

雏鸡饲料缺乏维生素D，最早在10～11日龄出现症状，大多在1月龄前后出现症状。病雏食欲尚好，但发育不良，甚至完全停止，腿部无力，步态不稳，常以飞节着地，最后不能站立。骨骼变软或粗大，喙和爪变软易弯曲，肋骨或肋骨与肋软骨、肋骨与椎骨交接处粗大，呈“串珠状”，胸骨侧弯，胸腔变小。此情况实际上是由于钙和磷吸收不良引起的，也叫佝偻病。

产蛋鸡维生素 D 缺乏时，一般 2～3 月开始出现缺乏症状，初期产薄壳蛋、软壳蛋，随后产蛋量下降，严重的胸骨变形、弯曲、肋骨和趾爪变软，胸骨和椎骨连接处内陷呈弧形、肿大。长骨因脱钙变脆，骨折，病鸡跛行，表现为蹲坐姿势。

**防制措施**

(1)保证饲料中维生素 D 的含量。雏鸡和后备鸡的添加量为每千克饲料 200 IU，产蛋鸡为每千克饲料 500 IU。同时保证饲料中钙、磷的含量和适当比例，并保持鸡的适当运动和接受阳光的照射。

(2)治疗。对病鸡群，饲料中维生素 D 的添加剂量为正常添加剂量的 2～4 倍，连用 15 天以上，到病鸡恢复正常为止。对病重鸡，可服用鱼肝油，雏鸡每次 2～3 滴，成年鸡 0.3～0.5 mL，每日 3 次。并提高饲料中多维素的含量和注意钙、磷含量及适当比例。

**(三)维生素 E 缺乏症**

维生素 E 又称生育酚，是一组有生物活性、化学结构相近似的酚类化合物的总称。其主要作用是具有抗氧化作用；维持肌肉和外周血管的正常渗透性；维持鸡的正常生育功能；与硒的功用有很多相同之处，可减轻缺硒的不利影响。

**临床症状及剖检变化**

雏鸡维生素 E 缺乏症主要发生在 15～30 日龄，主要表现为脑软化、渗出性素质和肌肉营养不良。

(1)脑软化症　脑软化症是由微量元素硒和维生素 E 缺乏引起的。病雏表现为运动共济失调，头向下挛缩或向一侧扭转，也有的向后仰，步态不稳，时而向前或向侧面冲击。两腿阵发性痉挛和抽搐。发生不完全麻痹，最好衰竭而死亡。病变主要在小脑，其次是纹状体、延脑和中脑。小脑发生软化及肿胀，表面常有散在的出血点，脑膜水肿，有时有出血斑点。严重病例可见小脑质软变形，甚至软不成形，切开时流出乳糜状液体，轻者一般无肉眼可见病变。一般在脑软化症状出现 1～2 天，脑内可见黄绿色混浊坏死点。这些病变也通常涉及大脑中其他部位。

(2)渗出性素质　常因微量元素硒和维生素 E 同时缺乏而引起。病变鸡的特征病变时颈、胸部皮下组织水肿，呈紫色或黄绿色，切开皮肤时流出稍黏稠的黄绿色液体，剖检可见心包积液。

(3)白肌病　由于维生素 E 和含硫氨基酸同时缺乏而引起，多发生于 1 月龄左右的雏鸡，病鸡消瘦，行走无力，陆续发生死亡。剖检可见骨骼肌，尤其是胸肌和腿肌因为营养不良而苍白贫血，并有灰白色条纹。

(4)繁殖率降低　种公鸡性欲降低，排精量少，精子活力降低。种母鸡缺乏时，产蛋基本正常，但孵化率降低，死胚多，孵化出的鸡弱雏多，头部水肿，成活率低。

**防制措施**

在饲料中添加维生素 E 和硒。维生素 E 在饲料中的添加量为：雏鸡和种鸡每千克饲料 10 IU，蛋鸡每千克饲料 5 IU。硒为每千克饲料 0.1 mg。出现缺乏症时，将维生素 E 和硒的添加量增加 1 倍。

**(四)维生素 $B_1$ 缺乏症**

维生素 $B_1$ 又称硫胺素，别名抗神经炎素。其功能主要是保证碳水化合物的正常代谢。在通常的配合饲料中维生素 $B_1$ 一般不会缺乏，添加一些多维素则更为安全有益。

**临床症状及剖检变化**

饲喂缺乏硫胺素的饲料，大鸡在 3 周后表现出多发性神经炎，雏鸡则可在 2 周龄前出现症状。在雏鸡多为突发性，成年鸡则较为缓慢。种鸡产蛋量和孵化率降低。鸡发病的初期表现为食欲降低，继而消瘦，贫血，下痢，羽毛松乱，腿无力，步态不稳及体温降低。成年鸡经常呈现蓝色鸡冠。随着缺乏症的继续，呈现多发性神经炎，表现为腿、翅、颈部的伸肌痉挛，病鸡以腿部尾部着地，仿佛坐在地面上，头向后仰，呈特殊的"观星"姿势，有时倒地侧卧，头向后仰，最后因瘫痪、衰竭而死。剖检可见皮肤发生广泛性水肿，母鸡肾上腺肥大，胃肠壁萎缩，心肌萎缩而右侧常扩张松弛，生殖器官萎缩(雄性比雌性更明显)。

**防制措施**

对病鸡可用硫胺素治疗，每千克饲料中加 10～20 mg，连用 1～2 周。由于病鸡厌食，病重者应口服或肌肉注射，雏鸡每次 1 mg，成年鸡 5 mg，每日 1～2 次，连用数日。同时在饲料中补充硫胺素。除少数严重病例外，大多数经治疗可以康复。

**(五)维生素 $B_2$ 缺乏症**

维生素 $B_2$ 又称核黄素，是生物体内黄酶的辅基的组成成分。其主要功能是调节细胞呼吸的各种氧化还原过程，因而与碳水化合物、脂肪及蛋白质的代谢有密切的关系。

**临床症状及剖检变化**

雏鸡核黄素缺乏症，通常发生在 2～3 周龄。病鸡生长极为缓慢，逐渐衰弱消瘦，羽毛蓬乱，食欲尚好，严重时出现腹泻。雏鸡不愿走动，驱赶时则以两翅支撑用跗关节走动。具有特征性的症状是脚趾向内蜷曲，其中以中趾特别明显。病雏常因吃不进食物，最后衰弱死亡或被其他鸡踩死。产蛋鸡缺乏时，产蛋率和孵化率降低，胚胎死亡率增加，肝脏肿大脂肪化。剖检病死雏或重病雏可见坐骨神经和臂神经肿大变软，肠壁很薄，肠内有多量泡沫内容物，肝脏较大而柔软，含脂肪较多。

**防制措施**

病鸡可用核黄素治疗，雏鸡每只每日 2 mg，成年鸡每只每日 5 mg。连用 1～2 周，轻病鸡可治愈，不能站立的重病鸡很少能恢复。为防止缺乏症的发生，饲料中必须补充核黄素。饲料标准中规定，每千克饲料中添加核黄素：蛋用鸡，0～8 周龄鸡3.6 mg，9～

20 周龄鸡 1.8 mg;产蛋鸡 2.2 mg;种鸡 3.8 mg;肉仔鸡,0～4 周龄鸡 7.2 mg,5 周龄鸡以上 3.6 mg。无论雏鸡、成年鸡,饲料中多维素的含量都要充足。

【矿物质缺乏症】

矿物质是一类无机营养物质,存在于机体各种组织中,除碳、氮、氧、氢主要以有机化合物的形式出现外,其余各种元素统称为矿物质或矿物元素。动物所需的矿物元素有 18 种,根据其在有机体内的含量分为两类:一类为常量元素,这些元素占体重 0.01%以上,即钙、磷、钠、钾、镁、氯、硫 7 种;另一类为微量元素,这些元素占体重的 0.01%以下,即锰、铁、锌、铜、钼、氟、铬、硒、硅、钴等 11 种。

矿物元素总的功能是:①构成机体组织;②维持体液的渗透压和酸碱平衡;③是许多酶的激活剂或组成部分;④维持肌肉和神经的正常兴奋性;⑤是体内某些具有重要生理功能物质的组成成分。

矿物质供应不足,就会导致矿物质元素缺乏症。现将几种主要矿物质元素缺乏症介绍如下。

**(一)钙缺乏症**

钙是维持家禽生理功能的重要矿物元素。鸡所需要的钙大约 90%用于构成骨骼和蛋壳,其余分布在细胞和体液中,对维持神经、肌肉和心脏的正常功能,维持体内酸碱平衡,促进伤口血液迅速凝固等具有重要作用。

发生钙缺乏症的原因,除饲料含钙不足外,就是维生素 D 缺乏症或饲料中磷含量过多,影响对钙的吸收和利用。

**临床症状**

鸡钙缺乏症在临床上与维生素 D 缺乏症相似。雏鸡和青年鸡发生佝偻病,表现为食欲降低,生长发育缓慢,骨骼发育不良,质地脆且易被折断,或变软容易弯曲,腿骨弯曲外展,膝关节和跗关节肿胀,骨端粗大,跛行,喙和趾变形。产蛋鸡缺钙时,除上述症状外，其产蛋量减少，蛋壳变薄，严重时产软壳蛋、无壳蛋。

**防制措施**

根据鸡的不同阶段的营养标准进行日粮配合，保证钙的含量和适当的钙、磷比例，添加适量维生素 D。饲料中钙的含量并不是越多越好，钙含量过多时对雏鸡和青年鸡的危害也是很大的，会损害肾脏，引起钙盐沉积，引起痛风。鸡在不同阶段对钙的需要量为：雏鸡（0～8 周龄）为日粮的 0.9%，育成鸡（9～18 周龄）为 0.6%，产蛋鸡为 3.25%。当发生缺乏症时，及时调整日粮中钙的含量和钙、磷比例，增加维生素 D 的含量，缺乏症一般能够很快减轻或消失。

**（二）磷缺乏症**

磷同钙一样，也是构成骨骼的主要成分之一，其余分布在全身组织，有着广泛的生理作用。饲料中全部的磷称为总磷，其中可以吸收利用的称为有效磷。动物性饲料中的磷都是有效磷；植物性饲料中的磷，鸡只能利用大约 30%。

鸡各个生长发育阶段对有效磷的需要量：雏鸡为 0.55%，青年鸡为 0.5%，产蛋鸡为 0.4%。

**临床症状**

鸡缺磷时常常表现厌食、精神不振，雏鸡生长发育滞缓，骨骼发育不良，严重时与缺钙一样会发生软骨症和佝偻病，成年鸡则产蛋量下降。

**防制措施**

提高日粮中有效磷的含量，如增加饲料中骨粉、鱼粉的含量，同时供给充足的维生素 D。饲料中磷的含量不是越多越好。过多会影响钙的吸收，因此要按营养标准添加，并保持钙、磷比例平衡。

**（三）硒缺乏症**

硒具有抗氧化作用。主要是与维生素 E 协同阻止体内某些代谢产物对细胞膜的氧化作用，保护细胞膜不受损害。

**临床症状**

鸡缺硒症状与维生素 E 缺乏症相似，主要表现为小脑软化、白肌病及渗出性素质。雏鸡缺硒时生长发育不良，死亡率比较高。特别是严重缺硒，同时缺乏维生素 E 时，会发出渗出性素质病，死亡率更高。

**防制措施**

缺硒鸡可用亚硒酸钠与维生素 E 的混合剂进行治疗，也可以分别使用两种药物治疗。饲料中硒的添加剂量为 0.1 mg/kg，维生素 E 的添加剂量为 10 IU/kg。如果在饲料中添加过量的硒也会引起中毒。雏鸡和青年鸡每 100 千克饲料中含硒超过 500 mg 时，鸡的生长发育受阻，羽毛蓬乱，神经过敏，性成熟延迟。种鸡则其种蛋入孵会产生大量畸形胚胎。

**（四）锌缺乏症**

锌广泛分布于鸡体组织内，是多种酶的组成成分或激活剂，参与体内正常蛋白质的合成及核酸的代谢。

**临床症状**

鸡缺锌时主要表现为生长停滞，发育受阻，繁殖力下降极易发皮炎等。雏鸡食欲减退，体质弱，贫血，生长发育受阻，羽毛欠丰满，脆弱易碎，腿脚粗短，飞节增大僵硬，步态不稳，皮肤形成鳞片，并主要在脚部发生皮炎，胫部皮肤容易成片脱落。成年鸡在比较严重的缺锌时，羽毛也会缺损，产蛋量下降，种鸡产蛋量下降，种蛋入孵后，胚胎骨骼不能正常发育，成为畸形胚，鸡胚死亡率升高，弱雏比例增高。

**防制措施**

防止缺锌主要是通过选用质量可靠的微量元素添加剂，必要时可于每 100 千克饲料中加硫酸锌 10～20 g。但饲料中锌含量过高会影响铁和铜的吸收利用，若 100 千克饲料含量超过 28 g，则导致毒性反应，表现为厌食，生长受抑制。

## (五)锰缺乏症

锰遍布鸡全身，在骨、肝、肾及胰脏中含量最高，它参与多种物质的代谢活动，是鸡生长、繁殖所必需的元素，对骨骼发育、蛋壳形成、胚胎发育及能量代谢都起到重要作用。

**临床症状**

本病以雏鸡多发，常见于2～10周龄的鸡，以2～6周龄的鸡最严重。病雏表现为生长受阻，骨骼畸形，会发生骨骼短症和脱腱症。即跗关节肿大和变形，胫骨扭转，弯曲，长骨短缩变粗以及腓肌腱从其踝部滑脱，又称滑腱。腿垂直向外翻，不能站立和行走。种禽所产生的蛋蛋壳硬度降低，孵化率下降，在孵化的第20天和21天出现死亡高峰，孵化出的鸡骨骼变粗，头呈球形，鹦鹉嘴，雏鸡运动失调。

**防制措施**

鸡对锰的需求量较多，家禽饲料中大都需要额外添加，各个饲养阶段添加量为：雏鸡为每千克饲料55 mg，育成鸡和产蛋鸡为每千克饲料25 mg，种鸡为每千克饲料33 mg。锰的毒性很小，每千克饲料加入1 000 mg时，短时间内不会出现中毒现象。在出现锰缺乏症时，可在每100千克饲料中添加硫酸锰20～40 g，或饮1∶3 000高锰酸钾水溶液。同时补充胆碱、生物素及相关维生素。

# 第十一章 各地土鸡养殖新技术

## 一、中速三黄鸡 56 天出栏法

过去，人们常常把多余的雏母鸡和老年公、母鸡作为肉用，第二次世界大战后由于肉用鸡的需要增加。因此，各国专门进行肉用仔鸡生产。开始时肉鸡生产不分公母，生产期通常为 9～12 周龄，肉质细嫩，皮肤光滑细软，胸骨软骨易弯曲为合格。肉用土鸡的舍养和管理与蛋用鸡的培育不同。对肉用土仔鸡管理的主要任务是缩短饲养期，增加活重，减少饲料消耗，提高成活率和商品合格率。

20 世纪末肉用仔鸡在 13 周龄时达到 1.8 kg，耗料 5.9 kg。目前的肉用仔鸡在 8 周龄以内可达到同样体重，每千克活重耗料 2 kg，这种快速生长不仅节约了工时和饲料，并且在同一鸡舍中 1 年可以生产好几批，这样使鸡舍和设备得到充分的利用。通常是两批之间停歇 2～3 周，即 1 年中可使生产周转 5 次。

为了达到人工饲养肉用土鸡 56 天出栏，人们采用“全进全出”制，每一栋鸡舍饲养同日龄的雏鸡，同时进舍，同时离舍上市。鸡只去空后，鸡舍与设备彻底清洗消毒。并空舍 7～14 天，以打断病原微生物的循环，可确保下批雏鸡的防疫安全。

饲料采用“三高”全价日粮，即高蛋白、高能量、高维生素的全价日粮。根据不同阶段，蛋白质含量 19%～23%，代谢能含量 12.1～13.8 MJ/kg，都属于较高的水平。为充分发挥肉用仔鸡早期生长速度快的遗传潜力，满足整个饲养过程的营养需要，提供高蛋白、高能量日粮是十分必要的。农家在大批量生产肉用土鸡时，添加维生素的量必须要加大，通常为使用说明书量的 1 倍以上。

另外，肉用土鸡仔鸡对微量元素硒特别敏感，往往容易发生缺硒，因此应特别注意补硒。

育雏初期的管理要点与一般育雏技术相同。要特别注意雏鸡采食位置，长形食槽注意用于小群，每鸡应有 2.5 cm 的食槽位置，3 周龄后增加到每鸡 7.5 cm。自动食槽在 3 周龄后仅需 2.5 cm，15～38 cm 直径悬挂的盘筒式食槽可适用于 1 000 只雏鸡。加强早期饲喂工作是十分必要的，由于肉用仔鸡生长速度快，相对生长强度很大，如果前期生长稍有受阻，再没有办法补偿。肉用仔鸡的早期营养来源有两个方面：一部分雏鸡出壳后蛋黄囊内携带有蛋黄，可消化吸收作为营养物质利用；另一部分是采食饲料，吃进营养物质。蛋黄囊内蛋黄消化吸收的速度有它本身的规律。在室温适宜的条件下，幼雏活动力强，吸收正常，在低温条件下，活动力弱，吸收速度较慢。为此在肉用仔鸡育雏期间，对温度的要求比蛋用雏鸡更为严格。适宜的温度是：1 周龄 32～35℃，2 周龄 29～32℃，3 周龄 26～29℃，4 周龄 23～26℃，对增重和饲料报酬最为有利。试验表明，每增加或降低 1℃，到 8 周龄时每只体重减少约 50 g，每降低 1℃，8 周龄总采食量每只增加 50 g。饮水充足时代谢旺盛，吸收较快；相反，饮水不足时吸收较慢。为此清凉饮水供应不能中断。1 只 4.5 kg 的饮水器可供 100 只初生雏使用。2～3 周龄以后自动饮水器给每只鸡 1.25 cm 位置。1～6 周喂给粗蛋白 23%的前期日饲料，以后给予粗蛋白 20%的肥育日饲料，应含有高水平的脂肪和黄色素，增加皮肤的黄色。

1. 培育方式

目前饲养肉用仔鸡以平养最普遍。地面铺厚垫草用以保温吸湿。如养到活重 1.4 kg，每平方米容鸡 18 只；活重 1.8 kg，每平方米容鸡 13.5 只。温度和湿度要求与一般育雏大体相似。从

32～35℃开始，以后每周降3～5℃。肉用鸡生长发育快，日粮浓度较高（高能量、高蛋白、高维生素）。前两周温度可以稍高，以后不可偏高，从第三周起控制在26～29℃为宜。如果温度适宜，40%～80%的相对湿度，对肉用土鸡的增重与饲料效能都没有什么影响。

2. 通风要求

由于肉用仔鸡生长快，随着周龄和体重的递增，气体交换量显著增加，须加大通风量。在密闭的鸡舍必须根据气温和肉用仔鸡的周龄与体重及时调整通风量。

3. 光照要求

对肉用仔鸡只需要提供一个方便采食和饮水的最低要求，并允许充分采食和饮水的光照时间。可采用全夜光照，每6平方米地面约15 W。生产实践中多用红色灯泡，这样可保持雏鸡安静，防止啄癖，并因减少活动而使饲料利用效率较高。

4. 保证采食量的常用措施

一是增加饲喂次数，保证采食时间和采食位置；二是检查饲料品质，严禁使用发霉变质饲料，控制适口性不强饲料的比例；三是采用颗粒饲料；四是高温季节，小型专业户可使用凉水搅拌，增加夜间饲喂次数。

## 二、延长土鸡产蛋高峰期7法

1. 供应充足蛋白质

在产蛋率达90%时，必须喂给含粗蛋白质19%的饲料；在70%产蛋率时，应喂给含17%粗蛋白质的饲料。产蛋率每提高10个百分点，饲料蛋白质水平应提高1个百分点。当预见产蛋率上升时，要提前1周喂给较高蛋白质饲料，促使产蛋高峰迅速到来。

2. 控制能量

当产蛋率达90%时，每千克饲料代谢能应为11.05～

11.09 MJ，这样增加饲料蛋白质就能促进产蛋高峰迅速到来。

3.补充青饲料

因其中含有丰富的蛋白质、维生素、叶绿素，尤其是含有未知营养因子，对激活蛋鸡的生殖机能有好处，故每天要适量喂给。

4.合理适时补钙

每天12～18时给产蛋鸡补饲钙质效果最佳。日饲料中钙的含量以3％为最好。在产蛋高峰期(产蛋率85％以上)日粮中钙含量可增加到3.5％～4％。在舍内或运动场上放置贝壳、骨粉让鸡自由采食，效果十分理想。

5.正确执行光照制度

光照能刺激蛋鸡排卵，应从21周龄开始，实行人工补充光照。21～24周龄每周增加光照0.5小时；25周龄以后每2周增加0.5小时，直到每天光照时间达到16小时为止，以后每天光照16小时，直到产蛋最后4周，每天再增加1小时，每天光照17小时直至第一个产蛋年度结束。光照强度以每平方米地面3～5 W为宜。灯距地面2 m，要有灯罩，灯距3 m。

6.巧用添加剂

饲喂小苏打、蛋白精可提高蛋鸡产蛋率。添加0.15％氯化胆碱可维持产蛋率79％以上，蛋重平均可达60 g。

7.减少应激

应保证充分饮水、环境安静，防止犬、猫等骚扰，以免鸡群受惊而影响产蛋。

## 三、肉用土鸡雏鸡三阶段厚垫料散养法

采用肉用土鸡“三阶段厚垫料散养法”，出笼率91.3％。肉料比2.31∶1，8周龄出笼体重2.06 kg，投入产出比1∶3.5。

1.将肉用土鸡划分为三个饲养阶段

①小鸡阶段:0～14 日龄;②中鸡阶段:15 ～42 日龄;③大鸡阶段:43～56 日龄。

2.采用厚垫料散养法

在鸡舍地面上,均匀铺上 3 cm 厚的稻谷壳或刨木屑作垫料,饮水器及食槽均放在垫料上,将鸡养在舍内。密度:雏鸡阶段每平方米 30 只,中鸡每平方米 15～20 只,成鸡每平方米 8～12 只。每隔 7～10 天加铺一层新垫料,使垫料保持新鲜、干燥及清洁。

垫料可铺到 30～50 cm 厚。每养完一批鸡,全部清扫垫料,舍内严格消毒。

## 四、土鸡大棚垫草饲养法

采用本法,在严寒的北方冬春季不生火炉,也无取暖设备,鸡棚内母鸡可照常产蛋。

棚舍建筑在庭院内用土坯或砖块砌成东西长 7.2 m,南北宽 5.2 m,后墙高 2.1 m,前墙高 1.1 m 的围墙。棚舍顶宽为 3.2 m,在靠前处(2 m 的地方)设倾斜天窗,用 6～8 丝无色透明塑料薄膜覆盖天窗。天窗四周用木料作框,中间每隔 1 m 设一根横梁木,梁木以 8 cm 木为宜。将塑料薄膜绷紧,盖在天窗上,四周用木条裹紧,钉牢固。为避免西北风,东面墙开门,门外挂一棉布帘。做两块稍大于天窗的草帘,晚上把天窗盖严实,白天卷起来。棚舍内做一个长 3 m、宽 1 m 的竹排或木板架,用 6 根 8 号铁丝将竹排或木排架悬挂在鸡舍棚顶横梁上,距地面 1 m,让鸡栖息。在后墙根处垒一个高 0.5 m、宽 0.6 m 的台阶上面用木板或葵花杆分割成若干小方块,搭成产蛋窝。棚内安装 60 W 白炽灯 1 只,每晚在 19～21 时,开灯光照。

秋天,将烂稻草或碎草等储藏备用。鸡棚内每天上午撒碎草

5 cm 厚，棚内晚上温度保持 3～5℃，白天 10～15℃，中午最高可达 20℃。数日后，将底层的鸡粪和发酵的草屑清理出棚外。为使棚内保持恒温，一是不要随便开启东面墙门，二是每隔 3 天用铁齿耙将垫草松动一遍。

## 五、肉用三黄鸡果林园放牧饲养法

1.场址选择

选择离村庄和交通要道 1 km 以外，地势高且略倾斜，通风良好，利于排水，地下水源充足，水质干净的沙质或沙壤质土的林区或果园。

2.鸡舍搭建

采用木麻黄树干、木板和油毛毡作搭舍材料，内层用木板，外层用油毛毡。鸡舍呈人字形，顶高 2 m，檐高 1.5 m，屋向坐北朝南，面积按每平方米养鸡 20 只算，每舍养鸡 1 000～3 000 只，地面可铺沙土或浇注水泥。

3.环境消毒

鸡的免疫接种、疾病的药物预防均按常规进行。

4.饲养管理

育雏期(0～4 周龄)在舍内饲养，地面垫上 2 cm 厚的干稻草或干树叶，保温方法按常规安排。4 周龄鸡放入园林放养。12～14 日龄饮用 0.2%红霉素，15～17 日龄饮“速补 14”，24～26 日龄饮 0.2%球王溶液。1 日龄颈部皮下注射马立克病疫苗，7 日龄用鸡新城疫Ⅱ系或Ⅳ系和传支 $H_{120}$ 二联疫苗滴鼻点眼，9 日龄用鸡痘疫苗在翅内侧皮下刺种。11 日龄和 21 日龄用传染性囊病苗饮水，28 日龄用新城疫Ⅰ系疫苗肌肉注射，32 日龄用传染性喉气管炎疫苗滴眼。

5.饲养效果

70～80 日龄上市。如采用正大、希望饲料厂的雏鸡饲料(1～14 日龄用),以及海南华野生产的 102 特别雏鸡料(15～28 日龄用)和 103 特别肉鸡料(29 日龄以后用),公鸡饲养 73 天平均体重 1.8 kg,母鸡饲养 77 天平均体重 1.6 kg,料肉比为 2.8∶1。

6.注意事项

园林放养肉鸡投料少,见效快,鸡舍造价低,利用率高,空气清新,利于防疫,鸡毛色好,易于出售。但由于采用油毛毡木板鸡舍,保温阶段要防止火灾,下大雨要及时驱赶鸡回舍,雏鸡期要防止鼠害。

## 六、庭院肉用土鸡“流水式”养殖法

庭院肉用土鸡“流水式”养殖法,即育雏、育肥分室饲养。雏鸡在育雏室内培养至 28 日龄后,转入育肥鸡舍;育雏室腾出后又马上育雏。这样循环往复,即增加了肉鸡周转批次,又提高了鸡舍利用率。按新法饲养户年出栏肉鸡 8 批,而育雏、育肥同舍的饲养户,年出栏肉鸡仅 4 批。

1.鸡舍建设

育雏室可利用旧房屋修整、清扫、粉刷。育肥室,可利用院内一面墙头,用砖重新搭建,育肥室高度为 2～2.5 m,长宽不限。连接处安装一扇门,用来转移雏鸡,平常关闭。

2.饲养方式

(1)育雏　把育雏室用 2%的苛性钠溶液喷洒消毒,用喷灯将墙壁、地面进行火焰消毒。关闭门窗 7 天后,室内生火,把室温调高到 32～35℃,即可进雏,每平方米 30～32 只。28 日龄后转入育肥室饲养。这时,把育雏室内的垫料扫净,再用甲醛熏蒸消毒,即按每立方米空间用甲醛 14 mg,盛入容器内,把 7 g 高锰酸钾投入,密闭门窗1周后,重新进雏。

(2)育肥　育肥室提前1周消毒,然后铺垫10～15 cm厚的麦秆、锯末,接受从育雏室转来的育肥鸡饲养,每平方米密度14～16只。采用吊桶饲槽饲喂全价配合饲料,保证饮水,光照每天23小时,以增加采食时间。到56日龄出栏时,要求公母鸡平均体重达到2 kg以上。肉鸡出栏后,立即把育雏室内扫净,消毒,地面撒布一层生石灰,重新铺好垫草,迎接从育雏室转来的第二批育肥鸡。

## 七、肉用三黄土鸡雏鸡断翅育肥法

采用本法,断翅鸡产蛋率可提高10.8%,产肉率提高8.4%,饲料消耗降低4%,转栏等管理费用降低60%,经济效益提高20%。

1.断翅时间

最好在雏鸡出壳12～24小时断翅,其次为2～7日龄以内。7日龄后不宜施术。出壳后12小时以内的雏鸡较软弱,操作不太方便,2～7日龄雏鸡施术后虽比较安全,但创面大,愈合时间较长。

2.断翅方法

左手捏鸡,右手持剪刀。左手将雏鸡握在手掌内,用食指与拇指将欲切断的一侧翅膀捏住,右手持剪刀从翅膀的第一弯曲处即肱骨与尺骨、桡骨的连接处剪断,也可以从翅膀的第二弯曲处即掌骨与尺骨、桡骨连接处剪断。对断翅的断面,要立即烧烙止血,以50W的电烙铁最好,也可用烧热的火钳烧烙止血,但火钳不能烧得太红,以免把创面烙焦。技术熟练后,每人每小时可施术150只雏鸡。

3.断翅后处理

断翅后的雏鸡不用特殊处理,经5～6天后即可痊愈。但有时由于雏鸡互相叮啄,造成创面出血,可用医用紫药水涂抹。个别创伤严重的土鸡，可提出单独喂养，待创面愈合后再放入大群饲养。

## 八、氨基酸替代鱼粉喂土鸡法

用国产蛋氨基酸替代进口鱼粉喂蛋鸡，既可降低生产成本，又能提高产蛋量和蛋重，用法有两种。

(1)在基础日粮中添加0.1%～0.2%蛋氨酸。

(2)去掉进口鱼粉，添加蛋氨酸0.15%～0.2%。注意：①用蛋氨酸替代鱼粉喂鸡要逐渐过渡。②因在50 kg配合饲料中加入50～100 g蛋氨酸，不易搅拌，应先在0.5 kg麸皮中加入50～100 g蛋氨酸搅拌，然后逐级扩大搅拌，以利拌匀。③要注意蛋氨酸的生物效价，如标签上的生物效价为100%，在日饲料中按50 kg配合饲料添加50 g蛋氨酸；假如生物效价为50%，则应加100 g蛋氨酸于50 kg配合饲料中。

## 九、沼液拌料喂土鸡新技术

1.饲料效果

湖北仙市农村能源办公室在该市龙丰村用沼液拌料喂鸡，效果十分明显。

(1)用沼液拌料时，每只鸡平均活重1.8 kg。比不用多增0.4 kg，增重率提高28.6%。

(2)用沼液拌料的鸡年产蛋期长达250天，比不用的产蛋鸡提早20天产蛋，歇窝推迟30天，每只鸡多产蛋50枚，产蛋率提高25%。

(3)用沼液拌料，平均每枚蛋重46.7 g，比不拌的增重7.1 g，增重率17.9%。用沼液拌料喂鸡，1只母鸡1年可增收15元以上。

2. 饲喂方法

(1)小鸡长到活重0.3 kg以上开始拌沼液饲喂。一般饲料均可拌用。沼液要求拌匀,用量以拌至不干不湿为宜。

(2)先在池的进料口用木棒搅拌,然后从中取沼液。

(3)正常产气并使用3个月以上的沼气池,均可取沼液。

## 十、改善土鸡肉味饲养新法

(1)添喂大蒜　使鸡肉香味变浓。日粮添加量为2%。

(2)添加腐叶　将5%～10%的腐叶与饲料混匀后喂笼养肉鸡,这样可收到与放养鸡改善肉质和口感同样的效果,所产的蛋呈肉黄色,鸡的消化能力和对各种病菌的抵抗力得到提高。

(3)电刺激　美国对屠宰放血的鸡和烫毛后的胴体各进行一次电刺激,时间总计15 min,可明显提高鸡肉的嫩度。

## 十一、肉用土鸡雏鸡喂营养液成活率高

肉用土鸡雏鸡往往由于体质衰弱,发育不良发生一系列疾病。宁夏银川市某鸡场对不同品种6批共3.4万只小鸡进行饲喂营养液,成活率由80%～83%提高到96%～98%。

(1)1～7日龄营养液配方(100只雏鸡1天用量):10%鱼肝油、20%葡萄糖、15%奶粉、10 g干酵母粉、55%凉开水。

(2)8～20日龄营养液配方(100只/日):8%鱼肝油、10%葡萄糖、12%奶粉、20 g干酵母粉、70%凉开水。

将上述各成分稀释搅拌,分3次拌入日粮,使之成为颗粒。所配营养液必须当日喂完,隔夜变质。

## 十二、土鸡添加中草药奇方7例

1.大蒜

将大蒜捣烂，加10%～20%的水，每只雏鸡每次服1 mL，每日4次。连服3天。能防治白痢。

2.苍术

对鸡软骨病、角膜软化有防治作用。在鸡日粮中加入2%～5%的苍术干粉、适量的钙，对传染性支气管炎、传染性喉炎、鸡痘、传染性鼻炎和眼病均有预防作用。

3.苦参

雏鸡患白痢后，每百只鸡用苦参150 g，加水煎汤3次，药液稀释至10 L供鸡饮用，3～5天即愈。患球虫病，用苦参300 g，水煎3次，药液稀释至10 L，3～4天可控制病情。

4.马齿苋

在鸡日粮中混入5%～8%的马齿苋干粉，对伤寒杆菌、痢疾杆菌、大肠杆菌等有抑制作用。

5.野菊花

日粮中添加3%～5%的野菊花干粉，可预防球虫病、感冒、皮炎等症状。

6.蒲公英

在鸡日粮中加入2%～3%的蒲公英干粉，既健胃又能促进生长。在基础日粮中添加蒲公英粉对消化道及呼吸系统疾病有预防作用。

7.仙人掌

仙人掌对治疗鸡霍乱、痢疾、伤寒等均有效，还可用来解救家畜农药中毒。

## 十三、育虫饲养土鸡

昆虫含有丰富的蛋白质和脂肪，用来饲喂鸡群，增重快，产蛋量高。人工育虫方法简单，周期短，是降低生产成本的有效途径。

1. 稻草育虫

把稻草切成3～7 cm长，加水煮沸1～2小时，埋入长100 cm、宽67 cm、深33 cm的土坑，上盖6～7 cm厚污泥，填土后用稀泥封平。每天浇水，8～10天后可生出大量虫子，扒开草让鸡自由吃虫。一个土坑育出的虫子，可供10只小鸡吃2～3天。虫子吃完后，再盖上污泥，继续育虫。

2. 鲜草、树叶育虫

鲜草或树叶80％，米糠20％，拌均匀，加少量水煮熟，倒入缸或池内，夏季经5～7天，便能繁殖育出大量蛆虫。

3. 松叶育虫

挖70～100 cm深的土坑，放入30～50 cm厚的松树叶，倒入适量淘米水，盖上厚30 cm的土，7天后可大量出虫，挖开让鸡啄食。虫被吃完后，填入松叶，继续育虫。

4. 人粪育虫

挖17 cm深的土坑，坑底铺上一层稻草，草上放人粪，盖上草帘，7天后可生出许多虫。揭开草帘让鸡啄食，吃完后坑内再放人粪，继续育虫。

5. 牛粪育虫

牛粪晒干、粉碎，混入少量米糠、麸皮，用稀泥拌匀，堆成直径100～170 cm、高100 cm的圆堆，用草帘或乱草盖严，每天浇水1～3次，使堆内保持半干半湿状态。半个月即可生出大量虫子，翻开让鸡啄食。虫被吃完后再如法堆起牛粪，2～3天又会培育出很多的虫子。

6. 鸡粪育虫

将发酵的鸡粪与啤酒或酱油槽，按 4∶1 比例混合，平摊在地坪上，厚度不超过 17 cm，含水量约 70%，上面放一些烂菜叶、臭鱼烂虾，招引蝇类产卵。几天后即可生出许多蛆虫。

7. 豆渣育虫

取豆渣 1～1.5 kg 放入缸内，倒入淘米水 1 桶，夏季 5～7 天就会生出许多蛆虫，捞出洗净后喂鸡。如用 6 个缸轮流育虫，可供 50～60 只小鸡食用。

8. 豆饼育虫

把少许饼与豆渣混合发酵，与秕谷、树叶混合，放入 7～10 cm 深的土坑，上面覆盖一层稀泥，用草盖严，夏季 6～7 天就会生出许多虫子。

## 十四、土鸡产蛋期饲养新法

1. 蛋鸡产蛋期投饲时间

蛋鸡产蛋期投饲时间对产蛋率颇有影响。实验表明，每天下午 3 时 1 次性投食，产蛋率最高；上午 8～9 时一次性投食，产蛋率最低；上午 9 时和下午 3 时分别投食一次也较好。

2. 采食短期禁食法

采食短期禁食法可使产蛋量提高 30%～40%，即从初产日龄的前 10 天开始禁食 3 天，然后给食 1 天，但给食的营养总量，应达到 4 天累计的最低需要量。连续 10 天后，再让母鸡自由采食。

3. 光照

在母鸡产蛋期平均每平方米鸡舍安装 1 盏 3～4 W 日光灯，早晨开始光照。对 20 周龄以下的鸡每天光照 10 小时，20 周龄以上的鸡光照 18 小时，可刺激母鸡的胚胎腺而提高产蛋率。

4. 弱电刺激

对鸡进行弱电刺激 使产蛋量提高 20%～40%，并能延长产蛋期。即在鸡开始产蛋的第 7 天，用 59～70 V 电压的正负极棒的尖端分别接触鸡体表和卵巢相对应的部位，经 3 s 电刺激后间歇1 s，再刺激 3 s 即可。

5. 从雏鸡开始用发酵锯末饲料喂鸡

有意推迟鸡的发育成熟期，让鸡在 270 日龄才进入盛产期，则产蛋率可达 75.3%，并能维持到 700 日龄。其配方为：发酵锯末 20%，谷类 50%，30%的米糠、豆饼、骨粉、鱼粉、瓜菜、青草，另外添加维生素和石砾。

## 十五、土鸡夏季剪毛产蛋多

夏季气温高，蛋鸡常停产歇窝，倘若实施剪毛管理，可使蛋鸡在酷暑期不歇窝，从而提高经济效益。

入夏后气温超过 30℃，就将鸡的胸腹部、背部、翅膀及脖子上的毛剪掉，但需留着尾巴和翅膀尖上的长毛，以便煽风和驱赶蚊蝇。剪毛长度以不损伤皮肤和大毛细血管为宜。若采用两次剪毛，即初夏轻剪、盛夏重剪效果最佳。剪毛宜选在夜间进行，剪毛动作要轻快。

剪毛产蛋多的原理是：鸡皮肤上没有汗腺，在炎夏把毛剪掉，有利于鸡体散热，加快新陈代谢，从而可提高产蛋率 15%～30%。

# 第十二章　鸡场建设与环境控制

## 一、鸡场场址的选择

鸡场场址选择首要的考虑因素是卫生防疫条件好，有利于安全生产。距离居民区、工厂、其他养殖场 1～2 km，尽量少占或不占农田，充分利用比较平坦的荒山荒坡。要求地势高燥，排水良好。水源供应充足，水质良好，供电方便，交通便利，离主要公路 500 m 以上。

## 二、鸡舍的建筑类型

1. 开放式鸡舍

开放式鸡舍投资少、建造快，可因地制宜。常见的是三面有墙，南侧开放或建半墙，靠自然光照、自然通风调节环境温、湿度。这种鸡舍跨度 7～9 m，高 2.8 m，长 30～60 m，利用横向自然通风方式。冬季密封卷帘或门窗，避免贼风以利保温。夏季全部打开，利于通风降温。

2. 封闭连栋鸡舍

鸡舍之间无间隔地带，各单体鸡舍仅以一墙相隔，实行纵向通风，屋顶采光，并在屋顶上设置应急洞口。由于连栋鸡舍外围护墙减少，隔墙无须保温，从而降低了建筑造价。连栋鸡舍虽然在建筑形式上为封闭型，但可根据各地气候条件的不同来决定采用人工光照或自然光照，这样就可以减少对电能的依赖性，可以节约用电并节省用地面积。

3. 塑料大棚鸡舍

借鉴用塑料大棚种植蔬菜的做法，改建用于饲养土鸡，可取得良好的经济效益。突出的优点是投资少、见效快、不破坏耕地，节省能源。塑料大棚养鸡，在通风、取暖、光照等方面可充分利用自然能源，冬天利用塑料薄膜的“温室效应”，提高舍温，降低能耗，节省饲料，再适当提供一些热源，舍内温度能达到 12～18℃。夏天棚顶盖草毡，开 80 cm 通风口，周围栏栅去掉，通风凉爽。如果结合棚顶喷冷水，舍内温度可下降 3～5℃。掌握好塑料大棚建造方法和养鸡技术，就能把鸡养好并取得较好的经济效益。

## 三、鸡舍环境控制

1. 纵向通风

鸡舍的通风主要应使用轴流式通风机进行通风，风机全部安装在鸡舍一端的山墙或山墙两侧附近的墙壁上，进风口在另一侧山墙或靠山墙的两侧墙壁上，鸡舍其他门窗关闭，空气沿鸡舍纵轴方向流动。纵向通风是一种较为先进的通风方式，通风量大，耗电量少，噪声低，气流快，空气质量较好。夏季与湿帘降温技术结合起来，降温效果很好，是目前大力推广的一种通风方式。

2. 供暖方式

为了使鸡舍具有稳定的温度环境及清新的空气，达到充分节能的目的，减少鸡呼吸道疾病，冬季提倡用燃煤或燃气暖风炉、地下火炕、红外线灯供暖和电热伞供暖。

3. 光照

土鸡饲养可采用自然光照和人工光照。光照时间的长短及光照强度对土鸡的生长发育和性成熟有很大的影响。肉用土鸡不同日龄光照时数及光照强度如表 12-1 所示。

**表 12-1　肉用土鸡不同日龄光照时数及光照强度**

| 日龄(天) | 光照时间(小时) | 光照强度(lx) |
|---|---|---|
| 1～2 | 23～24 | 60 |
| 3～7 | 20 | 40 |
| 8～13 | 16 | 30 |
| 14～20 | 12 | 30 |
| 21～28 | 10 | 20 |
| 29 以后 | 自然光照 | 自然光照 |

## 四、养鸡设备

1. 给料设备

(1)饲料浅盘　主要供开食及育雏早期使用。常用的有竹、木制成的,也有用纸箱盖代替的。常见的饲料浅盘直径为 10～100 cm,边缘高 3～5 cm,每个浅盘供 100～200 只雏鸡使用。

(2)饲料槽　要求方便采食,不易被粪便、垫料污染,坚固耐用。为了防止采食时造成浪费,选用料槽的规格和结构时要依据鸡龄、饲养方式、饲料类型、给料方式来决定,所有的饲料槽都应有向内弯曲的小边,以防止鸡用喙将饲料勾出槽外。雏鸡用的槽高 5～6 cm,成年鸡用的槽高 10～15 cm 为宜。

(3)饲料桶　饲料桶可由塑料或金属做成。圆桶内能盛较多的饲料,饲料可通过圆桶下缘与圆锥体之间的缝自动流进浅盘内供鸡采食,这种饲料桶适用于垫料平养和网上平养,只用于盛颗粒料和粉料。饲料桶应随着鸡体的生长而提高悬挂的高度,以其浅盘高度高出鸡背 2 cm 为佳。

2. 给水设备

(1)自制饮水器　可用玻璃罐头瓶和一个深盘子自制简易自

动饮水器。具体做法是：将玻璃罐头瓶口，用钳子夹掉约 1 cm 的缺口，再找一个深约 3 cm 的盘子，合在一起。使用时将罐头瓶装满水，扣上盘子，一手托住瓶底，猛地一下翻转过来，水自动流出，直至没过缺口为止。

(2)长流水水槽　塑料制作的长水槽，由水槽、封头、中间接头、下水管接头、控水管橡皮塞等构成，水位高低通过控水管调节。

(3)钟形真空饮水器　它是利用水压密封真空的原理，使饮水盘中保持一定水位，大部分水储存在饮水器的空腔中，鸡饮水后水位降低，饮水器内的清水能自动补偿。饮水器盘低下有注水孔，装水时拧下盖，装水后翻转过来，水就从盘上桶边的小孔流出，直至淹没了小孔，桶里的水也就不再往外流了。鸡喝多少，就流出多少，保持水平面，直至饮水用完为止。

(4)乳头饮水器　是正在推广的先进饮水设备。在整条输水管道下，设多个乳头饮水器和接水盘，鸡饮水时轻触乳头既有水滴出。因水不暴露在外，较好地保证了鸡饮用无污染的清洁饮水。

## 五、鸡粪处理

鸡粪的处理方法主要有堆肥处理法和烘干法。堆肥处理是将鸡粪和植物茎秆等有机物堆积成堆，由细菌的作用将有机物分解为稳定物质。要求用蓬松的秸秆材料与鸡粪混合，并在发酵过程中经常翻动发酵物；适当的碳、氮比，一般要求该比例为 30：1，可通过加入秸秆量来控制；湿度控制在 40%～50%；温度保持在 60～70℃。粪堆高 1.5～2 m，宽 2.5～4 m。顶部形成 30°坡顶，多雨气候下堆成半圆形或加顶棚防雨。每 2～3 天翻动一次，以充入空气保证好氧细菌的活动。烘干法是用专门的烘干设备，成本较高。

# 参 考 文 献

1. 尹兆正，李肖梁，李震华. 优质土鸡养殖技术. 北京：中国农业大学出版社，2002

2. 康相涛. 优质肉鸡高效饲养技术. 郑州：中原农民出版社，2001

3. 杨治田. 柴肉鸡快速饲养技术. 郑州：河南科学技术出版社，2002

4. 邱祥聘，杨山. 家禽学. 重庆：四川科学技术出版社，1987

5. 刁有祥，张万福. 禽病学. 北京：中国农业科技出版社，1996

6. 程安春. 鸡病诊治人全. 北京：中国农业出版社，2000

7. 辽宁农垦鸡场. 鸡病. 辽宁：辽宁科学技术出版社，1993

8. 张大龙，王继英. 土鸡饲养技术问答. 北京：中国农业大学出版社，2003